DE

L'EXPLOITATION

DES BOIS.

SECONDE PARTIE.

DE L'EXPLOITATION
DES BOIS,

OU

MOYENS DE TIRER UN PARTI AVANTAGEUX

DES TAILLIS, DEMI-FUTAIES

ET HAUTES-FUTAIES,

ET D'EN FAIRE UNE JUSTE ESTIMATION:

Avec la *Description des Arts qui se pratiquent dans les Forêts :*

Faisant partie du Traité complet des BOIS & des FORESTS.

Par M. *DUHAMEL DU MONCEAU*, *de l'Académie Royale des Sciences ; de la Société R. de Londres ; de l'Acad. Imp. de Pétersbourg ; des Académies de Palerme & de Besançon ; Honoraire de la Société d'Edimbourg, & de l'Académie de Marine ; de plusieurs Sociétés d'Agriculture ; Inspecteur Général de la Marine.*

OUVRAGE ENRICHI DE FIGURES EN TAILLE-D'OUCE.

SECONDE PARTIE.

A PARIS,

Chez H. L. GUERIN & L. F. DELATOUR,
rue S. Jacques, à S. Thomas d'Aquin.

M. DCC. LXIV.
Avec Approbation & Privilege du Roi.

TABLE

DES CHAPITRES ET ARTICLES
du Traité de l'Exploitation des Bois.

SECONDE PARTIE : Livres IV & V.

LIVRE QUATRIEME.

De l'Exploitation des Futaies,   43**r**

CHAPITRE I. *Où l'on examine fi, lorfque les Arbres ont été abattus, il convient de retrancher leurs branches, de les écorcer, de les équarrir fur le champ, même de les débiter en quartelage ou en planches, ou s'il y a un avantage réel, ou un dommage évident à les laiffer quelque temps avec leurs branches, ou dans leur écorce, ou du moins dans leur aubier, & fans être équarris,*   43**2**

    ART. I. Quel peut être l'effet que l'écorcement & l'équarriffage des arbres abattus peuvent produire fur leur bois, relativement à leur qualité,   434

      §. 1. *Expérience qui prouve que la feve peut s'échapper à travers la groffe écorce,*   440
      §. 2. *Obfervations relatives au même objet,*   Ibid.
      §. 3. *Expérience faite fur des tronçons d'Arbres femblables, les uns équarris, les autres reftés en grume,*   441

viij   **T A B L E.**

§. 4. *Conséquences des Expériences précédentes ;*   445

§. 5. *Expériences sur de petits cylindres, dont les uns étoient écorcés, & les autres avoient leur écorce,*   453

§. 6. *Expériences faites sur des bois blancs, pour reconnoître s'ils s'alterent sous leur écorce,*   455

ART. II. En laissant les Arbres dans leur écorce pendant un court espace de temps, peut-on en attendre un effet sensible ?   457

§. 1. *Expériences qui prouvent qu'il s'échappe peu de seve des Arbres qui restent en grume pendant l'Hiver,*   459

§. 2. *Conséquences qu'on peut tirer de cette Expérience : diversité d'opinions sur cette matiere,*   *Ibid.*

§. 3. *Expérience pour connoître si les bourgeons que produisent les Arbres après qu'ils ont été abattus, méritent quelque considération,*   462

§. 4. *Conséquences de l'Expérience précédente,*   *Ibid.*

§. 5. *Expériences pour connoître si les bois en grume qu'on laisse exposés aux injures de l'air, s'alterent beaucoup,*   463

§. 6. *Conséquences des Observations précédentes,*   464

CHAPITRE II. *Quelle est la cause des gerces, des fentes & des éclats qui endommagent si souvent les Bois de la meilleure qualité ? Pourquoi ces mêmes Bois sont-ils plus sujets à se voiler & à se tourmenter ? Dans quels cas ces accidents sont-ils principalement à craindre ? Quels sont les moyens de prévenir leur progrès ?*   465

ART. I. §. 1. *Exemple de contraction tiré d'un cylindre formé de terre glaise,*   469

§. 2. *Que le bois du centre est plus dense que le bois de la circonférence,*   476

§. 3. *Quelle peut être la proportion de l'humidité contenue dans les différentes couches ligneuses,*   478

§. 4. *En quelle proportion les couches ligneuses se contractent-elles ?*   479

§. 5. *Ce qui arrive au bois lorsque les couches extérieures se dessechent avant les couches intérieures,*   482

§. 6. *Des Arbres étoilés ou quadranés au cœur,*   485

§. 7.

T A B L E.

§. 7. *Pratique mise en usage par les Potiers de terre, pour empêcher que leurs ouvrages ne se fendent,* 486
§. 8. *Premiere Expérience,* 487
§. 9. *Conséquences de l'Expérience précédente,* 488
§. 10. *Seconde Expérience,* Ibid.
§. 11. *Conséquences de l'Expérience précédente,* 489
§. 12. *Troisieme Expérience,* 490
§. 13. *Remarques,* 491
§. 14. *Quatrieme Expérience,* 492
§. 15. *Conséquences de la précédente Expérience,* 493
§. 16. *Continuation des précédentes Expériences,* 494
§. 17. *Conséquences de ces Expériences,* 495
§. 18. *Premiere Remarque,* Ibid.
§. 19. *Seconde Remarque,* 496
§. 20. *Troisieme Remarque,* 497
§. 21. *Cinquieme Expérience,* 499
§. 22. *Conséquences de l'Expérience précédente,* 500
§. 23. *Sixieme Expérience,* 501
§. 24. *Conséquences de cette Expérience,* Ibid.
§. 25. *Premiere Observation,* 502
§. 26. *Seconde Observation,* Ibid.
§. 27. *Troisieme Observation,* 503
§. 28. *Quatrieme Observation,* Ibid.
§. 29. *Cinquieme Observation,* Ibid.
§. 30. *Sixieme Observation,* Ibid.
§. 31. *Septieme Observation,* Ibid.
§. 32. *Huitieme Observation,* 504
§. 33. *Neuvieme Observation,* Ibid.
§. 34. *Dixieme Observation,* Ibid.
§. 35. *Onzieme Observation,* Ibid.
§. 36. *Septieme Expérience,* 505
Conséquences de l'Expérience précédente, 506
§. 37. *Huitieme Expérience,* 507
§. 38. *Conséquences de cette Expérience,* Ibid.
§. 39. *Neuvieme Expérience,* 508
§. 40. *Conséquences de cette Expérience,* Ibid.
§. 41. *Dixieme Expérience,* 509
§. 42. *Conséquences de cette Expérience,* Ibid.

ART. III. Où l'on démontre que les fibres se contractent suivant leur longueur, 509

II. Partie.   b

§. 1. *Sommaire du détail des Observations qui se trouvent dans le* Traité de la Physique des Arbres , *sur la contraction des fibres ligneuses* ,　　511

§. 2. *Conséquences des Observations précédentes* ,　　*Ibid.*

§. 3. *Première Expérience* ,　　512

§. 4. *Seconde Expérience* ,　　*Ibid.*

§. 5. *Conséquences des Expériences précédentes* ;　　513

ART. IV. Des inconvénients qui résultent du raccourcissement des fibres ,　　513

ART. V. Moyens tentés infructueusement pour empêcher les bois de se fendre ,　　516

ART. VI. Moyens de remédier aux dommages que cause la contraction des fibres ,　　518

ART. VII. Pourquoi les bois de bonne qualité se fendent & se tourmentent plus que les autres bois ,　　519

ART. VIII. Conclusion ,　　521

§. 1. *Dans quel cas convient - il de ralentir l'évaporation de la sève* ?　　521

§. 2. *Qu'il y a une économie considérable à refendre les arbres dans la forêt même , aussi-tôt qu'ils ont été abattus , & dans le temps qu'ils ont toute leur force* ,　　524

CHAPITRE III. *De l'Exploitation des Bois que l'on vend le plus ordinairement en grume pour le Charronnage , l'Artillerie , &c.*　　528

ART. I. Des Bois propres au Charronnage & au service de la Marine ,　　*Ibid.*

ART. II. Des bois propres au service de l'Artillerie ;　　532

§. 1. *Des affûts pour les canons de la Marine* ,　　*Ibid.*

§. 2. *Des affûts de canons de Campagne & de Places* ;　　534

ART. III. De quelques autres Bois qui se vendent en grume , & particuliérement de ceux qu'on nomme *Bois-blancs* ,　　537

§. 1. *Du Bois de Tilleul* ,　　538

§. 2. *Du Bois de Peuplier* ,　　539

§. 3. *Du Bois de Marronnier-d'Inde* ;　　*Ibid.*

§. 4. *Du Bois de Bouleau* ,　　*Ibid.*

§. 5. *Du Bois de Sureau & du Buis* ;　　540

TABLE. xj

A<small>RT</small>. IV. Travail du Sabotier, *Ibid.*

A<small>RT</small>. V. Maniere de faire de petits Barrils d'un seul bloc de Saule, 546

A<small>RT</small>. VI. Travail du Fendeur, 547

§. 1. *Des marques qui peuvent faire juger qu'un arbre sera propre pour la fente,* 550

§. 2. *Outils dont se servent les Fendeurs,* 553

§. 3. *Des Rames pour les Galeres & pour la Marine,* 558

§. 4. *Comment on fend le Bois à brûler,* 559

§. 5. *Comment on fend les Chevilles pour les Tonneliers,* 560

§. 6. *Comment on fend le Palisson & les Barres pour les Futailles,* 561

§. 7. *Comment on fend les Echalas, les Gournables ou Chevilles pour les Vaisseaux,* 563

§. 8. *Comment on fend les Lattes pour la Tuile & l'Ardoise,* 567

§. 9. *Comment on fend le Douvain, le Merrain ou Traversin, c'est-à-dire, les Douves ou Douelles de fond, & celles de long pour les Futailles,* 570

§. 10. *Tarif de la longueur, largeur & épaisseur du Traversin & du Merrain pour quelques Futailles de différentes grandeurs,* 573

§. 11. *Maniere de fendre les Cerches pour les Boisseliers,* 575

§. 12. *Ordre que suivent les Fendeurs dans leur Travail,* 576

A<small>RT</small>. VII. Des Ouvrages de Raclerie, 584

§. 1. *Des Cerches pour Clayettes, Chaserets, Clisses ou Eclisses,* Ibid.

§. 2. *Lattes pour les Fourreaux d'Epée,* 586

§. 3. *Pieces pour les Rouets,* 587

§. 4. *Des Layettes,* 588

§. 5. *Des Copeaux pour les Gaîniers, & de ceux dont on fait les Rapés,* 589

§. 6. *Des Panneaux ou Battants de Soufflets,* 592

§. 7. *Des Battoirs à Lessive,* 594

§. 8. *Des Ecopes,* 595

§. 9. *Des Pelles à four & autres,* Ibid.

§. 10. *Travail de l'Ouvrier Arçonneur, des Atelles de colliers de Chevaux, &c.* 597

§. 11. *Maniere de faire les Bâts,* 598

§. 12. *Du travail des Arçons pour les Selles,* 600

b ij

xij   **T A B L E.**

§. 13. *Du travail des Tourneurs,*   601

§. 14. *Des Poulies & des Cuillers à pot, des Egrugeoirs, &c.*   604

§. 15. *Remarques générales,*   Ibid

§. 16. *Manière d'enfumer les Ouvrages de Raclerie ;*   605

ART. VIII. Du Toisé des Bois en Grume,   606

ART. IX. Méthode pour mesurer les Bois en Grume, telle qu'elle se pratique dans les Forêts de Flandre,   608

     Démonstration & Opération,   610

     Remarque,   611

     Exemple & Opération,   612

     Méthode pour graduer la Regle ou le Parchemin, 613

EXPLICATION des Planches & des Figures du Livre IV.   615

LIVRE CINQUIEME.

De l'Exploitation des Bois-Quarrés,   627

§. 1. *De la Réduction des Bois-ronds en Bois-Quarrés,*   628

§. 2. *Distinction des Bois-droits & des Bois-courbes,*   629

CHAPITRE I. *Méthode pour équarrir les Bois-droits,*   630

     ART. Façon d'équarrir les Bois-courbes,   633

CHAPITRE II. *Dimensions des Pieces qu'on débite pour les Bâtiments Civils,*   635

     ART. I. Des principales Pieces pour les Pressoirs,   636

     ART. II. Des Pieces les plus considérables pour la Construction des Moulins à Chandelier,   637

     ART. III. Des principales Pieces pour la Construction des Bateaux de Riviere,   639

CHAPITRE III. *Des Bois pour la Marine,* 640

Art. I. Réfléxions générales sur les Bois qu'on exploite pour la Marine, *Ibid.*

Art. II. Qu'il est très-avantageux de prendre dans les Arbres les moins gros, les Membres de Construction relatifs à leurs échantillons, 647

Art. III. Dimensions des principales Pieces qui entrent dans la Construction des Vaisseaux de Guerre, 650

§. 1. *Des Bois droits*, 651
Exemple d'un assortiment de Bois-longs, 652
§. 2. *Des Bois courbes*, *Bois tords ou Bois de Gabari*, 653

CHAPITRE IV. *Des Bois de Sciage,* 657

Art. I. De la maniere de refendre les Bois avec la Scie de long, *Ibid.*

Art. II. Différentes Méthodes qu'on emploie pour débiter les Bois de Sciage, 661

Art. III. Echantillons du Bois de sciage, tant pour la Charpenterie, que pour la Menuiserie, 665
§. 1. *Bois de sciage pour la Charpenterie*, 666
§. 2. *Bois de sciage pour la Menuiserie*, 667
§. 3. *Bois de Chêne & de Sapin, de sciage, qu'on trouve le plus ordinairement dans les Chantiers des Marchands de Paris*, 668
§. 4. *Des Bois de sciage qu'on emploie pour la Marine*, 671

CHAPITRE V. *Exposition des défauts capitaux qui doivent faire rebuter certains Arbres abattus,* 673

Art. I. De la Roulure, *Ibid.*
Art. II. De la Gélivure, 676
Art. III. De la Cadranure, 677
Art. IV. Du double-Aubier, 678
Expérience, 679
Art. V. De la Gélivure entrelardée, 680
Art. VI. De la différente couleur du Bois; sur l'aire de la Coupe, 681
Art. VII. De l'inégalité d'épaisseur des couches ligneuses, 683
Art. VIII. Des Bois dont les fibres sont trop torses, *Ibid.*
Art. IX. Des Nœuds & des Loupes, 684

ART. X. Du Bois gras, tendre, & roux, *Ibid.*

ART. XI. D'un autre défaut très-confidérable, & qu'il eſt difficile de reconnoître, 687

ART. XII. Que la grande épaiſſeur des couches ligneuſes eſt ſouvent un ſigne que le bois eſt de bonne qualité, *Ibid.*

ART. XIII. De pluſieurs autres défauts, 688

ART. XIV. De la différente peſanteur des Bois, 689

ART. XV. Conféquences de ce qui précede; avec différentes Remarques ſur la Viſite & la Réception des Bois dans les Forêts, 691

CHAPITRE VI. *Du Toiſé des Bois-Quarrés,* 697

ART. I. Du Toiſé en pieds-cubes, *Ibid.*

ART. II. Du Toiſé en Pieces ou Solives, 698

§. 1. *Premiere Methode,* *Ibid.*

§. 2. *Seconde Methode plus abrégée que la premiere,* 699

ART. III. Pratiques pour abréger les opérations du Toiſé, ſurtout à l'égard des Bois de ſciage, 701

EXPLICATION des Planches & des Figures relatives au Livre V, 703

Fin de la Table de la ſeconde Partie.

TRAITÉ
DE L'EXPLOITATION
DES BOIS.

LIVRE QUATRIEME.

De l'Exploitation des Futaies.

En fuppofant une forêt abattue, il s'agit d'en exploiter les arbres & d'en tirer tout le parti poffible ; mais avant de donner le détail de tous les objets d'ufage auxquels ils peuvent être employés, je crois devoir difcuter deux queftions importantes. La premiere confifte à favoir fi, après que les arbres ont été abattus, il eft à propos de les laiffer quelque temps avec leurs branches & dans leur écorce ; ou s'il convient mieux de les équarrir fur le champ. Cette premiere queftion nous conduit à en difcuter une feconde non moins importante : favoir, quelle eft la caufe des fentes & des éclats qui fe trouvent dans le bois, & qui endommagent fi confidérablement ceux de la meilleure qualité. Après avoir traité à fond ces queftions, nous parlerons de l'exploitation des hauts taillis , ou des demi-futaies ; & nous terminerons ce Livre par les bois qui se vendent en grume, c'est-à-dire , en rondins simplement écorcés.

CHAPITRE PREMIER,

Où l'on examine si , lorsque les Arbres ont été abattus , il convient de retrancher leurs branches , de les écorcer , de les équarrir sur le champ , même de les débiter en quartelage ou en planches ; ou s'il y a un avantage réel, ou un dommage évident , à les laisser quelque temps avec leurs branches soit dans leur écorce , soit du moins dans leur aubier , & sans être équarris.

DANS le Chapitre qui traitoit de la saison convenable d'abattre les arbres , il a été question d'une proposition qui sembloit devoir être adoptée sans aucune discussion , non-seulement parce qu'elle est généralement reçue par ceux qui sont le plus au fait de l'exploitation des forêts (par les maîtres de l'art) , mais encore parce qu'elle paroissoit être fondée sur des raisonnements Physiques très-séduisants : j'avoue que je ne me suis livré à l'examen de cette question , que parce que je m'étois fait une loi de n'embrasser aucun sentiment qui ne fût appuyé sur des preuves expérimentales que je me proposois d'établir avec toute l'exactitude dont je peux être capable. Mes recherches ont combattu si solidement en différents points les pratiques reçues & mes propres préjugés , que j'ai été obligé de réformer mes anciennes idées , & de conclure plusieurs fois contre le sentiment le plus généralement établi.

Il

Il n'en eſt pas de même de la queſtion que je me propoſe d'examiner dans ce Chapitre, ſur laquelle les ſentiments ſont fort partagés. Chacun croit cependant avoir en ſa faveur des raiſons Phyſiques & des expériences ; mais comme il s'agit de parvenir à une ſolution, il eſt néceſſaire, avant tout, de peſer les raiſons des uns & des autres, pour diſcerner celles qui ſont d'accord avec la bonne Phyſique, & en même-temps (ce qui eſt bien plus important) examiner la valeur des expériences que l'on objecte, ſoit en les répétant pour en conſtater l'exactitude, ſoit en les comparant avec d'autres, qui, ayant été exécutées dans la ſeule vue d'éclaircir un fait particulier, ſe trouvent ordinairement plus exactes & plus concluantes que ne le peuvent être des obſervations vagues que peut fournir une pratique journaliere, dans laquelle il eſt rare que l'on faſſe attention à des circonſtances qui peuvent varier les effets, & rendre les obſervations défectueuſes. Pour entrer en matiere, je vas commencer par expoſer d'une maniere générale les différents ſentiments qui partagent les Auteurs, & les perſonnes expérimentées que j'ai conſultées ſur le point dont il s'agit ici.

1°, Tout le monde convient qu'on ne peut trop tôt retrancher les branches à un arbre qui vient d'être abattu.

2°, Mais il y en a qui voudroient qu'on l'équarrît auſſi ſur le champ.

3°, Quelques - uns prétendent qu'il eſt plus avantageux de le laiſſer pendant huit ou dix jours dans ſon écorce.

4°, D'autres eſtiment qu'il y a de l'avantage à ne l'équarrir qu'au bout d'un mois, de ſix ſemaines & même de deux mois.

5°, D'autres ſoutiennent qu'on devroit le laiſſer beaucoup plus long-temps dans ſon écorce.

6°, Enfin d'autres décident qu'il faut écorcer les arbres immédiatement après qu'ils ont été abattus, mais ne les équarrir que quelque temps avant qu'on veuille les employer.

Voilà les différentes opinions qui partagent ceux qui ſont dans l'uſage de faire exploiter les bois : les vues générales qui ont donné naiſſance à tant de ſentiments divers ſe réduiſent, foit à conferver au bois fa bonne qualité, abftraction faite de toute autre chofe, foit à prévenir que les arbres ne deviennent inutiles à caufe des fentes & des éclats qui ne manquent gueres d'arriver quand ils fe deffechent; & ceux-là ne font gueres attention à la qualité intrinfeque du bois. Nous avons cru qu'il étoit important, de prêter également attention à ces deux objets; cependant pour obferver un ordre dans cette matiere, nous diviferons notre travail en deux parties, pour confidérer féparément ce qui regarde la qualité du bois & ce qui appartient aux fentes. Mais il faut reprendre chaque fentiment en particulier, rapporter les raifons que leurs auteurs alleguent, & les expériences qu'ils propofent pour s'autorifer dans leur avis; il faut que le détail de nos obfervations & de nos expériences fuive de près celles des autres, pour fe trouver en état d'en tirer des conféquences qui puiffent conduire à l'éclairciffement de notre queftion : c'eft ce que nous allons effayer de faire. Nous terminerons enfin ce Chapitre par donner des regles de pratiques fondées fur ce que nous aurons établi auparavant.

ARTICLE I. *Quel peut être l'effet que l'écorcement & l'équarriffage des arbres abattus peuvent produire fur leur bois, relativement à leur qualité.*

CEUX qui foutiennent qu'il faut ébrancher & équarrir fur le champ les arbres qu'on abat, pofent pour principe :

1°, Que le bois des arbres qui meurent fur pied eft de mauvaife qualité, & que ces arbres font prefque toujours remplis de défauts : généralement parlant il en faut convenir.

2°, Qu'un arbre qu'on abat & auquel on conferve les branches & l'écorce, ne meurt que peu à peu : il faut encore accorder cette propofition qui a été fuffifamment prouvée dans le Livre précédent, ainfi que dans la *Phyfique des Arbres.*

De ces principes, ils concluent qu'il faut (auffi-tôt qu'un arbre a été abattu) lui retrancher fes branches & fon écorce, afin, difent-ils, de le tuer, & pour empêcher que fon bois

ne tombe dans un état d'appauvriſſement ſemblable à celui
des arbres qui meurent ſur pied.

On voit bien que ceux qui adoptent ce ſentiment, comparent les végétaux aux animaux ; & qu'ils regardent tout
arbre qu'on élague & qu'on équarrit auſſi-tôt qu'il a été abattu,
comme un animal que l'on auroit tué ; & qu'ils comparent les
arbres qu'on laiſſe avec leurs branches & leur écorce, à tout
animal qu'on laiſſeroit mourir d'inanition. Il eſt aſſez généralement vrai que la chair d'un animal qu'on auroit ainſi laiſſé
périr de langueur, ne ſe conſerveroit pas auſſi long - temps
que celle d'un autre que l'on auroit tué, & qu'on auroit ſur
le champ dépecée par morceaux.

Pour mettre ce ſentiment dans tout ſon jour, & lui donner
même toute la force qu'il peut avoir, nous ajouterons, en
ſuivant la même comparaiſon qui vient d'être employée, que
le ſang & les autres liqueurs étant dans les animaux les parties
qui ſe corrompent le plus aiſément, les Anatomiſtes qui ſe ſont
propoſés de conſerver la chair des animaux pour avoir des
miologies ſeches, ont imaginé différents moyens pour ex-
traire, le plus qu'il leur a été poſſible, ces liqueurs des parties muſculeuſes & charnues qu'ils vouloient préſerver de la
corruption. Maintenant ſi l'on regarde la ſeve des végétaux
comme une liqueur aſſez ſemblable au ſang des animaux, c'eſt-
à-dire, comme la partie des arbres qui a le plus de diſpoſition
à fermenter & à ſe corrompre, (ce qui a été déja prouvé &
qui le ſera encore par des expériences que nous rapporterons
dans la ſuite) on ſera déterminé à conclure que tout ce qui
précipite l'évaporation de la ſeve, eſt avantageux à la conſer-
vation du bois. Il reſte donc à s'aſſurer préciſément ſi l'on
parvient à accélérer conſidérablement l'évaporation de la ſeve,
lorſqu'on élague & qu'on équarrit les arbres auſſi - tôt qu'ils
ont été abattus ; c'eſt ce que nous avons tâché d'éclaircir par
pluſieurs expériences, dont nous ne rapporterons cependant
que quelques-unes à la fin de cet article, réſervant les autres
pour le Chapitre où il doit être queſtion du deſſéchement des
bois. Mais avant que d'entreprendre le détail de nos expé-

riences, il est bon de revenir pour un instant à la comparaison que l'on fait des arbres qu'on laisse abattus avec leurs branches & leur écorce, avec ceux qui périssent d'eux - mêmes sur leur souche : nous ne la trouvons pas fort exacte ; & pour mieux faire comprendre quel est sur cela notre sentiment, nous partagerons en deux classes les causes qui font périr les arbres sur pied : dans la premiere, nous comprendrons les arbres qui meurent de vieillesse ou de maladie ; & dans la seconde, les arbres qui meurent de quelques accidents particuliers, tels que les gelées excessives, la trop grande transpiration, qui, dans les années très-chaudes & très-seches, font mourir subitement les arbres ; les vers qui rongent l'écorce des racines ; les coups de vent qui rompent, qui déracinent, qui renversent les arbres, &c. Dans tous ces cas, j'ai trouvé des arbres morts sur pied, dont le bois étoit fort bon ; j'ai même fait débiter quelques-uns de ces arbres qui étant restés long-temps sur leur souche, quoique morts, avoient perdu presque toute leur écorce, & dont cependant le bois étoit extrêmement dur & bon. Au reste, si l'on considere ce qui a fait périr ces arbres, on reconnoîtra que ce n'est ni une altération des liqueurs, ni un vice des parties solides, mais le défaut de nourriture qui a fait que ces arbres se sont desséchés sur pied & même plus promptement qu'ils n'auroient fait sur le chantier ; & cela ne doit leur porter aucun préjudice.

Ceci sera bien prouvé si l'on cherche à connoître ce qui est arrivé aux arbres que nous avions écorcés sur pied.

Quant aux arbres qui meurent par la rigueur de la gelée, je prévois qu'on aura peine à m'accorder que leur bois soit de bonne qualité. Nous avouons que nous n'avons pas eu occasion d'examiner des Chênes morts par la gelée, pour pouvoir être certains de la qualité de leur bois ; mais l'Hiver de l'année 1709 ayant fait périr tous nos Noyers, nous en avons fait débiter deux ou trois cens pieds en planches, en membrures & en quartelages ; cette opération nous a fourni une ample matiere à observations : il est vrai que parmi ce bois il s'en est trouvé de vermoulu; mais la plus grande partie du reste qui a été employée à différents ouvrages, est demeurée jusqu'à préfent très-faine & très-bonne : le bois des Cyprès gelés s'est auffi trouvé très-bon. Au furplus, fi l'on peut comparer les arbres qu'on laiffe dans leur écorce avec les arbres morts fur pied, ce doit être certainement avec ceux qui fe trouvent les moins défectueux ; car les arbres qui restent en grume, ne peuvent l'être à ceux qui meurent de vieilleffe.

En effet, pour peu qu'on y prête attention, on doit fentir que ceux qui meurent de vieilleffe, étant déja altérés dans le cœur, & long-temps avant leur mort, ainfi que je l'ai prouvé dans le premier Livre, ils portent intérieurement un vice effentiel, qui ne fe trouve pas dans les arbres fains qu'on laiffe dans leur écorce après qu'ils ont été abattus ; il en eft de même des arbres qui meurent à la fuite d'un long dépériffement caufé par quelque maladie ; car, foit que le vice réfide feulement dans les liqueurs, foit qu'il ait endommagé les parties folides, c'eft toujours un commencement d'altération & un acheminement à la corruption, mais qui n'exifte point dans les arbres fains qu'on laiffe dans leur écorce après les avoir abattus.

Mais, dira-t-on, cette altération (quoique d'une maniere moins fenfible) fe forme peut-être dans les arbres après qu'ils ont été abattus, à caufe de l'obftacle que l'écorce oppofe à l'évaporation de la feve : c'eft ce qui refte à examiner, parce qu'en cela confifte principalement l'éclairciffement qu'on doit attendre de nos expériences.

Avant que d'en donner le détail, il eft néceffaire de rapporter encore un autre fentiment fur ce qui occafionne la précipitation de l'évaporation de la feve. Ceux qui l'ont adopté, prétendent qu'il faut écorcer les arbres auffi-tôt qu'ils font abattus, mais ne les point équarrir que quand on veut les employer : en fuivant cette pratique (difent-ils), 1°, les bois fe deffechent promptement; 2°, ils font moins expofés à être attaqués des vers & de la pourriture; 3°, ils doivent moins fe tourmenter, & être moins expofés à s'échauffer.

Ce qui concerne les gerces & les éclats sera traité à part; nous renvoyons ce qui regarde l'attaque des vers à un endroit de cet ouvrage où nous aurons occasion d'en parler; ainsi nous ne rapporterons ici que les expériences que nous avons faites, pour constater si l'écorcement ou l'équarrissage aident beaucoup au dessèchement des bois.

D'après ce que nous avons dit plus haut, une des choses qui se présentent à éclaircir d'abord, c'est de savoir si la seve s'échappe plus promptement d'une piece de bois écorcée que d'une autre qui conserve son écorce; ou ce qui est la même chose, si les pieces de bois écorcées se dessechent plutôt que celles qu'on réserve avec l'écorce.

On trouve dans la *Physique des Arbres* quantité d'expériences qui prouvent qu'il s'échappe beaucoup plus de transpiration des arbres auxquels on a fait des plaies, ou qu'on a écorcés, que de ceux dont l'écorce est restée entiere. L'écorce, en faisant un obstacle à la dissipation de la transpiration, ne l'empêche donc pas entiérement. Nous avons remarqué dans toutes nos expériences, qu'il s'échappe plus de seve dans certaines saisons que dans d'autres; beaucoup plus dans la grande force de la végétation, que dans le temps où les arbres ne sont point en seve; quand l'air est chaud & sec, que quand il est frais & humide.

Il s'échappe sur-tout beaucoup de transpiration dans les temps chauds, où, comme l'on dit, l'air est pesant; c'est-à-dire, que l'air ayant perdu de son élasticité, le mercure du barometre descend.

Ainsi quand on observe avec attention & pendant long-temps l'évaporation de la seve, on apperçoit bien que la cause qui la détermine à s'échapper, est compliquée, & qu'elle dépend de plusieurs circonstances qui sont les mêmes que celles qui occasionnent le jeu des Thermometres, des Barometres & des Hygrometres; d'où il résulte cependant une combinaison si bizarre par la prédomination d'une de ces causes, qu'on ne peut pas dire que la formation des vapeurs suive exactement la marche d'aucun de ces instruments; & un instrument qui réuniroit les effets du Thermometre, du Barometre & de l'Hygrometre, auroit certainement une marche bien irrégu- liere, mais qui cependant pourroit suivre assez celles de l'é- vaporation de la seve; encore faudroit-il que les différentes causes qui occasionnent chacun de ces effets, fussent, relati- vement les uns aux autres, également proportionnés dans un pareil instrument, & dans les arbres dont on voudroit obser- ver le desséchement; car il est clair que si cet instrument te- noit plus du Barometre que du Thermometre ou de l'Hygro- metre, pendant que l'arbre qu'on observeroit, seroit plus Thermometre ou plus Hygrometre que Barometre, alors la marche de l'un & de l'autre seroit bien différente. Comme j'ai cru appercevoir que la seve s'échappoit en grande quan- tité dans les temps les plus favorables à la végétation, j'aurois désiré pouvoir imaginer un instrument qui pût être à la fois sensible au poids de l'atmosphere, à la chaleur & à l'humi- dité de l'air; mais comme il ne m'a pas été possible de saisir ce point de conformité, avec les végétaux, j'ai échoué dans toutes les tentatives que j'ai faites pour avoir un pareil ins- trument capable d'indiquer avec précision, les temps & les circonstances les plus favorables à la végétation; quand même je serois parvenu par hazard à en construire un dans un rap- port assez exact avec tel arbre que ce soit, il est probable que ce rapport ne seroit pas indistinctement le même avec tous autres arbres, & dès-là il n'auroit été d'aucune utilité.

On a vu dans les expériences que nous avons détaillées dans la *Physique des Arbres*, que dans les arbres qui végetent, la transpiration traverse l'écorce, mais qu'elle sort avec bien plus d'abondance des endroits où elle a été enlevée que des autres; & qu'outre cette liqueur ténue, il s'échappe encore des endroits écorcés une substance gélatineuse; ce qui prouve sensiblement que l'écorce peut bien ralentir l'évaporation de la seve, mais non pas l'arrêter entiérement.

Nous prévoyons qu'on pourroit nous reprocher d'avoir fait nos expériences sur de jeunes arbres dont l'écorce étoit lisse, unie, & bien différente de celle des gros arbres, qui est ra-

boteuſe , pleine de gerces , & d'une texture irréguliére. Nou
convenons ſans difficulté qu'il s'échappe plus de tranſpiration
des bourgeons herbacés , que des jeunes branches , & qu'il
s'en échappe fort peu par les groſſes écorces ; & c'eſt pour
prévenir cette objection, que je n'ai pas oublié de conſtater
par quelques expériences , qu'il s'échappe de l'humidité des
plus groſſes écorces : voici en peu de mots quelles ſont ces
expériences.

§. 1. *Expérience qui prouve que la ſeve peut s'échapper*
à travers la groſſe écorce.

Dans le mois de Septembre, j'ai choiſi pluſieurs rondins de
Chêne , tout récemment abattus & en grume, de trois pieds
de longueur & de huit à neuf pouces de diametre ; j'en ai fait
poiſſer quelques-uns par les bouts ; d'autres n'ont point été
poiſſés ; j'ai dépouillé quelques-uns de leur écorce ; j'ai fait
peſer enſuite ces différents morceaux de bois , & j'ai continué
de les faire peſer tous les huit jours à différents mois de l'année. J'ai connu très-évidemment que la ſeve s'échappoit de
ces morceaux de bois , mais ſenſiblement moins de ceux dont
les bouts étoient poiſſés , que de ceux en grume , & moins
promptement de ceux-ci que des écorcés.

§. 2. *Obſervations relatives au même objet.*

Le détail exact de nombre d'expériences qui prouvent
toutes ce que je viens d'avancer, fatigueroit le Lecteur, ainſi
je me contenterai de rapporter ſeulement & fort en abrégé,
quelques faits où la différence s'eſt trouvée plus conſidérable
qu'elle ne l'eſt ordinairement.

Un rondin de Chêne en grume qui , tout frais abattu, peſoit 45 liv. une once un gros , un mois après s'eſt trouvé peſer 44 liv. quatre gros : ainſi il n'avoit diminué en un mois
que d'une liv. cinq gros.

Un pareil rondin auſſi en grume , mais dont on avoit poiſſé
les

les bouts, & qui pesoit 31 liv. 3 onces 2 gros ; au bout d'un mois pesoit 31 liv. 2 onces 2 gros & demi; ainsi dans le même espace de temps, il n'étoit diminué que de 7 gros & demi.

Un pareil rondin écorcé, qui pesoit, lors de son abattage, 29 liv. 3 onces 4 gros, un mois après ne pesoit plus que 24 liv. cinq onces 2 gros ; ainsi il étoit diminué de 4 liv. 14 onces 2 gros Il est bon de remarquer que dans cette expérience, tous ces rondins avoient été déposés dans un grenier fort sec ; mais les deux suivants ont été déposés dans un sellier frais & humide.

Un rondin semblable aux précédents, pesoit, lors de son abattage, 29 liv. 12 onces 6 gros ; ayant resté un mois dans son écorce, 29 liv. 7 onces 3 gros ; ainsi il n'a diminué dans ce temps que de 5 onces 3 gros.

Mais un pareil rondin qui, sans écorce, pesoit 25 liv. 4 onces, un mois après ne pesoit plus que 24 liv. 1 once 5 gros ; ainsi il étoit diminué dans ce lieu humide de 1 liv. 2 onces 3 gros.

D'où l'on peut conclure, que quoique l'écorce dure & raboteuse du Chêne fasse un obstacle à la dissipation de la seve, ce fluide parvient cependant à se frayer des passages au travers de ses pores : c'étoit le but de l'expérience que nous venons de rapporter.

§. 3. *Expérience faite sur des tronçons d'arbres semblables, les uns équarris, les autres restés en grume.*

PEUT-ETRE traitera-t-on cela de pure curiosité; mais nous avons cru qu'il ne suffisoit pas de savoir que la seve s'échappoit plus promptement d'une piece de bois écorcée, que de celle qu'on auroit laissée avec son écorce ; qu'il étoit encore avantageux de connoître le plus exactement qu'il nous seroit possible, en quelle proportion la seve s'échappe d'un morceau de bois écorcé, relativement à celui qui seroit resté en grume. Comment effectivement pouvoir, sans une pareille connoissance, se décider sur les avantages ou sur les risques qu'il peut y avoir à conferver les bois en grume, ou à les dépouiller de leur écorce, auffi-tôt qu'ils ont été abattus.

Le 15 du mois de Février, nous choisîmes dans un même terrein deux Chênes du même âge, & comparables, autant qu'il étoit poffible ; ils avoient 15 à 20 pieds de tige, & environ 14 à 15 pouces de diametre par le pied : nous les fîmes abattre dans le même temps ; & fur le champ l'un d'eux fut marqué d'un *A*, & l'autre d'un *B*, (Voyez *Pl. XVII. fig. 1*); nous fîmes couper leur tronc par billes de trois pieds de longueur; chaque arbre nous en fournit 4 que nous numérotâmes 1, 2, 3, 4. Ces huit billes furent voiturées fur le champ au Château de Denainvilliers, lieu où fe devoit fuivre l'expérience (*) : la bille, numéro 1, de l'arbre *A*, refta en grume; la bille, numéro 2, du même arbre fut équarrie ; la bille, numéro 3, refta en grume; & la bille, numéro 4, fut équarrie. En même temps on équarrit la bille, numéro 1, de l'arbre *B*; on écorça la bille, numéro 2 ; on équarrit la bille, numéro 3, & on écorça la bille numéro 4 : tout cela fut exécuté dans la journée; le foir, on les pefa toutes, & on les dépofa fous un hangar fort ouvert, mais expofé au Nord.

On continua à les pefer tous les jours depuis le 21 Février jufqu'au premier Mars, puis on les pefa tous les deux jours jufqu'au 28 Mars, enfuite on les pefa tous les huit jours, ce qui fut continué jufqu'au 20 Juin; enfin on ne les pefa plus que tous les mois, ce qu'on continua jufqu'au 24 Janvier 1738.

Voici le Journal de ces pefées, tel qu'il fe trouve fur le regiftre de nos expériences : nous dirons, dans le paragraphe fuivant, quelles font les conféquences qu'on en peut tirer.

(*) Voyez *Pl. XVII, fig. 1.* tant pour la piece *A* que pour la piece *B*.

Mois & Dates.	1 EQUARRI. Liv.	Onc.	2 ECORCE'. Liv.	Onc.	3 EQUARRI. Liv.	Onc.	4 ECORCE'. Liv.	Onc.	Temps.	Vent.	Thermom.
Février. 21	98	6	159	0	89	0	167	12	B.	N.	6
22	97	4	158	1	87	8	166	1			7
23	96	0	157	0	86	4	166	0	C.	S.	5
24	95	4	157	0	86	8	165	8	B.	S.	5
25	95	4	157	0	86	0	165	0	C.	S.	5
26	95	4	156	8	86	0	165	0	P.	S.	5
27	95	4	156	0	85	12	164	8	B.	S.	6
28	95	4	155	8	85	12	164	4	P.	S.	6
29	95	4	155	0	85	12	164	4	C.	S.	7
Diminué.	3	2	4	0	3	4	3	8			
Mars. 1	95	4	155	0	85	12	164	4	C.	S.	7
2	95	4	155	0	85	12	164	0	B.	S.	7
Nota. Le 6	94	4	154	0	84	12	163	0	B.	S.	8
résultat des 8	93	14	152	12	84	8	161	14	P.	O.	7
observations 10	93	8	151	4	83	8	159	12	B.	N.O.	7
du 4 a été 12	93	0	150	4	83	8	158	12	B.	N.O.	7
perdu. 14	92	8	149	4	83	0	158	0	C.	N.O.	7
16	92	8	149	0	83	0	157	8	P.	N.	6
18	92	0	148	8	83	0	157	8	B.	N.	7
20	91	14	147	8	82	12	156	0	C.	S.	7
22	91	8	147	0	82	4	155	8	C.	S.	8
24	91	0	147	0	82	0	155	4	B.	S.	8
26	91	0	147	0	81	0	154	4	C.	S.	8
28	91	0	146	4	81	8	153	8	P.	S.	7
Diminué.	4	4	8	12	4	4	10	12			
Avril. 8	90	0	145	12	81	12	153	4	B.	S.	9
16	88	8	141	4	80	0	148	12	B.	S.	10
24	87	0	139	4	78	4	146	4	C.	S.	10
30	86	0	137	4	77	4	144	4	C.	S.	11
Diminué.	4	0	8	8	4	8	9	0			
Mai. 8	85	0	135	0	76	8	143	4	B.	N.	11
16	84	0	134	0	75	12	141	12	C.	S.	10
24	83	2	133	0	75	0	140	8	P.	O.	10
Diminué.	1	14	2	0	1	8	2	12			
Juin. 4	82	8	131	12	74	4	139	0	C.	N.	
12	81	11	131	11	73	8	138	8	P.	O.	13
20	80	4	130	0	71	2	137	1	P.	S.	13
Diminué.	2	4	1	12	3	2	1	15			
Juillet. 20	79	8	128	2	70	12	135	8			
Diminué.	0	12	1	14	0	6	1	9			
Août. 20	77	14	126	4	70	8	132	4			
Diminué.	1	10	1	14	0	4	3	4			
Septembre. 22	76	4	125	4	69	4	131	8			
Diminué.	1	10	1	0	1	4	0	12			
Dimin. totale.	22	2	33	12	19	12	36	4			
Novembre. 20	76	12	124	8	69	8	130	12	C.	S.	8
	Augm.	8	Dim.	12	Augm.	4	Dim.	0			
Décembre. 20	77	0	125	0	69	8	131	0	B.	N.	4
	Augm.	4	Augm.	8	0	0	Augm.	4			
Janvier. 24 1738.	77	4	125	4	70	0	131	4			
	Augm.	4	Augm.	4	Augm.	8	Augm.	4	B.	O.	2

Kkk ij

A.

Mois & Dates	1 GRUME (Liv. Onc.)	2 EQUARRI. (Liv. Onc.)	3 GRUME (Liv. Onc.)	4 EQUARRI. (Liv. Onc.)	Temps.	Vent.	Thermom.
Février. 21	216 4	102 0	155 8	100 0	B.	N.	6
22	215 12	101 8	155 8	100 0	B.	N.	7
23	215 8	101 0	155 0	99 8	C.	S.	5
24	215 8	101 0	155 0	98 12			
25	215 8	101 0	155 0	98 8	C.	S.	5
26	215 8	101 12	155 0	98 8	P.	S.	
27	215 8	100 8	155 0	98 0	B.	S.	6
28	215 8	100 0	155 0	97 12	P.	S.	6
29	215 8	100 0	154 12	97 8	C.	S.	7
Diminué.	0 12	2 0	0 12	2 8			
Mars. 1	215 8	100 0	154 8	97 4	P.	S.	7
2	215 8	99 12	154 8	96 14	B.	S.	7
Nota. Le 6	214 4	97 8	154 0	96 4	B.	S.	8
résultat des 8	214 0	97 0	154 0	95 12	C.		7
observations 10	213 8	97 0	153 4	95 0	B.	N.	7
des 4 & 16 12	213 0	97 0	152 12	94 4	B.	N.	7
a été perdu. 14	213 0	97 0	152 4	94 0	C.	O.	7
18	212 8	97 0	152 4	94 0	B.	N.	7
20	212 0	96 12	152 0	93 0	C.	S.	7
22	212 0	96 12	152 0	93 0	C.	S.	8
24	211 12	96 8	151 12	92 12	B.	S.	8
26	211 8	96 4	151 8	92 8	C.	S.	8
28	211 4	95 12	150 12	92 8	P.	S.	7
Diminué.	4 4	4 4	3 12	4 12			
Avril. 8	209 4	95 0	149 12	91 12	B.	S.	9
16	207 4	93 6	148 4	89 8	B.	S.	10
24	205 4	92 4	146 4	89 4	C.	S.	10
30	203 0	91 4	144 3	88 4	C.	S.	11
Diminué.	6 4	3 12	5 9	3 8			
Mai. 8	201 0	90 0	147 12	88 8	B.	N.	11
16	199 0	89 8	147 8	86 12	C.	S.	10
24	198 0	89 0	147 8	86 0	C.	N.	10
Diminué.	3 0	1 0	0 4	2 8			
Juin. 4	196 0	88 4	141 0	85 0	C.	N.	
12	195 0	87 8	140 0	84 8	C.	O.	13
20	194 4	86 4	139 0	83 4	C.	S.	13
Diminué.	1 12	2 0	2 0	1 12			
Juillet 20	190 8	85 0	137 0	82 8			
Diminué.	3 12	1 4	2 0	0 12			
Août. 20	187 0	84 4	135 0	81 0			
Diminué.	3 8	0 12	2 0	1 8			
Septembre. 22	186 0	84 0	135 0	80 8			
Diminué.	1 0	0 4	0 0	0 8			
Diminué en tout	30 4	18 0	20 8	19 8			
Novembre. 20	184 4	83 4	132 12	82 0	C.	S.	8
Diminué.	1 12	0 12	2 4	An. 1 8			
Décembre. 20	185 0	83 6	132 8	80 0			
	Augm. 12	Augm. 2	Dim. 4	D. 2			
Janvier. 24	184 0	86 8	132 8	80 4			
Diminué.	1 0	Di. 2 14	0 0	Aug. 4			

§. 4. *Conséquences des Expériences précédentes.*

POUR peu qu'on y prête d'attention, on voit par le journal d'expériences que nous venons de rapporter, que l'évaporation est bien plus prompte dans les morceaux de bois équarris, que dans ceux qui sont restés en grume, quoiqu'elle soit moindre dans les premiers : l'un & l'autre doit arriver. Premiérement, elle doit être moindre dans les morceaux équarris, non-seulement parce qu'il y a moins de bois, puisqu'on en a retranché par l'équarriffage; mais encore parce que le bois qui reste, est du bois du cœur qui ne contient pas tant d'humidité que l'aubier & que le bois de la circonférence, comme nous croyons l'avoir prouvé par les expériences que nous avons rapportées ci-devant; secondement, le morceau de bois équarri doit plutôt perdre sa seve que l'autre; non-seulement parce que l'écorce ralentit son évaporation, mais encore parce que, par l'équarriffage, on augmente la surface proportionnellement aux maffes, & nous prouverons dans un autre Chapitre, que l'évaporation de la seve se fait en raison des surfaces.

En attendant le détail de nos expériences, on voit encore, comme nous venons de le dire, que l'écorce fait un obstacle considérable à l'évaporation de la seve, puisque cette liqueur, la maffe & la surface étant pareilles, s'est échappée beaucoup plus vite des morceaux dépouillés de leur écorce, que des autres.

Mais une chose fort singuliere que nos expériences apprennent encore, c'est que l'écorce se charge plus de l'humidité de l'air que ne fait l'aubier, & que l'aubier s'en charge plus que le bois.

Enfin on voit que les bois équarris ou écorcés, diminuent d'abord plus que les bois qui ont leur écorce; mais ensuite, & quand ils sont parvenus à un certain degré de sécheresse, ce sont les bois en grume qui diminuent à leur tour plus que les bois écorcés ou équarris.

Tout cela se peut reconnoître par le journal de nos expériences, si l'on veut y prêter un peu d'attention ; cependant,
pour rendre la chose plus facile, nous donnerons ici la comparaison de la piece *A*, nº 3, avec la piece *B*, nº 2 ; celle de
la piece *A*, nº 1, avec la piece *B*, nº 4 ; & celle de la piece *A*,
nº 2, avec la piece *B*, nº 2.

Le diametre du rondin en grume *A*, nº 3, est de 11 pouces
2 lignes ; celui du rondin *B*, nº 2, dépouillé de son écorce,
est de 11 pouces 9 lignes ; la hauteur des deux rondins est de
36 pouces, & la surface entiere du rondin en grume est à celle
du rondin écorcé, comme 943 : 1000. Le solide ou volume du
rondin en grume, est au volume du rondin pelé, comme 903 :
1000. Ainsi le rapport de leurs poids ayant été trouvé par l'expérience de 155, 5 à 159 ; il s'ensuit, qu'à volume égal, le
poids du rondin en grume, est au poids du rondin dépouillé,
comme 155, 5 ou $\frac{1}{10}$: 143, 5, ou $\frac{1}{10}$ à peu de chose près.

Pendant les deux premiers jours où il fit beau temps, l'évaporation du rondin en grume, fut de 8 onces, celle du rondin pelé fut de 32 onces ; donc, à surfaces égales, les évaporations étoient comme 8, 4 : 32 ; &, à volume égal, comme
8, 9 : 32 ; par conséquent l'évaporation du rondin pelé étoit
presque quadruple de celle du rondin en grume.

Du 23 Février au 8 Mars, l'évaporation du rondin en grume
fut de 16 onces, & celle du rondin pelé de 68 onces ; donc
les évaporations, à surfaces égales, étoient comme 16, 9 : 68 ;
&, à volume égal, comme 17, 7 : 68 ; l'évaporation du rondin pelé étoit donc, encore à très-peu-près, quadruple de
celle du rondin en grume.

Du 8 Mars au 24 inclusivement, le rondin en grume perdit 36 onces, & le rondin pelé 92 onces : donc, à surfaces
égales, les évaporations furent comme 38, 1 : 92, & à volume égal, comme 40 : 92 : l'évaporation du rondin écorcé
étoit donc beaucoup plus que double.

Pendant les quinze jours suivants, c'est-à-dire, du 24 Mars
au 8 Avril, l'évaporation fut de 32 onces pour le bois en
grume, & de 20 onces pour le bois écorcé ; donc, à surfaces

égales, les évaporations étoient comme 33, 9 : 20, &, à volume égal, comme 35, 4 : 20.

Depuis le 8 Avril jusqu'au 24 du même mois, le bois en grume perdit 56 onces, pendant que le bois écorcé en perdit 104; par conséquent, à surfaces égales, les évaporations étoient comme 59, 3 : 104, &, à volume égal, comme 62 : 104.

Dans les quinze jours suivants, c'est-à-dire, du 24 Avril au 8 Mai, l'évaporation du rondin en grume étoit nulle; au contraire il se chargea de 24 onces d'humidité, pendant que le rondin, dépouillé de son écorce, en perdit 68 onces; ce qui confirme bien ce que l'on a avancé dans la comparaison précédente, que le bois n'attire pas l'humidité à beaucoup près comme l'écorce: pour continuer ce parallele des évaporations, il faut donc prendre un intervalle de temps plus considérable.

Du 24 Avril au 4 de Juin, le bois en grume perdit 84 onc. & le bois écorcé en perdit 120: donc, à surfaces égales, les évaporations étoient comme 89, 0 : 120; &, à volume égal, comme 93, 5 : 120.

Pendant les seize jours suivants, depuis le 4 Juin jusqu'au 20 du même mois, l'évaporation du rondin en grume fut de 32 onces, & celle du rondin pelé de 28 onces: ainsi le rapport des évaporations étoit, à surfaces égales, de 33, 9 : 28, &, à volume égal, de 35, 4 : 28.

Dans le mois suivant du 20 Juin au 20 Juillet, l'évaporation du rondin en grume de 32 onces, & celle du rondin pelé de 30 onces; donc, à surfaces égales, les évaporations étoient comme 33, 9 : 30; &, à volume égal, comme 35, 4 : 30; ce qui approche de l'égalité.

Depuis le 20 Juillet jusqu'au 20 Août, l'évaporation du bois en grume fut de 32 onces, & celle du bois écorcé de 30 onces: les évaporations furent donc dans les mêmes rapports que celles du mois précédent.

Pendant le mois suivant, depuis le 20 Août jusqu'au 22 Septembre, le bois en grume n'eut aucune évaporation; mais le bois écorcé perdit 16 onces; il faudra donc prendre depuis le 20 Août jusqu'au 20 Novembre; alors on trouve que le bois en grume a perdu 36 onces, & que le bois écorcé en a perdu 28 ; donc, à surfaces égales, les évaporations ont été comme 38, 1 : 28 ; & , à volume égal, comme 40 : 28, ce qui s'éloigne de l'égalité.

Dans le mois suivant, du 20 Novembre au 20 Décembre, le bois en grume perdit 4 onces, le rondin pelé se chargea de 8 onces d'humidité ; du 20 Novembre au 24 Janvier, le rondin en grume perdit 4 onces, & le rondin pelé se chargea de 12 onces d'humidité, ce qui n'est plus susceptible de comparaison.

Le diametre du rondin en grume *A*, n° 1, est de 13 pouces 6 lignes ; celui du rondin pelé *B*, n°, 4, est de 12 pouces 4 lignes ; leur hauteur commune est de 36 pouces ; ainsi la surface du rondin en grume est à la surface du rondin écorcé, comme 1000 : 901, & le solide ou volume du rondin en grume, est au solide ou volume du rondin pelé, comme 1000 : 834 ; mais par l'expérience, le poids du rondin en grume est au poids du rondin écorcé, comme 216, 2 : 167, 7 ; donc, à volume égal, les poids de ces deux rondins seroient entr'eux, comme 216, 2 est à 201 ; rapport qui ne peut pas être fixé bien précisément, parce que les épaisseurs des écorces & leurs pesanteurs spécifiques ne sont pas données.

L'évaporation, pendant les deux premiers jours où il fit beau temps, fut de 12 onces pour le rondin en grume, & de 28 onc. pour le rondin pelé ; donc, à surfaces égales, leur évaporation fut comme 10, 8 : 28, &, à volume égal, comme 10 : 28, ce qui fait une évaporation presque triple dans le bois écorcé.

Pendant les huit jours suivants il plut beaucoup, & le bois en grume ne se desfécha en aucune maniere ; au lieu que celui qui étoit écorcé perdit encore 28 onces ; ce qui prouve que le bois n'attire pas l'humidité, & ne s'en charge point à beaucoup près comme l'écorce : ne pouvant donc comparer les évaporations pendant ces huit jours, puisque l'une est zéro par rapport à l'autre, je prends un intervalle de quinze jours du 23 Février au 8 Mars : l'évaporation du rondin en grume fut de 24 onces, & celle du rondin pelé de 66 onces ; donc, à surfaces égales,
leur

leur évaporation fut comme 21, 6 : 66, à volume égal, comme 20 : 66, & celle du rondin pelé un peu plus que triple.

Dans les seize jours suivants, du 9 Mars au 24 inclusivement, l'évaporation du rondin en grume fut de 36 onces, & celle du rondin pelé de 106 ; donc, à surfaces égales, les évaporations étoient comme 32, 4 : 106, à volume égal, comme 30 : 106 : l'évaporation du rondin écorcé étoit donc beaucoup plus que triple.

Dans les quinze jours suivants, c'est-à-dire, du 24 Mars au 8 Avril, l'évaporation du rondin en grume fut de 40 onces, & celle du rondin écorcé fut de 32 onces ; par conséquent, à surfaces égales, les évaporations sont comme 36 : 32, &, à volume égal, comme 33, 3 : 32 ; ce qui s'approche de l'égalité.

Dans les seize jours suivants, depuis le 8 Avril jusqu'au 24 de ce mois, l'évaporation du rondin en grume fut de 64 onc. & celle du rondin pelé de 112 ; donc, à surfaces égales, l'évaporation fut comme 57, 6 : 112 ; &, à volume égal, comme 53, 3 : 112 ; celle du rondin écorcé fut donc à peu-près double.

Dans les quinze jours suivants, depuis le 24 Avril jusqu'au 8 Mai, l'évaporation du rondin en grume fut de 68 onces, & celle du rondin pelé de 48 onces ; donc, à surfaces égales, l'évaporation est comme 61, 2 : 48 ; &, à volume égal, comme 56, 7 : 48 ; ainsi voilà un rondin en grume qui perd plus de son poids que le rondin écorcé.

Pendant les seize jours suivants, du 8 Mai au 24 du même mois, l'évaporation du rondin en grume fut de 48 onces, & celle du rondin pelé de 44 onces ; donc, à surfaces égales, les évaporations sont comme 43, 2 : 44, &, à volume égal, comme 40 : 44 ; ce qui commence à s'éloigner de l'égalité.

Dans les onze jours suivants, depuis le 24 Mai jusqu'au 4 Juin, l'évaporation du rondin en grume fut de 32 onces, & celle du rondin pelé de 24 onces ; donc, à surfaces égales, l'évaporation étoit comme 28, 8 : 24 ; &, à volume égal, comme 26, 6 : 24 ; ce qui tend encore à l'égalité.

Dans les seize jours suivants, depuis le 4 Juin jusqu'au 20 du même mois, l'évaporation du rondin en grume fut de 28 onces, & celle du rondin pelé de 31 onces; donc, à furfaces égales, l'évaporation eft comme 25, 2:31; &, à volume égal, comme 23, 3:31; ce qui commence de nouveau à s'éloigner de l'égalité.

Dans le mois fuivant du 20 Juin au 20 Juillet, l'évaporation du rondin en grume fut de 60 onces, & celle du rondin pelé de 25 onc. donc l'évaporation, à furfaces égales, étoit comme 54:25; &, à volume égal, comme 50:25; l'évaporation du rondin pelé n'étoit donc plus que la moitié de celle du rondin en grume.

Pendant le mois fuivant, depuis le 20 Juillet jufqu'au 20 Août, l'évaporation du rondin en grume fut de 56 onces, & celle du rondiné corcé de 52 onces; donc, à furfaces égales, l'évaporation eft, comme 50, 4:52; &, à volume égal, comme 46, 7:52; ce qui fe rapproche de l'égalité.

Dans le mois fuivant, depuis le 20 Août jufqu'au 22 Septembre, l'évaporation du rondin en grume fut de 16 onces; celle du rondin pelé étoit de 12 onces; donc, à furfaces égales, l'évaporation étoit comme 14, 4:12; &, à volume égal, comme 13, 3, 12; elles étoient donc prefque égales.

Dans les deux mois fuivants, du 22 Septembre au 20 Novembre, l'évaporation du rondin en grume fut de 28 onces, & celle du rondin pelé de 12 onces; donc, à furfaces égales, l'évaporation eft comme 25, 2:12; &, à volume égal, comme 23, 3:12; celle du rondin en grume fe trouve donc prefque double.

Du 20 Novembre au 20 Décembre, l'évaporation du rondin en grume a ceffé, & il s'eft au contraire chargé de 12 onc. d'humidité, pendant que le rondin pelé s'eft chargé de 4 onc. d'humidité; d'où il fuit que le rondin en grume qui avoit été jufques-là dans l'état d'une plus grande évaporation que le rondin écorcé, s'eft plus chargé de l'humidité de l'atmofphere que le rondin écorcé; fans doute parce que l'écorce eft un corps fpongieux.

Le diametre du rondin écorcé *B*, n° 2, eft de 11 pouces 9 lignes; le côté de la bafe de la piece équarrie *A*, n° 2,

eſt de 8 pouces 2 lignes ; leur commune hauteur eſt de 36
pouces ; ainſi le volume du bois écorcé eſt au ſolide, ou volume du bois équarri, comme 1000 : 614 ; & la ſurface du premier eſt à la ſurface du ſecond comme 1000 : 846 ; or le poids
de ces deux ſolides étant entr'eux comme 159 : 102 , il s'en-
ſuit, qu'à volume égal, le poids du bois écorcé ſeroit au poids
du bois équarri dans le rapport de 97, 6 : 102, ce qui n'eſt
pas éloigné de l'égalité.

Les deux premiers jours où il fit un beau temps, le bois
écorcé évapora 32 onces, & le bois équarri en perdit 16 ;
donc, à volume égal, les évaporations furent comme 19, 6 :
16 ; à ſurfaces égales, comme 27 : 16 ; & la tranſpiration fut
plus grande dans le bois écorcé que dans le bois équarri.

Pendant les huit jours ſuivants, où le temps fut couvert &
pluvieux, l'évaporation du rondin écorcé fut de 68 onces, &
celle de la piece équarrie fut de 64 onces ; donc, à volume
égal, le rapport d'évaporation fut comme 41, 7 : 64 ; &, à ſurfaces égales, comme 57, 5 : 64 ; elle devint donc plus grande
dans le bois équarri.

Du 9 Mars au 24 de ce mois, le rondin pelé perdit 92 onc.
& la piece équarrie perdit 8 onces ; donc, à volume égal,
l'évaporation fut comme 5, 64 : 8 ; &, à ſurfaces égales comme
77, 8 : 8 ; l'évaporation étoit donc, à raiſon des ſurfaces, environ dix fois plus grande dans le bois écorcé que dans le bois
équarri.

Du 24 Mars au 8 Avril, la tranſpiration fut de 20 onces
pour le bois écorcé ; elle fut de 24 onces pour le bois équarri ;
donc, à volume égal, le rapport de l'évaporation fut de 12, 2 :
24 ; &, à ſurfaces égales, de 16, 9 : 24 ; ainſi la tranſpiration
redevint plus grande dans le bois équarri.

Depuis le 8 Avril juſqu'au 24 Avril, le bois écorcé perdit
104 onces, & le bois équarri en perdit 44 ; donc, à volume
égal, l'évaporation étoit comme 63, 8 : 44 ; &, à ſurfaces égales dans le rapport de 87, 9 : 44, l'évaporation étoit donc, à
ſurfaces égales, à peu près double dans le bois écorcé.

Pendant les quinze jours ſuivants, c'eſt-à-dire, dans l'intervalle du 24 Avril au 8 Mai, le rondin pelé avoit perdu 68 onces, & la piece équarrie en avoit perdu 36 ; donc, à volume égal, leur évaporation fut comme 41,7 : 36,&, à surfaces égales, comme 57, 5 : 36 ; l'évaporation est donc encore plus grande dans le bois écorcé que dans le bois équarri.

Du 8 Mai au 4 de Juin, la transpiration du bois pelé fut de 52 onces, celle du bois équarri de 28 ; donc, à volume égal, les évaporations étoient comme 31,9 : 28; &, à surfaces égales, comme 43,9 : 28.

Du 4 Juin au 20 du même mois, le poids du rondin écorcé diminua de 28 onces, & le poids du bois équarri diminua de 32 ; donc, à volume égal, les évaporations étoient dans le rapport de 17, 1 : 32 ; &, à surfaces égales, de 23, 6 : 32; ainsi la transpiration devint plus grande dans le bois équarri.

Du 20 Juin au 20 Juillet, le bois écorcé perdit 30 onces; le bois équarri en perdit 20 ; donc, à volume égal, les évaporations furent comme 18, 4 : 20; &, à surfaces égales; comme 25, 3 : 20 ; ce qui s'approche de l'égalité.

Depuis le 20 Juillet jusqu'au 20 Août, le bois écorcé perdit 30 onces, le bois équarri en perdit 12 : ainsi les évaporations furent comme 18, 4 : 12, à volume égal; &, à surfaces égales, comme 25, 3 : 12; donc la transpiration étoit double, à raison des surfaces, dans le bois écorcé.

Du 20 Août jusqu'au 22 Septembre, l'évaporation fut de 16 onces dans le bois écorcé, & de 4 onces dans la piece équarrie ; donc, à volume égal, les évaporations étoient comme 9, 8 : 4; &, à surfaces égales, comme 15, 5 : 4 ; c'est-à-dire, plus que triple dans le bois écorcé.

Dans les deux mois suivants, du 22 Septembre au 20 Novembre, le bois écorcé perdit 12 onces, le bois équarri en perdit autant; donc, à volume égal, l'évaporation du bois écorcé étoit à celle du bois en grume, comme 7, 3 : 12 ; &, à surfaces égales, comme 10, 1 : 12; ce qui se rapproche de l'égalité.

Dans le mois suivant du 20 Novembre au 20 Décembre, le rondin pelé se chargea de 8 onces d'humidité, & le poids du

bois équarri étoit augmenté de 2 onc. ; suppofant donc que dans
cet état l'évaporation eft la même dans le bois écorcé & dans
le bois équarri, on trouve que leur attraction d'humidité, à furfaces égales, eft à peu-près dans le rapport de 3 : 1.

Du 20 Décembre au 24 Janvier 1738, le poids du bois
écorcé augmenta de 4 onces ; celui du bois équarri diminua de
46 onces ; ce qui n'eft plus fufceptible de comparaifon.

§. 5. *Expérience fur de petits cylindres, dont les uns
étoient écorcés, & les autres avoient leur écorce.*

QUOIQUE les expériences que nous venons de rapporter
foient très-concluantes, je ne crois cependant pas devoir négliger d'en rapporter une que j'ai faite, fort en petit à la vérité,
mais qui concourt à prouver les mêmes vérités.

Le 14 Mars 1738 j'abattis un jeune Chêneau ; & dans la
partie de fa tige qui étoit la plus cylindrique & la mieux arrondie, je coupai deux petits cylindres de deux pouces de longueur chacun : celui qui étoit le plus près de la cime de l'arbre,
fut confervé avec fon écorce ; & l'autre pris plus près des racines pour l'avoir plus gros, fut dépouillé de fon écorce, ce
qui le rendit, à très-peu de chofe près, de même groffeur que
le premier ; ainfi j'avois deux cylindres pareils en fuperficie que
je pouvois comparer l'un avec l'autre.

Je les ajuftai chacun à une petite balance qui trébuchoit à la
fixieme partie d'un grain.

Celui qui avoit fon écorce pefoit 1 once 4 gros 16 grains.

Celui qui étoit écorcé pefoit . 1 . . . 3 . . 14 . . .

Pour pouvoir connoître felon quelle proportion l'évaporation fe faifoit dans l'un & dans l'autre cylindre, je les ai toujours
tenus en équilibre, en ajoutant des grains dans le plateau de
la balance où ils étoient : outre cela j'ai eu foin de marquer
l'élévation de la liqueur du Thermometre de M. de Réaumur,
toujours en comptant au-deffus du point de la congellation,
parce qu'elle n'a jamais été au-deffous pendant tout le temps
que l'expérience a duré.

J'ai aussi examiné l'élévation du mercure dans le Barometre; mais pour éviter la confusion, je me contentois de marquer du chiffre 1, quand je le trouvois bas; quand il étoit dans un état-moyen, je le marquois 11; & quand il étoit haut, je le marquois 111: enfin j'ai encore eu l'attention de marquer chaque jour quel temps il faisoit: voici maintenant le journal de cette expérience.

Mois & Dates.	Bois écorcé. Grains.	Bois en grume. Grains.	Différence de poids. Grains.	Thermo-metre.	Barome-tre.	Temps.
Mai. 15	70	31	39	10	11	Sec.
16	80	30	50	11	11	Sec.
17	50	25	25	11	11	Sec.
18	46	22	24	10	11	Sec.
19	81	45	36	10	11	Sec.
20	31	29	2	10	1	Humide.
21	11	20	+ 9	8	1	Humide.
22	10	14	+ 4	8	1	Humide.
23	8	17	+ 9	8	11	Sec.
24	6	15	+ 9	9	11	Sec.
25	8	18	+ 10	10	11	Sec.
26	8	17	+ 9	11	1	Humide.
27	6	21	+ 15	10	1	Humide.
28	14	36	+ 22	9	11	Sec.
29	25	15	10	11	11	Sec.
30	3	6	+ 3	11	1	Humide.
31	1	7	+ 6	12	1	Humide.
Avril. 1	8	15	+ 7	12	111	Sec.
2	10	12	+ 2	14	111	Sec.
3	10	10	= 0	14	111	Sec.
4	20	24	+ 4	15	111	Sec.
5	18	20	+ 2	15	11	Sec.
6	4	11	+ 7	15	11	Sec.
7	4	10	+ 6	16	11	Sec.
8	4	18	+ 14	16	111	Sec.
9	2	10	+ 8	14	11	Humide.
10	2	3	+ 1	13	111	Humide.

{ *Nota.* Que comme je n'ai ensuite pesé ces bois que tous les huit jours, il m'a paru inutile de marquer les observations du Barometre, ni celles météorologiques.

Mois & Dates.	Bois écorcé.	Bois en grume.	Différence de poids.	Thermo-metre.		
Mai. 1	3	12	+ 9	13		
8	5	3	2	14		
15	4	3	1	13		
23	3	5	+ 2	15		
31	6	12	+ 6	20		
Juin. 7	4	12	+ 8	15		
14	9	14	+ 5	15		
20	0	7	+ 7	15		
28	7	7	= 0	15		
Juillet. 5	7	4	- 3	20		
13	1	13	+ 12	20		
21	10	15	+ 5	22½		
28	15	13	2	21½		
Août. 5	6	6	= 0	51½		

Nota. Que le 5 Juillet le poids du cylindre écorcé est augmenté de 7 grains; & celui en grume de 4.

On voit par cette expérience que le cylindre écorcé a considérablement diminué le poids dans les premiers jours ; & que
l'autre a été long-temps à perdre la même quantité de feve ;
ce qui auroit encore été bien plus fenfible, s'il ne s'étoit pas
échappé de la feve par les extrémités de ces cylindres, qui
étant coupées & pareilles dans l'un comme dans l'autre, laif-
foient une libre fortie à la feve : la fomme des bafes de ces
cylindres eft, dans cette expérience, très-confidérable, par
proportion à leurs côtés. Il eft vrai que j'aurois pu vernir l'aire
de ces bafes ou coupes, pour empêcher que la feve ne s'é-
chappât par-là ; mais cette précaution ne m'eft pas venue à
l'efprit, & je rapporte naturellement ce que j'ai fait ; heureufement que cette expérience offroit une différence affez confidérable pour m'exempter de la recommencer.

Nous devons maintenant être bien certains par les expériences ci-deffus, que la feve s'échappe plus promptement des
billes de bois équarries, ou fimplement écorcées, que de celles
qui reftent en grume ; & en fe rappellant ce que nous avons dit
au commencement de ce Chapitre, que la feve eft une liqueur
capable de fermentation & prompte à fe corrompre, il femble
qu'on peut conclure fans craindre de fe tromper, qu'il faut
équarrir, ou du moins écorcer les bois auffi-tôt qu'ils ont été
abattus, afin de les priver promptement de cette liqueur cor-
ruptible, qui peut, par fon altération, porter un préjudice confidérable aux fibres ligneufes. Tout cela fera encore plus exactement difcuté dans le Chapitre où nous traiterons du defféchement des bois.

§. 6. *Expériences faites fur des bois blancs, pour re-*
connoître s'ils s'alterent fous leur écorce.

Nous ne pouvons nous difpenfer de rapporter ici quelques
expériences que nous avons faites fimplement pour connoître
fi, en ralentiffant l'évaporation de la feve par le moyen de
l'écorce, on eft fondé à craindre l'altération de cette liqueur
qui endommage les fibres ligneufes. Dans cette vue, & comme

les bois blancs font plus fufceptibles de cette altération que le bois de Chêne, j'ai fait abattre pendant l'Hiver de 1733, plufieurs gros Aunes : j'en ai laiffé une partie dans leur écorce, & j'ai fait écorcer les autres ; ces arbres ont tous été mis fous un hangar où ils ont refté jufqu'au Printemps de 1735, que je les ai fait fendre pour examiner avec plus de commodité quelle pouvoit être la qualité de leur bois : je l'ai trouvée telle qu'on le voit ci-après.

Aunes avec leur écorce.	*Sans leur écorce.*
Nº 1. Bois très-échauffé	Bon bois.
2. De même	Bois très-peu échauffé par un bout.
3. De même	Bon bois.
4. Bois qui commençoit à s'échauffer.	Bon bois.
5. Bois un peu échauffé	Très-bon bois.
6. Bon bois	Bon bois.
7. Bois qui commençoit à s'échauffer.	Bon bois.

Cette expérience prouve inconteftablement que les bois écorcés fe font mieux confervés que ceux qui font reftés dans leur écorce. Refte maintenant à examiner fi la même chofe arrivera au Chêne.

§. 7. *Semblable Expérience faite fur le Chêne.*

LA bille marquée *A*, dont nous avons parlé, pourra encore nous fournir un exemple.

Ce Chêne avoit été abattu dans le mois de Février, & les pieces marquées 1 & 3 font reftées en grume, & celles marquées 2 & 4, ont été équarries fur le champ. On a examiné ces quatre pieces dans le mois de Décembre de l'année fuivante ; l'aubier des billes 1 & 3 s'eft trouvé beaucoup meilleur que celui des pieces 2 & 4 ; peut-être cela venoit-il de ce qu'il avoit encore retenu de l'humidité ; car on fait que l'aubier fe réduit en pouffiere, quand une fois il a perdu toute fa

feve,

feve; c'eft par cette raifon que les Marchands confervent leurs bois équarris, plutôt à l'humidité qu'au fec, afin que l'aubier refte fain. Mais une feule expérience ne fuffit pas; & pour faire voir que, généralement parlant, le bois s'altere plus prompte-ment fous l'écorce que quand on l'en a dépouillé, il nous fuffira d'affurer que nous avons, dans cette vue, fait abattre plus de 90 jeunes Chênes pendant l'Hiver, & que nous avons conftamment reconnu que l'aubier des arbres en grume s'al-téroit plutôt que celui des arbres qui avoient été écorcés.

Deux ans après, quand nous les avons fait fendre pour les examiner, nous avons trouvé que le bois d'une partie de ceux qui avoient été écorcés étoit bon; au lieu qu'il y en avoit quantité de mauvais dans les arbres reftés en grume.

Conclura-t-on delà qu'il faille écorcer les arbres fi-tôt qu'ils font abattus ? Je ferois pour l'affirmative, s'il ne s'agif-foit que de conferver au bois toute la bonne qualité qu'il peut avoir; & cela avec d'autant plus de raifon, que les bois que j'ai fait écorcer auffi-tôt qu'ils ont été abattus, m'ont paru plus durs que ceux qui avoient été confervés en grume. Mais que fervi-roit-il de ménager avec tant de foin la bonne qualité du bois, fi, en l'expofant à un deffechement fi précipité, il fe fend & s'éclate à un tel excès, qu'il n'eft prefque plus propre à rien? C'eft ce que nous examinerons dans le Chapitre fuivant; car il eft néceffaire auparavant de terminer la matiere de celui-ci, & d'achever de difcuter les autres fentiments que nous nous fommes propofés d'examiner.

ARTICLE II. *En laiffant les Arbres dans leur écorce pendant un court efpace de temps, peut-on en attendre un effet fenfible ?*

IL y a quelques perfonnes habiles dans l'exploitation des forêts, qui foutiennent qu'il faut laiffer les arbres paffer huit ou dix jours dans leur écorce après qu'ils ont été abattus; ce délai, difent-elles, eft néceffaire, parce que les arbres, dans les premiers jours qu'ils ont été coupés, donnent encore

M m m

des fignes de vie, & que pendant cet intervalle de temps, le mouvement de leur feve fe ralentit, les fibres ligneufes s'af-faiffent, ce qui empêche que les arbres ne fe fendent, ne s'é-clatent & ne fe tourmentent à l'excès ; mais il ne faut pas, ajoutent-elles, les laiffer plus long-temps fans les équarrir, fi l'on veut découvrir promptement les vices intérieurs qui con-tinueroient à faire du progrès jufqu'à ce qu'ils foient éventés. Nous examinerons dans le Chapitre fuivant, fi un délai de huit ou dix jours eft capable d'empêcher les bois de s'éclater ; mais il eft certain qu'il eft avantageux de mettre promptement en évidence les caries intérieures qui fe trouvent dans les arbres, parce que ces parties de bois pourri fe chargent de beaucoup d'humidité, qui ne pouvant fe diffiper auffi aifément que celle qui eft répandue dans les parties faines, à caufe de la déforga-nifation qui fe rencontre dans ces endroits défectueux, cette humidité y occafionne une corruption qui endommage les parties faines qui fe trouvent dans leur voifinage. C'eft une raifon de plus, de faire équarrir les arbres auffi-tôt qu'ils ont été abattus ; mais on ne peut adopter celles qu'on a rapportées, pour perfuader qu'il eft à propos de laiffer les arbres huit ou dix jours dans leur écorce ; car il eft certain que quand les Prin-temps ne font pas fort fecs, les arbres qu'on laiffe avec leur écorce, font encore en état de végéter pendant trois ou quatre mois après qu'ils ont été abattus, puifqu'on les voit pouffer des feuilles, des fleurs & des bourgeons.

Quant à ce qu'on dit que la feve s'échappe pendant cet in-tervalle de temps, il ne faut, pour prouver que cette alléga-tion eft purement imaginaire, que faire voir combien peu il s'évapore de feve du corps des arbres qui reftent en grume pendant l'Hiver, temps où l'on a coutume de les abattre : c'eft ce que nous allons démontrer par quelques expériences que nous avons faites à ce fujet.

§. 1. *Expériences qui prouvent qu'il s'échappe peu de seve des Arbres qui restent en grume pendant l'Hiver.*

PENDANT les neuf derniers jours du mois de Février, un rondin de Chêne tout nouvellement abattu & en grume, qui avoit trois pieds de longueur, plus d'un pied de diametre, & qui pesoit avec son écorce 216 livres 4 onces, n'a diminué que de 12 onces : un autre rondin un peu moins gros, qui pesoit 155 livres 8 onces, n'a diminué non plus que de 12 onces pendant ce même espace de temps. Il faut ajouter à cela, qu'il ne se feroit certainement pas échappé 4 onces de seve de chacun de ces morceaux de bois, si les arbres dont on les avoit tirés, étoient restés avec toutes leurs branches, parce qu'il n'est pas douteux que c'est par les extrémités coupées qu'il s'échappe le plus de seve ; & l'on conviendra que plus les billes de bois sont courtes, plus l'aire de leurs extrémités coupées se trouve être considérable, relativement au volume total du morceau de bois. Mais en supposant qu'on ne voulût pas avoir égard à cette raison, toute solide qu'elle est, cette quantité de 12 onces de seve est peu de chose, en comparaison de 45 à 50 livres d'humidité, qui ont dû s'évaporer de ces billes, avant qu'elles eussent pu être réputées seches.

§. 2. *Conséquences qu'on peut tirer de cette Expérience : diversité d'opinions sur cette matiere.*

NOUS croyons qu'on peut conclure de l'expérience précédente, que les changements qui arrivent au bois pendant un espace de huit ou dix jours d'Hiver, qui est le temps où l'on exploite ordinairement les forêts, ne sont pas capables de produire un grand effet.

C'est sans doute pour ces raisons qu'il y a beaucoup de personnes qui prétendent qu'il convient de laisser les arbres pendant un mois, six semaines ou deux mois dans leur écorce après qu'ils ont été abattus.

Il faut, difent quelques-uns, laiffer le temps aux arbres de *reffuer*, de laiffer échapper leur feve, & de raffermir leur bois.

D'autres veulent qu'on les laiffe pendant le même efpace de temps dans leur écorce, pour les garantir du grand air & du foleil; ou, fuivant d'autres, pour les mettre à couvert des grandes gelées. Et fi quelques-uns prétendent qu'en les confervant dans leur écorce, ils reftent dans un état d'organifation qui favorife l'évaporation de la feve, il y en a d'autres auffi qui penfent que l'écorce ne doit être confervée que dans la vue de ralentir cette évaporation.

Enfin plufieurs envifagent l'écorce comme une ceinture qui s'oppofe à la défunion des fibres ligneufes, & qui par conféquent empêche les bois de fe fendre: nous ne croyons pas que cette idée mérite d'être approfondie.

Après avoir rapporté les raifons qui ont engagé à conferver les pieces de bois dans leur écorce, pendant l'efpace de fix femaines ou deux mois, examinons maintenant quelles font les raifons qui déterminent à ne les y pas laiffer plus long-temps.

C'eft, dit-on, parce qu'il s'engendre des vers dans l'écorce, fur-tout quand elle commence à fe détacher du bois; & que dans ce cas on trouve entre le bois & l'écorce, une humidité rouffe & puante qui peut endommager le bois, & que, généralement parlant, l'écorce eft une forte d'éponge qui fe charge de l'humidité, & qui la porte dans la fubftance du bois: outre cela, un arbre abattu auquel on laifferoit toutes fes branches & fon écorce jufqu'au Printemps, pouffer oit des fleurs, des feuilles & des jets, fur-tout lorfque le Printemps eft humide. Or, ajoute-t-on, comme ces arbres ne peuvent rien tirer de la terre, c'eft aux dépens de leur propre fubftance que fe font ces productions qui lui caufent une forte d'épuifement.

Toutes ces raifons font autant d'objections contre le fentiment de ceux qui prétendent qu'il eft très-avantageux de conferver l'écorce aux arbres abattus, au moins pendant l'efpace d'un an; je dis au moins, car quelques-uns penfent qu'on ne devroit les dépouiller que lorfqu'on veut les mettre en œuvre.

Après les expériences que nous avons rapportées, on sent bien que ceux qui veulent qu'on laisse les bois dans leur écorce pour les conserver dans un état d'organisation qui favorise leur desséchement, se trompent grossiérement, & qu'ils font connoître qu'ils ne parlent pas d'après des expériences bien faites ; puisque l'on a vu dans les nôtres, qu'ayant équarri quelques troncs de bois, & en ayant conservé d'autres du même arbre dans leur écorce, nous avons reconnu que les bois équarris se font desséchés bien plus promptement que ceux qu'on avoit laissés en grume. En effet, & nous le prouverons bientôt en parlant du desséchement des bois, puisque de deux solides de bois pareils qui ne différent que par leurs surfaces, c'est celui qui a le plus de surfaces, relativement à sa masse, qui se desseche le plus promptement, on doit en conclure que l'équarrissage diminuant la masse, & augmentant les surfaces, il doit s'en suivre un desséchement bien plus prompt.

Ceux donc qui différent l'équarrissage des bois dans la vue de ralentir l'évaporation de la seve, paroissent mieux fondés ; mais comme ils ne cherchent à diminuer l'évaporation que pour prévenir les gerces, nous remettons à discuter leur avis dans le second Chapitre.

On a enfin cru trouver un avantage à ne pas laisser bien long-temps les arbres abattus dans leur écorce ; cet avantage consiste, comme nous l'avons dit, à empêcher qu'ils ne poussent quelques jets au Printemps, ce qui arrive souvent aux arbres qu'on laisse avec leur écorce, sur-tout quand cette saison est humide, dans la crainte que ces pousses ne se fassent aux dépens d'une substance huileuse, raisineuse & gélatineuse, qu'on dit, & avec raison, être très-utile à la conservation du bois. Mais si l'on fait attention à la petite quantité de ces substances qui s'échappent par cette voie, on sentira, sans qu'il soit nécessaire d'avoir recours à l'expérience, que cette déperdition est peu de chose en comparaison du volume de l'arbre qui auroit pu produire ces foibles bourgeons.

§. 3. *Expérience pour connoître si les bourgeons que produisent les arbres après qu'ils ont été abattus, méritent quelque considération.*

J'AI tenté de reconnoître à quoi pouvoit à peu-près monter ce déchet : pour cet effet, j'ai fait abattre deux jeunes Chênes à la fin de l'Hiver ; j'en ai exactement mastiqué la coupe, & je les ai fait placer sous un hangard assez frais & à l'ombre : ces arbres ont poussé au Printemps quelques feuilles & quelques jets. Quand ces productions ont commencé à se faner, je les ai coupées, & je les ai fait sécher, pour voir quelle proportion il pouvoit y avoir entre leur poids, & celui des arbres mêmes que j'avois eu la précaution de peser ; mais les feuilles & les bourgeons, en séchant, se sont réduits à si peu de chose, que je n'ai pas daigné les peser.

§. 4. *Conséquences de l'Expérience précédente.*

CETTE expérience prouve sans réplique, que le déchet de la substance qui peut être utile au bois, & qui est celle qui reste après le desséchement, est si peu de chose, en comparaison du volume de l'arbre, qu'on peut la regarder comme zéro.

D'ailleurs, est-il bien certain que la substance qui a formé les bourgeons, se fût fixée dans les pores du bois de ces arbres s'ils eussent été écorcés ? N'est-il pas probable au contraire qu'elle se seroit échappée avec l'humidité qui, dans ce cas, s'évapore avec une extrême rapidité, comme le prouvent les expériences précédentes ? Ajoutons à cela que si ces bourgeons tirent principalement leur nourriture des écorces & de l'aubier, comme cela est probable, on ne doit plus y prêter aucune attention, puisqu'il est indifférent que l'un ou l'autre soient de bonne ou de mauvaise qualité, ces parties devant être rejettées comme inutiles.

Nous savons maintenant à quoi nous en tenir au sujet des

bourgeons que les arbres pouffent après qu'il ont été abattus ; examinons pareillement le dommage que les vers peuvent produire fur les arbres qui ont leur écorce, & celui que peut produire l'eau rouffe & puante, qui féjourne entre l'écorce & l'aubier des arbres qui font abattus depuis long-temps.

§. 5. *Expériences pour connoître fi les bois en grume qu'on laiffe expofés aux injures de l'air, s'alterent beaucoup.*

POUR parvenir à cette connoiffance, j'ai pris plufieurs rondins de Chêne ; j'en ai écorcé une partie, & j'ai laiffé le refte avec fon écorce : quelques-uns de ceux qui avoient leur écorce, & d'autres qui en étoient dépouillés, ont été couchés par terre, expofés à l'air le long d'une muraille au Nord ; j'ai fait placer le refte dans un lieu fec & fous un hangar. Après avoir vifité à plufieurs fois ces morceaux de bois, voici le réfultat des obfervations que j'ai faites à ce fujet.

1°, Les morceaux de bois qui avoient leur écorce & qui étoient expofés à l'air, ont été attaqués de gros vers dès le Printemps, & bien plutôt que ceux qui étoient dans un lieu fec : aucun de ceux qui étoient écorcés n'a été attaqué de ces gros vers.

2°, Les rondins en grume qui étoient à couvert, n'ont, pour la plupart, été attaqués de ces petits vers qui moulinent le bois, que dans la feconde année.

3°, L'écorce s'eft bien plutôt détachée des bois confervés à l'air, que de ceux qui étoient reftés à couvert ; à ceux-ci, l'écorce n'a quitté feulement qu'après que les vers ont eu réduit le deffous en pouffiere ; aux autres, elle a commencé à fe détacher par parties dès le premier Eté, & elle s'eft détachée prefque partout après le fecond Printemps ; dans ce cas, on trouvoit fous l'écorce de la moififfure, des champignons & une eau rouffe qui avoit même altéré la fuperficie de l'aubier.

4°, Les vers étoient conftamment plus gros & mieux nourris dans les rondins qui étoient expofés à l'humidité, que dans

les autres ; & au lieu que dans ceux-ci, les vers ne détruifent
que l'écorce & la fuperficie de l'aubier ; dans les autres, ils
avoient entiérement percé l'aubier, & fait même beaucoup
de chemin dans le bois quand ils y avoient trouvé des veines
tendres : j'ai vu des trous de gros vers où l'on auroit aifément
mis le petit doigt.

§. 6. Conféquences des Obfervations précédentes.

On voit par ces obfervations que, généralement parlant,
l'écorce eft préjudiciable au bois ; mais beaucoup plus quand
ils font expofés à l'humidité que quand ils font confervés
couvert & dans des lieux fecs : l'humidité attendrit le bois, &
le rend fans doute plus propre à être rongé par les vers ; outre
cela, on peut regarder l'écorce comme une éponge qui fe charge de l'humidité, qui la conferve, & qui porte en premier lieu
la corruption dans l'aubier, enfuite & à la longue, dans le
bois, pour peu fur-tout qu'il y ait quelques veines tendres qui
lui en permettent l'entrée.

5°, Rarement les plus gros vers, ces chenilles de bois qui
produifent le capricorne, fe trouvent-ils dans les bois qu'on
a tirés des forêts immédiatement après qu'ils ont été abattus;
au lieu que ces mêmes vers dévorent les bois qu'on laiffe en
grume dans les ventes : peut-être faut-il plus d'humidité à
ces infectes ; & communément il y en a davantage dans les
forêts que dans les chantiers ; il fe peut faire auffi que les vers
paffent d'une piece dans une autre, & cela reviendroit à ce
que rapportent plufieurs voyageurs des Ifles de l'Amérique,
qui affurent que fi après avoir abattu un chou-palmifte, on fait
plufieurs entames à fon écorce, & qu'on le laiffe dans la forêt, on trouve au bout de quelque temps cet arbre percé
& rempli de gros vers qui font fort bons à manger ; mais que
fi l'on tranfporte cet arbre dans les habitations, ces mêmes
vers ne viennent point l'y attaquer.

Auffi les Marchands de bois font-ils dans la pratique de
faire exploiter promptement les bois qu'ils deftinent à faire
de la

de la fente , parce qu'ils en confervent l'aubier, & qu'ils le vendent comme le bois du cœur ; c'eſt fur-tout ce qu'ils pratiquent pour la latte & les échalas , les ferches, &c ; mais il faut dire auſſi que le bois verd fe fend mieux que le fec.

Toutes les expériences , toutes les obſervations que noùs avons rapportées, & les réflexions que nous avons faites fur les différentes opinions qui font venues à notre connoiſſance ; en un mot, tout ce que nous avons dit juſqu'à préſent, concourt à prouver qu'il y a un avantage conſidérable , lorſqu'on veut ménager la bonne qualité des bois , à écorcer, ou même à équarrir les arbres auſſi-tôt qu'ils ont été abattus. Il me reſte maintenant à examiner fi , en fuivant cette pratique, on ne les rend pas inutiles, à cauſe de la quantité de fentes & d'éclats qu'elle peut occaſionner : c'eſt ce qui va faire le ſujet du Chapitre ſuivant.

CHAPITRE II.

Quelle eſt la cauſe des gerces , des fentes & des éclats qui endommagent fi fouvent les bois de la meilleure qualité ? Pourquoi ces mêmes bois font-ils les plus fujets à fe voiler & à fe tourmenter ? Dans quels cas ces accidents font-ils principalement à craindre ? Quels font les moyens de prévenir leur progrès ?

Les bois fe gercent , fe fendent & s'éclatent , ou ils fe voilent, fe courbent & fe tourmentent, à proportion qu'ils perdent de leur feve, ou qu'ils fe deſſechent.

On fait auſſi que les arbres abattus diminuent de volume, à meſure qu'ils perdent l'humidité qu'ils avoient lorſqu'ils étoient encore fur leur fouche.

Nnn

Je me suis assuré par des expériences, que dans les bois de la même qualité, ce sont ceux qui contiennent le plus d'humidité, qui perdent le plus de leur volume.

Je m'explique : le bois du cœur des arbres qui sont en crûe, est plus dense que celui de la circonférence ; il contient dans un même espace plus de fibres ligneuses & moins d'humidité : quoique ce point ait été déja prouvé ci-devant, je vais encore le prouver par de nouvelles expériences.

Or, je dis que dans ce cas, le bois de la circonférence qui perd le plus de son poids en se desséchant, diminue aussi plus de volume que le bois du centre.

Il n'en est pas tout-à-fait de même, lorsque ce sont des bois de différente-qualité ; car les bois très-vieux, très-usés, les bois qui sont venus dans des pays froids, ou dans des terreins humides ; en un mot ces bois, que les Ouvriers appellent *Bois gras*, perdent beaucoup de leur poids en se séchant ; mais cependant il m'a paru qu'ils ne diminuent pas beaucoup de volume.

Ce qu'il y a de certain, c'est que les bois extrêmement forts, ceux qui sont de la meilleure qualité, les Chênes de Provence, par exemple, se fendent & s'éclatent beaucoup ; les bois d'une qualité médiocre, ceux de Bourgogne, & encore plus ceux du Nord, se fendent beaucoup moins : les bois très-gras ne se fendent presque pas ; le bois pourri ne se fend point du tout.

Après qu'un arbre a été abattu, il se desseche à mesure qu'il perd de son humidité, il perd aussi de son volume, & les fentes se forment dans le bois à proportion qu'il diminue de volume.

Je ne m'arrêterai point à examiner comment se fait le desséchement du bois ; il est le même que celui de tous les autres corps ; la même cause Physique fait qu'un morceau de drap & un morceau de bois se dessechent ; ainsi il me suffira de renvoyer à ce qui a été dit de plus probable sur l'évaporation des liqueurs, sur la formation des exhalaisons, des vapeurs, &c.

Mais pour savoir d'où peut dépendre la diminution du volume du bois lorsqu'il se desseche, il faut d'abord concevoir qu'un tronc d'arbre est composé de différentes couches *d, d, d*

(*Pl. XIV. fig. 1*), formées de fibres ligneuses qui s'étendent dans toute la longueur du tronc *e e e* ; ces fibres longitudinales font jointes les unes aux autres, non-feulement par des fibres qui les coupent à angle droit, & qu'on voit former des rayons *f, f, f*, fur l'aire de la coupe d'un morceau de bois (ce font les *véficules* de Malpighi, les *infertions* de Grew, & ce que les Marchands de bois appellent *la Maille*), mais encore par quelques fibres longitudinales qui paffent obliquement d'un faifceau dans un autre, ou d'une couche à l'autre ; cette méchanique s'apperçoit aifément, & la communication latérale de la feve qui eft prouvée par tant d'expériences, démontre la néceffité de l'union intime des fibres longitudinales les unes avec les autres.

Il s'en faut cependant beaucoup que cette force qui unit les fibres longitudinales, & que j'appellerai leur *force de cohéfion*, ne foit auffi puiffante que la force même de ces fibres ; car ces deux forces font entr'elles comme la force qu'il faut pour rompre un morceau de bois, eft à la force qu'il faut pour le fendre ; ou comme la force d'un barreau de bois de fil *c c* (*fig. 1*), eft à la force d'un barreau *b b*, de pareille dimenfion, mais levé dans le diametre d'un gros arbre, tel que celui de la figure 1, fur lequel ces deux barreaux font ponctués, l'un fur la coupe, & l'autre dans la direction du tronc.

Maintenant que nous avons une idée de la difpofition des fibres ligneufes dans un arbre, confidérons quelle eft la nature de ces fibres.

Elles ne font point rigides comme le feroit un faifceau de fils de métal, ou comme des fils d'émail ; elles font originairement formées d'une matiere mucilagineufe, gommeufe ou réfineufe ; & quoiqu'elles aient en quelque façon changé de nature, elles confervent néanmoins le caractere de leur origine, puifqu'elles s'attendriffent à la chaleur & à l'humidité, & que le froid & la fécherefse les endurcit : ce font donc des fibres élaftiques qui fe refferreront, & qui fe contracteront à mefure qu'elles perdront de leur humidité, & qui fe gonfleront & s'étendront lorfqu'elles s'imbiberont d'humidité ; cela doit fuffire pour expliquer les phénomenes dont il est ici question, & il n'est pas nécessaire de recourir, comme ont fait de grands Physiciens, à certaines vésicules ovales qui deviennent sphériques par le desséchement. On sait que les matieres mucilagineuses se gonflent par l'humidité, & qu'elles se resserrent quand elles se dessechent : un morceau de gomme adragante, de colle forte, &c, se gonfle dans l'eau, & ces matieres reviennent à leur premier volume, quand on les dépose ensuite dans un lieu sec. Je m'en tiens à ces faits, & je ne cherche point pour le présent à expliquer comment les parties de la colle peuvent se contracter dans un cas, & se dilater dans un autre ; mais comme j'ai prouvé ailleurs que les fibres ligneuses étoient originairement formées de matieres mucilagineuses, & qu'elles retiennent encore (lorsqu'elles font converties en bois), quelque chose de la nature de ces matieres, je me contente de soupçonner que ces fibres se dilatent ou se contractent par une méchanique semblable à celle des matieres mucilagineuses.

On sait qu'une corde humectée se gonfle, & qu'elle diminue de grosseur quand elle se desseche : je crois que le gonflement de la corde dépend de la même cause qui fait monter l'eau dans les tuyaux capillaires ; & je penserois aussi que cette cause influe dans l'augmentation ou la diminution du volume des bois qu'on humecte & qu'on fait dessécher ; mais il faut qu'il y ait quelque chose de plus ; car la corde, lorsqu'elle se desseche, gagne en longueur ce qu'elle perd en grosseur, au lieu qu'un morceau de bois diminue en tout sens lorsqu'il perd son humidité, ce qui arrive pareillement aux matieres mucilagineuses.

Je demande cependant qu'on observe, que je dis seulement que nos fibres ligneuses retiennent encore quelques-unes des propriétés des matieres dont elles ont été formées ; car je ne prétends pas qu'elles ne font que gomme, que résine, ou que mucilage ; il est certain que l'état de bois où elles font, est très-différent de celui de mucilage où elles ont été ; mais je crois que dans un morceau de bois il y a des parties qui

font vraiment ligneufes, d'autres qui font tout-à-fait mucila-
gineufes, & d'autres enfin qui font dans des états intermédiaires, & que le tout enfemble eft plus ou moins fufceptible
de dilatation & de contraction, fuivant qu'il y a plus ou moins
de parties vraiment ligneufes. Peut-être même pourroit-on
encore foupçonner que les parties les plus ligneufes font un
peu fufceptibles du reffort dont nous parlons; mais cela eft indifférent à notre fujet.

Au refte, qu'on admette telle explication qu'on voudra,
il fera toujours certain que les fibres ligneufes fe rapprochent
dans un morceau de bois verd lorfqu'il fe deffeche; je me
fuis affuré différentes fois de ce fait fur un cylindre de bois
verd pris hors le centre d'un arbre, comme vers *aa* (*Fig. 1*),
qui rempliffoit exactement un anneau de fer : quand ce cylindre étoit fec, il s'en falloit affez confidérablement qu'il ne
remplît l'anneau. D'autres fois j'ai fait faire un barreau de bois
verd tel que *b b*, (*Fig. 1*), qui rempliffoit exactement un calibre de bois fec; mais ce barreau y paffoit librement quand
il étoit devenu fec. Prefque toutes les menuiferies prouvent
bien fenfiblement que les fibres des bois verds fe rapprochent
à mefure qu'ils fe fechent.

Nous ferons voir dans la fuite que, dans ces mêmes circonftances, les fibres ligneufes perdent auffi de leur longueur;
mais il faut examiner auparavant ce qui doit réfulter du rapprochement des fibres. Et pour mieux faire entendre quelle
eft fur cela ma penfée, j'emploierai pour comparaifon, un morceau de terre glaife.

§. 1. *Exemple de contraction tiré d'un Cylindre formé*
de terre glaife.

Je fuppofe donc un cylindre de terre glaife *a a*, (*Pl. XIV. fig.*
2), fortant des mains du Potier; ce cylindre, en fe defféchant,
perdra de fon volume dans toutes fes dimenfions.

La quantité de cette diminution eft, dans la glaife qu'emploient les Sculpteurs de Paris pour leurs modeles, d'environ
un douzieme.

Je coupe une tranche infiniment mince de mon cylindre parallélement à sa base ; ou bien sans avoir égard à l'élévation de ce cylindre, je ne considere que ce qui se passe sur sa base, que je divise par des cercles concentriques *a b c d* (*Fig.* 3) & je suppose que la terre qui est auprès du centre, se desseche aussi promptement que celle qui est vers la circonférence, comme cela arriveroit dans une tranche de glaise infiniment mince.

Il est certain que les rayons 1, 2, 3, 4, &c, se rapprocheront les uns des autres, à proportion que la tranche en question perdra de son volume en se desséchant, & qu'ils perdront en même temps de leur longueur.

Mais comme je ne veux pas d'abord prêter attention à la diminution du volume qui se fera suivant la longueur des rayons 1, 2, 3, 4, &c, mais seulement à leur rapprochement, je considere la tranche la plus extérieure ou l'orbe *a*, comme enveloppant un cylindre de métal, que je suppose représenté par la tranche *b* ; il est clair que la tranche *a*, en se racourcissant, glissera sur le cylindre de métal *b*, & cela, d'autant plus que cette tranche sera plus étendue ; ainsi, si la diminution de l'argile qui se desseche, monte à $\frac{1}{12}$, la tranche *a*, étant supposée avoir douze pouces de pourtour, elle diminuera de 12 lignes, & il se formera une fente qui sera ouverte d'un pouce à l'extérieur de la tranche *a*.

Je regarde maintenant la tranche *b*, comme enveloppant un cylindre métallique, qui sera supposé représenté par la tranche *c*.

La tranche *b* diminuera dans les mêmes proportions que la tranche *a*, c'est-à-dire, d'un douzieme ; mais comme la circonférence du cylindre *c* est à la circonférence du cylindre *b*, à peu-près comme 9 est à 12, il s'ensuit que la fente qui se fera à la tranche *b*, n'aura que 9 lignes d'ouverture.

On voit, par ce que je viens de dire, qu'il se formera une fente qui aura 12 lignes d'ouverture à la superficie du *cylindre*, & qui se réduira à zéro vers le centre : & voilà ce qui doit résulter de la contraction des tranches *a, b, c, d*, quand on suppoſera que les rayons 1, 2, 3, 4, &c, ne ſe racourciſſent pas.

Mais c'eſt-là une pure ſuppoſition ; car il eſt certain que les rayons perdent de leur longueur, & dans un cylindre de glaiſe & dans un rondin de bois, quand l'un & l'autre ſe deſſechent ; il faut donc avoir égard à leur racourciſſement, & examiner de combien la fente de notre cylindre en ſera diminuée.

Cela eſt aiſé, puiſque ce cylindre étant compoſé d'une matiere homogene, le racourciſſement des rayons, de même que leur rapprochement doit être d'un douzieme : or, comme les rayons des cercles ſont entr'eux comme les circonférences, on doit en conclure que la fente ſera anéantie par le racourciſſement des rayons : je vais rendre cela plus clair.

Pour cela, je reprends ma premiere hypotheſe, & je dis : qu'en ſuppoſant que la contraction des parties latérales ait produit à la circonférence du cylindre un douzieme d'ouverture, *m f*; (*Fig. 3*), il eſt évident que ſi (ces parties reſtant dans cet état), on ſuppoſoit que les rayons 1, 2, 3, 4, &c, ſe racourciſſent d'un douzieme, la fente ſe refermeroit; car la circonférence *e e e*, qui exprime ce racourciſſement, n'eſt que les $\frac{11}{12}$ de la circonférence 1, 2, 3, 4, &c.

L'expérience eſt d'accord avec ce raiſonnement, puiſqu'il eſt certain qu'on peut, en y apportant les précautions néceſſaires, deſſécher un morceau de glaiſe, ſans qu'il s'y faſſe aucune fente. J'avoue que ces précautions ſont difficiles à prendre ; & je penſe que le ſeul moyen d'y réuſſir ſeroit de prendre une couche de terre aſſez mince, pour que toutes les couches ſe deſſéchaſſent à la fois. Mais il n'en eſt pas de même d'un rondin de bois; jamais il ne m'a été poſſible d'empêcher qu'il ne ſe gerçât en ſe ſéchant : d'où peut venir cette différence ? Tâchons de la faire connoître d'une façon ſenſible.

J'ai ſuppoſé juſqu'à préſent que le cylindre étoit fait d'une matiere uniforme, tant au centre qu'à la circonférence; qu'il étoit d'une terre ſemblable, chargée d'une égale quantité d'eau, & dont toutes les parties étoient capables d'une contraction uniformément graduée; mais une pareille ſuppoſition ne peut avoir lieu à l'égard d'un rondin de bois : on a vu ci-devant, à l'occasion de l'âge des arbres, que le bois du centre des arbres en crûe, est plus dense, moins chargé de seve & moins susceptible de contraction, que celui de la circonférence ; ce n'est pas sans raison que j'ai avancé ci-devant, & que je prouverai avant de finir cet article, que dans les bois de la même qualité, ce sont ceux qui contiennent le plus d'humidité, qui perdent le plus de leur volume en se desséchant.

Ainsi, pour avoir un cylindre de glaise qui fût à cet égard comparable à un rondin de bois, il faudroit faire ensorte que la terre du centre fût moins humectée que celle qui la recouvre, & ainsi de suite jusqu'à la derniere couche qui seroit plus chargée d'eau que toutes les autres ; ou, ce qui revient au même, il faudroit former ce cylindre de glaises de différentes natures, & mettre au centre celles qui se retirent le moins en se séchant ; & à la circonférence, celles qui se retirent le plus.

On doit déja appercevoir que, lors du desséchement d'un pareil cylindre (n'ayant égard qu'à la seule circonstance que je viens d'établir), les tranches se retirant en proportion de l'humidité qu'elles contiennent, il se formera une fente large à la circonférence, & que cette fente se terminera presque à rien vers le centre ; parce qu'en ce cas, le racourcissement des rayons ne sera pas proportionnel à leur rapprochement.

J'ai essayé de parvenir à déterminer quelle seroit la quantité & la forme de cette fente dans un cylindre de glaise, tel que je viens de le supposer : cette recherche que je n'avois d'abord regardée que comme une simple curiosité, m'ayant ensuite paru de quelque utilité pour l'intelligence de ce que j'ai dit dans la suite ; j'ai cru qu'il étoit à propos d'en rapporter ici le résultat, mais le plus briévement qu'il me sera possible.

J'ai dit que si un cylindre étoit fait d'une matiere uniforme dans toutes ses parties, & si l'on n'avoit point d'égard au racourcissement des rayons, il se formeroit par le desséchement, une fente qui auroit un douzieme d'ouverture à la circonférence, & qui se réduiroit à zéro au centre ; le triangle *a b c* (*Pl. XV. fig. 1.*) représente cette fente, & les cordes 1, 2, 3, 4, 5, &c.

5, &c, ou les orbes correspondants, les couches de glaise.

La premiere couche ayant, dans la supposition présente, un douzieme de contraction, la corde 1 conservera sa longueur.

La seconde couche n'est pas capable d'une aussi grande contraction ; & je suppose que cette différence soit $\frac{1}{11}$; ainsi la fente sera moins ouverte de cette somme qu'il faut soustraire de la corde 2, ce qui va au point d.

La troisieme couche est encore moins susceptible de contraction ; je suppose que c'est de $\frac{1}{11}$; il faut donc racourcir la troisieme corde de cette somme qui répond au point e. On peut suivre ainsi toutes les lignes jusqu'au centre, en supposant que la contraction diminue toujours uniformément ; & l'on obtiendra une portion de parabole $a, d, e, f, g, h, i, k, l, m, n, o, b$ (Fig. 1), qui exprime la valeur de la fente dans l'hypothese présente, où l'on a supposé que la terre du centre ne se contractoit point, & que les couches devenoient de plus en plus contractiles, suivant une progression arithmétique simple, depuis le centre jusqu'à la circonférence où la contraction étoit d'un douzieme ; mais comme jusqu'à présent nous n'avons eu aucun égard au racourcissement des rayons, il est bon de faire voir qu'il ne peut pas anéantir la fente, comme cela est arrivé dans l'hypothese d'un cylindre fait d'une matiere uniforme.

Supposons pour cela que le rayon a, b (Pl. XV. fig. 2), se soit retiré d'un douzieme, ainsi que dans l'hypothese d'une matiere uniforme ; les lignes i i i i i, 1, 2, 3, 4, &c, se seront rapprochées d'un douzieme, &c ; mais dans l'hypothese présente, il n'y a plus que l'espace 1, 2, qui se rapproche d'un douzieme ; ainsi la ligne 1 viendra en i, les espaces 2 & 3 se contracteront moins ; ainsi il s'en faudra d'un douzieme de l'espace 2, i, que la ligne 2 ne joigne i ; par la même raison, il s'en faudra de deux douziemes, que 3 n'arrive en i, & ainsi de suite jusqu'à b, où la contraction étant zéro, il s'en faudra douze douziemes que 12 n'approche de i.

En additionnant toutes les différentes contractions, on verra que le rayon a b, perd dans cette hypothese $\frac{6}{144} + \frac{1}{188}$

O o o

de fa longueur, ce qui fait à peu-près la moitié de la contraction qui feroit arrivée dans l'hypothefe d'une terre uniforme;
ainfi le rayon *a b*, (*Fig.* 2), n'aura plus que la longueur *b c*,
ce qui fermera de moitié la fente *a c* (*Figure* 1). La *figure* 3
rendra cela encore plus clair.

Le rayon *A B* fe racourcit lorfque le cylindre fe deffeche;
mais ce ne fera plus d'un douzieme comme dans l'hypothefe
d'une terre uniforme. La terre la moins humectée eft celle qui
fe contractera le moins ; & ce fera celle qui contient le plus
d'eau, qui fe contractera le plus.

Ces principes établis, je fuppofe que le rayon *A B* eft divifé en parties égales, en 12, par exemple; je fai que la partie
du rayon *A D* eft plus denfe que la partie *D E*, ce qui m'affure
que la contraction fera moindre en *A D* qu'en *D E*, en *D E*
moindre qu'en *E F*; enforte que fi *A D* fe racourcit d'une certaine quantité, *D E* fe racourcira, par exemple, de deux fois
cette quantité ; *E F* de trois fois cette quantité ; *F G* de quatre fois , & ainfi de fuite jufqu'à *B M* qui fe racourcira de
douze fois cette quantité.

Je fuppofe donc à préfent que *B M* fe contracte d'un douzieme de fa longueur, c'eft-à-dire, de $\frac{12}{144}$ de fa longueur, ou de
$\frac{12}{1728}$ parties du rayon *A B* : la contraction de *M* en *N* ne fera
que de $\frac{11}{144}$ de fa longueur, ou de $\frac{11}{1728}$ du rayon ; la contraction de la partie *N O*, fera de $\frac{10}{144}$ de fa longueur, ou de $\frac{10}{1728}$
du rayon *A B* ; la contraction de la partie *O P* ne fera que de
$\frac{9}{144}$, ou de $\frac{9}{1728}$ du rayon, & ainfi de fuite en progreffion
arithmétique fimple, jufqu'au point *A*, qui eft le terme zéro
de la progreffion. La fomme de cette progreffion fera donc
la fomme de toutes les différentes contractions qui fe font faites
fur les parties *A D, D E, E F*, &c ; de forte que fi on les
fouftrait du rayon *A B*, on aura la valeur du rayon, après que
toutes les contractions ont été exercées de *D* en *A*, de *E* en
D, &c. Or la fomme de toute cette progreffion eft $\frac{78}{1728} = \frac{13}{288}$,
ce qui approche beaucoup d'un vingt-quatrieme du rayon:
fuppofons-le ainfi pour plus grande facilité.

Ce qu'on dit de ce rayon eft commun à tous les autres *A S*,

AT, AB, AV, AQ, AR, & la circonférence $STBVQRS$
fe trouvera, par la contraction des rayons plus près du centre
d'un vingt-quatrieme en $b\,x\,y\,a$; enforte qu'elle ne fera que
$\frac{23}{24}$ de la circonférence $STBVQRS$. Mais on a déja vu que
dans l'hypothefe d'une terre uniforme, la contraction latérale
ou le rapprochement des rayons, avoit produit une fente d'un
douzieme d'ouverture; c'eft-à-dire, que l'arc $STBVQ$ étoit
$\frac{11}{12}$ ou $\frac{22}{24}$ de l'arc entier $QSTBVQ$; il faudra donc prendre fur
le cercle entier $QSTBVQ$ $\frac{23}{24}$, ou l'arc $b\,x\,y\,ab = \frac{23}{24}$, l'arc
$STBVQ$, qui eft juftement la fente qui, par ces différentes
contractions, s'eft réduite à $\frac{1}{24}$ de la premiere circonférence,
au lieu d'un douzieme, de forte qu'elle eft plus petite de la moitié: ce n'eft cependant pas encore là tout; car cette fente va
bientôt prendre une autre forme.

Les cercles concentriques ne fe contractent pas uniformément, non plus que les parties des rayons que je viens d'examiner; car comme il y a plus de denfité au centre qu'à la circonférence, il faut que la contraction foit auffi moindre au
centre qu'à la circonférence; & fi je divife la bafe du cylindre
en douze cercles concentriques, je puis fuppofer (comme je
l'ai fait en parlant des rayons) que la contraction fera douze
fois plus grande à la circonférence extérieure BQ, qu'au centre A; qu'elle fera onze fois plus grande fur la circonférence
$a\,b\,M$ qu'au centre, & ainfi de fuite jufqu'en g, où elle fera
zéro; c'eft-à-dire que l'arc $a\,b$ étant $\frac{1}{12}$ ou $\frac{12}{144}$ de la circonférence, il faut que l'arc $c\,d$ ne foit que $\frac{11}{144}$ de la circonférence,
$e\,d\,M\,c\,e\,f$ que $\frac{10}{144}$ de la circonférence $e\,f\,N\,e\,k\,h$, que $\frac{9}{144}$ de
la circonférence $k\,h\,O\,k$, & ainfi de fuite jufqu'en g, où la con-
traction fera $\frac{0}{144}$; ce qui donne une courbe $A\,k\,e\,c\,a$ qui eft une
portion de parabole: ainfi l'efpace $A\,k\,e\,c\,ab\,d\,fh\,A$, fera la fente
du cylindre, en fuppofant toutes les contractions réunies.

Obfervant néanmoins que la courbe $A\,k\,e\,c\,A$ devroit être
partagée en deux, dont une moitié refteroit du côté $A\,a$, &
l'autre feroit du côté $g\,b$; mais je l'ai portée toute d'un côté
pour la rendre plus fenfible dans cette figure, ainfi que dans la
premiere.

On pourroit m'objecter que ce que je viens de dire est purement hypothétique, & refuser d'admettre la comparaison du cylindre de glaise, que j'ai faite avec un rondin de bois, si je négligeois de faire connoître en quoi ces deux objets sont comparables, & en quoi ils different. Par-là je me trouve engagé à examiner ce qui se passe dans le Chêne, & encore à prouver que le bois du centre est plus dense que celui de la circonférence; que le bois de la circonférence est plus chargé d'humidité que celui du centre, & à établir quelle peut être à peu-près la somme de la contraction des couches ligneuses.

§. 2. Que le Bois du centre est plus dense que le Bois de la circonférence.

Pour pouvoir connoître à peu-près en quel rapport se trouve la diminution de densité des cercles ligneux, à mesure qu'ils s'écartent du centre, j'ai choisi dix rouelles de Chêne (telles que la figure 1 de la Planche XVI les représente), sans nœuds, sans roulures, sans cicatrices, &c, provenant d'autant d'arbres différents.

J'ai levé dans le diametre de ces rouelles des tranches semblables à bb, & j'en ai formé des parallélipipedes d'égale dimension 1, 2, 3, 4, 5. Je les ai pesés chacun en particulier, & j'ai fait une somme totale des poids de tous les morceaux numérotés 1, & la même chose des morceaux numérotés 2, 3, 4, 5; ce qui m'a donné les sommes suivantes en grains.

Le numéro un, 4344; le numéro deux, 4225; donc le numéro 1 est plus dense que le numéro 2, de 119.

Le numéro deux, 4225; le numéro trois, 4124; donc le numéro 2 est plus pesant que le numéro 3, de 101.

Le numéro trois, 4124; le numéro quatre, 3891, moins pesant que le numéro 3 de 233.

Le numéro quatre, 3891; le numéro cinq, 2391, moins pesant que le numéro 4 de 1500.

Je compare maintenant les numéros 2, 3, 4, 5 au numéro 1.

Le numéro un, 4344; le numéro deux, 4225 : différence 119 que je prends pour diviseur de 4225, poids du numéro deux; & il me vient au quotient $35 + \frac{60}{115}$.

Le numéro un, 4344, le numéro trois, 4124 : différence 220, que je prends pour diviseur de 4124, & je trouve $18 + \frac{44}{55}$.

Le numéro un, 4344; le numéro quatre, 3891 : différence 453, quotient $8 + \frac{89}{151}$.

Le numéro un, 4344; le numéro cinq, 2391 : différence 1953, quotient $1 + \frac{146}{651}$.

Il est certain, & nous l'avons remarqué dans le Livre premier sur l'âge des arbres, qu'il est très-rare de trouver des bois qui suivent une dégradation uniforme de densité, depuis le centre jusqu'à la circonférence, mille légers accidents changeant considérablement la densité du bois; cependant comme dans l'expérience que je viens de rapporter, j'ai choisi mes rondelles avec beaucoup de soin; & comme la somme qui se trouve sous chaque numéro, est un total de dix morceaux de bois pris d'autant d'arbres différents, je crois avoir quelque raison de penser que la diminution de densité suit, à peu-près, l'ordre que mon expérience indique, sur-tout depuis le numéro 1, jusqu'au numéro 4; car comme dans les morceaux de bois numérotés 5, il s'en trouvoit qui avoient de l'aubier, & d'autres qui n'en avoient pas, cela pouvoit contribuer à la grande différence que nous avons remarquée entre le numéro 4 & le numéro 5 : or, en supprimant le numéro 5, il paroît que la densité diminue à peu-près suivant la progression géométrique 1, 2, 4, 8, &c.

Au reste, je ne présente point cela sur le pied d'une précision géométrique; ce n'est qu'un à peu-près; & heureusement je n'ai ici besoin que de cela.

J'ai maintenant à examiner en quelle proportion se fait l'évaporation de l'humidité au centre & à la circonférence.

§. 3. *Quelle peut être la proportion de l'humidité contenue dans les différentes couches ligneuses.*

Nous avons prouvé dans le Livre premier que le bois des nouveaux bourgeons des arbres, eſt au bois du centre & du pied des mêmes arbres, comme les dernieres couches d'aubier ſont au bois du cœur, pris auſſi vers la ſouche; ainſi l eſt indifférent de comparer la cime d'un arbre avec le cœur de cet arbre pris vers le pied, ou de comparer ce même point pris au pied avec la circonférence.

Cela poſé, pour connoître à peu-près quelle quantité d'humidité il y a de plus dans le bois nouvellement formé, tel qu'eſt celui de la cime ou celui de la circonférence des arbres, que dans le bois plus ancien, tel qu'eſt celui du centre & du pied, j'ai choiſi un jeune Chêneau bien droit, de 8 à 10 ans; j'ai fait enlever avec une varlope le bois de la circonférence, & j'ai fait ménager dans le centre un barreau (*Pl. XVI. fig. 2*) de 4 pieds de longueur, & ſeulement d'un quart de pouce en quarré; enſuite je l'ai fait ſcier en huit parties de demi-pied de longueur, je les ai numérotées, à commencer par le bout de la cime 1, 2, 3, 4, 5, 6, 7, 8.

Ces morceaux avoient toute leur ſeve: le numéro 8 peſoit 274 grains; & le numéro un, 256.

Ainſi le numéro 8 avoit, quoique ſemblable en dimenſions, 18 grains de ſeve ou de fibres ligneuſes de plus que le n° 1, ce qui fait $14 + \frac{2}{9}$.

Je les ai mis dans une étuve; & quand ils ont été bien ſecs, j'ai trouvé que le numéro 8 ne peſoit plus que 200 grains; donc il avoit perdu 74 grains d'humidité.

Le numéro 1 ne peſoit plus que 164, par conſéquent il étoit diminué de 92; donc le numéro 8 étoit plus denſe que le numéro 1 de 36 grains; c'eſt-à-dire, de $4 + \frac{1}{2}$; donc le numéro 1 contenoit 18 grains d'humidité de plus que le numéro 8; c'eſt-à-dire, $14 + \frac{2}{9}$.

Cette différence & d'humidité & de denſité eſt conſidérable;

fur-tout fi l'on fait attention que le barreau de quatre pieds de longueur fur ¼ de pouce en quarré, ne répond gueres qu'à un arbre d'un pouce & demi de diametre.

Comme à la feule infpection, le numéro 1 paroiffoit avoir plus diminué de volume que le numéro 8, mais qu'il ne paroiffoit pas que ce fût proportionnellement ni à la denfité, ni à la quantité d'humidité, il étoit donc néceffaire d'employer d'autres moyens pour parvenir à connoître en quelle proportion les couches ligneufes fe contractent.

§. 4. *En quelles proportions les couches ligneufes fe contractent-elles?*

POUR connoître en général que le bois nouvellement formé & qui n'a pas acquis toute fa denfité, fe contracte plus que celui qui eft mieux formé, il faut fendre en quatre le tronc d'un jeune arbre: alors on verra que les brins s'écarteront en forme de lardoire, de forte que l'écorce fera à la partie intérieure de la courbe, ce qui eft occafionné par la contraction du bois extérieur, qui eft plus grande que celle du bois du cœur: nous rendrons cela plus fenfible dans la fuite, en expliquant les figures de la Planche XXI.

Il femble que, pour s'affurer de ce fait, il n'y auroit qu'à mefurer bien exactement un petit cube de bois verd, tel que celui de la figure 1, Pl. XVI, n° 5, pris à la circonférence de l'arbre *a b b*, & encore l'autre cube de pareille dimenfion n° 1, pris au centre du même arbre, les laiffer fe fécher l'un & l'autre, & enfuite les mefurer de nouveau.

J'ai employé ce moyen; mais pour qu'il réuffiffe, il faut prendre bien des précautions.

1°, Il faut que l'arbre dont ces cubes font pris, foit gros, afin que la différence puiffe être bien fenfible; 2°, il faut que cet arbre foit en crûe, pour que le bois du centre ne foit point altéré; 3°, pour peu que ces cubes fe gercent en fe féchant, il n'y aura plus moyen de mefurer exactement leurs dimenfions; 4°, il faut qu'au commencement de cette expé-

rience, ces cubes foient exactement réduits entr'eux à de pareilles dimenfions, & rien n'eft fi difficile que de parvenir à
cette précifion quand on fe fert de bois verd comme dans cette
occafion ; enfin une gélivure, une roulure, une cicatrice, un
nœud, &c ; tout cela dérange abfolument l'expérience.

J'ai néanmoins effayé d'exécuter avec foin ces expériences;
elles m'ont à la vérité perfuadé que le bois de la circonférence
fe retire plus en fe féchant, que le bois du centre ; mais c'étoit
d'une façon fi peu fenfible, que je n'oferois prefque affurer
cette vérité, fi elle ne fe trouvoit pas confirmée par quantité
d'obfervations qui fe trouveront répandues dans tout ce Chapitre, & dont je vais préfenter quelques-unes.

Peu fatisfait des expériences dont il eft ici queftion, je pris
fix rondins de Chêne de 12 ou 14 pouces de diametre, qui
avoient été écorcés tout verds, & qu'on avoit tenus dans un
lieu fec, pour qu'ils fe defféchaffent plus promptement.

Je mefurai les diametres de ces fix rondins, & j'en conclus
une groffeur moyenne : je mefurai de même toutes les fentes
de ces fix rondins, dont je conclus auffi une ouverture moyenne
prife à la circonférence ; cette fente moyenne faifoit à peu-
près un douzieme de la circonférence moyenne, parce qu'elle
fe terminoit à rien vers le centre des rondins.

D'où je conclus que la contraction des couches ligneufes
eft en même raifon que l'humidité qu'elles contiennent, & en
raifon renverfée de leur denfité, fans cependant être proportionnelle ni à l'humidité ni à la denfité : c'eft-à-dire que, là
où il y a plus d'humidité & moins de denfité, il y a plus de
contraction. Mais de ce que dans un endroit il y auroit, par
exemple, un tiers plus d'humidité, ou un tiers moins de denfité que dans un autre, il ne s'enfuit pas pour cela qu'il y auroit un tiers plus de contraction. En effet, fi dans un morceau
de bois fec, la contraction augmentoit en raifon renverfée,
& proportionnellement à la denfité, un pouce-cube du bois
pris vers la circonférence, devroit autant pefer qu'un pouce-
cube du bois du centre, ce qui n'eft pas. Ainfi, tout ce que
l'obfervation apprend, c'eft qu'à la circonférence d'un rondin
où

où eſt la plus grande contraction, le bois ſe retire à peu-près d'un douzieme.

Quand on voit les fentes s'anéantir entiérement au centre, on en conclut qu'il n'y a point de contraction à cet endroit; juſques-là tout eſt d'accord avec le cylindre de glaiſe que nous avons pris pour comparaiſon , à cela près que , ſuivant notre hypotheſe, la fente du cylindre de glaiſe n'avoit dans ſa plus grande ouverture qu'un vingt-quatrieme de la circonférence; au lieu que, ſuivant notre obſervation , elle ſeroit dans un cylindre de bois d'un douzieme de la circonférence.

Mais les couches intermédiaires ſuivent-elles dans leur contraction le même ordre que nous y avons ſuppoſé ? C'eſt ce que je ne ſuis pas encore en état de prouver exactement par des expériences : peut-être y parviendrai-je dans la ſuite; en attendant , je ferai enſorte de trouver dans la théorie les lumieres que l'expérience me refuſe.

Le centre des rondins eſt le moins ſuſceptible de contraction ; cela eſt prouvé ; donc le bois le plus vieux, le plus anciennement formé, eſt le moins ſuſceptible de contraction.

Le bois de la circonférence eſt celui qui ſe contracte le plus ; donc c'eſt le bois le plus jeune qui eſt le plus capable de contraction. D'après cela, n'eſt-il pas naturel de penſer que la contraction des couches ligneuſes eſt proportionnelle à leur âge, mais en ſens contraire; de ſorte que la plus jeune couche eſt la plus contractile ; celle qui ſuit & qui eſt plus ancienne eſt moins contractile, & ainſi des autres juſqu'au centre ; ce qui feroit une diminution uniforme de contraction , depuis le centre juſqu'à la circonférence ; & c'eſt cette nuance que j'ai eſſayé d'imiter par les différentes couches de glaiſe dont j'ai imaginé que devoit être compoſé mon cylindre.

Je dis donc : les fibres ligneuſes deviennent moins capables de contraction, à meſure qu'elles deviennent plus bois ; à proportion qu'elles approchent plus du centre, elles deviennent de plus en plus ligneuſes, juſqu'à ce que l'arbre commence à s'altérer de vieilleſſe , & à tomber en retour; ainſi il faut néceſſairement que les couches ligneuſes ſoient d'autant moins

P p p

suceptibles de contraction, qu'elles seront plus anciennement formées.

Enfin, si l'on examine avec attention beaucoup de gros bois, & sur-tout des rondines, on verra que les fentes approchent assez de la figure que nous avons déterminée.

On sent bien que pour juger de la figure de ces fentes, il faut, 1°, que l'arbre soit gros; 2°, que la fente soit grande; 3°, qu'elle soit unique, comme dans la Pl. XVI, figure 6; car s'il y a (comme cela arrive ordinairement) de petites fentes à la circonférence qui ne s'étendent pas jusqu'au cœur, telles qu'en *c c*, figure 5, la grande fente en sera diminuée d'autant, & seulement vers la circonférence; 4°, que le bois ne soit pas gras; car ces bois sont moins susceptibles de contraction, & sont plus uniformes au centre & à la circonférence, que ne le sont les bois forts; 5°, il faut qu'il ne se trouve ni nœuds, ni roulure, ni retour, ni double aubier, ni couronne de bois dur; car tous ces accidents changent la forme des fentes.

§. 5. *Ce qui arrive au bois lorsque les couches extérieures se dessechent avant les couches intérieures.*

J'ai supposé jusqu'à présent que les couches ligneuses ou les tranches *a b c d* d'un cylindre, (*Pl. XVI. fig. 3*), se desséchoient également dans un même espace de temps; il est cependant presque impossible que cela arrive ainsi; car c'est le vent, le soleil, l'air chaud & sec qui causent le desséchement: les tranches extérieures y étant plus exposées, il faut donc qu'elles perdent les premieres de leur humidité, & qu'elles se contractent, tandis que celles qui seront vers le centre, resteront dans l'état où elles étoient. Examinons ce qui doit en arriver.

La tranche *a* (*Figure 3*), tendra à se contracter, pendant que la tranche *b* conservera son premier volume: la tranche *a* fera donc effort pour glisser sur la tranche *b*.

Si la force d'union ou de cohésion des fibres ligneuses qui composent la tranche *a*, est supérieure à la force de contraction de cette tranche, il n'arrivera point de fente jufqu'à ce que quelque caufe extérieure rompe cet équilibre.

C'eft-là ce qui fait que, quand on laiffe tomber fortement fur un corps dur une piece de bois qui eft parvenue à un certain degré de defféchement, ou quand on la frappe avec une maffe, on la voit quelquefois s'ouvrir & s'éclater fubitement.

Mais quand les couches fe font defféchées à un certain point, la force de contraction prend ordinairement le deffus fur celle de cohéfion ; & alors il fe forme une fente.

C'eft quand cette fente s'ouvre, que la tranche *a* fait principalement effort pour gliffer fur la tranche *b*.

Dans les bois de bonne qualité, l'union de la tranche *a*, avec la tranche *b*, eft ordinairement fupérieure à la force de cohéfion des fibres qui forment la tranche *b* ; alors la tranche *a* exerçant fa force de contraction fur la tranche *b*, elle la fait ouvrir ; & de proche en proche, la fente parvient quelquefois jufqu'au centre, comme on le peut voir dans la *Figure 6*.

On conçoit bien qu'en pareil cas, les tranches *b*, *c*, *d*, &c, (*Figure 3*), ne fe fendent point par leur propre contraction, mais parce qu'elles font entraînées par la tranche *a* qui eft celle qui fe contracte le plus ; & comme cette tranche *a*, eft capable de la plus grande contraction, il doit en réfulter une fente très-ouverte, & qui le fera d'autant plus que le centre reftant chargé de feve, la contraction ne peut s'exercer vers lui, en fuivant la direction du racourciffement des rayons.

Mais dans la fuite, la feve du centre fe diffipera, la contraction s'exercera en ce fens, & les fentes fe refermeront fenfiblement : c'eft une obfervation que j'ai faite plufieurs fois, furtout fur les bois que j'expofois à un prompt defféchement : on voit alors l'ouverture des fentes diminuer fenfiblement, & à mefure que les bois continuent à fe deffécher.

Je demande qu'on faffe attention que les fentes ne fe referment pas entiérement lorfque les billes font tout-à-fait defféchées, ce qui arriveroit fi la contraction étoit la même au centre & à la circonférence; & cela démontre à merveille que l'inégalité de l'évaporation de la feve dans les différentes couches, n'est pas la seule cause des fentes, comme quelques-uns le pensent.

Enfin, dans les bois qui ont quelque froissure ou quelque disposition à la roulure, la force de contraction de la tranche *a*, & la force de cohésion de la tranche *b*, sont supérieures à la force qui unit la tranche *a* avec la tranche *b*; alors la tranche *a* se séparera de la tranche *b*; & elle se contractera en glissant sur la tranche *b*, sans que rien s'y oppose.

C'est ainsi que se forment ces fentes en zigzag, qui sont représentées dans la figure 3, & qui endommagent si souvent les bois : les Potiers de terre éprouvent souvent ces accidents, qui font tomber leurs ouvrages par pieces.

Il arrive très-fréquemment, que quand ces fentes qui suivent la direction des couches annuelles, sont près de la superficie, la portion du rondin qui est entre la fente & la circonférence du cylindre, quitte le bois qu'elle recouvroit & sort en dehors, en faisant une assez grande ouverture. Après ce que nous avons dit plus haut, il me suffit d'avertir que c'est encore là un effet de la contraction des couches extérieures, plus grande que de celles qu'elles recouvrent.

Les bois parfaits sont rarement endommagés par ces fentes en zigzag, parce que la force de l'adhérence des couches ligneuses les unes aux autres, est plus considérable que la force de cohésion qui unit les fibres dont ces couches sont formées; ensorte qu'il faut plus de force pour fendre un morceau de bois dans le plan des cercles, que par celui des lignes qui les coupent en tendant de la circonférence au centre; c'est-à-dire, dans le sens des mailles *c*; & l'on aura plus de peine à fendre le morceau de bois (*Pl. XVI. fig. 4*), suivant la ligne *a b*, que suivant la ligne *c d*. Les Fendeurs de lattes ont sans doute bien reconnu cette différence; car ils commencent par faire des levées de la largeur de leurs lattes de *e* en *f*, qu'ils refendent ensuite de l'épaisseur que ces lattes doivent avoir, suivant la direction *g h* & *i k*; de cette façon ils réservent le sens le plus favorable à la fente pour le temps où ils en ont le plus de besoin. Il y a encore d'autres raisons qui peuvent les engager

à en agir ainfi ; mais elles ne font pas de mon fujet. Indépendamment de la plus grande facilité qu'il y a à fendre les bois
plutôt dans un fens que dans un autre, on peut encore donner une bonne raifon de la direction conftante que les fentes
prennent de la circonférence au centre, par préférence à la
direction des couches annuelles.

Pour comprendre cette raifon, il n'y a qu'à examiner la
coupe d'un rondin de bois, on y appercevra aifément des
rayons *c, l,* (*Figure 4*), qui partent du centre & qui s'étendent
jufqu'à la circonférence : l'union eft apparemment moins intime
dans ces rayons, qu'on nomme *les mailles* ; car c'eft ordinairement dans quelques-uns d'eux que fe forment les fentes. En
effet, par-tout ailleurs, fi dans un arbre qui végete, les fibres
longitudinales fe féparent, elles ne tardent pas à fe réunir, &
par cette réunion, elles forment un réfeau fur la furface des
rondins ; mais ces réfeaux font interrompus vis-à-vis les cloifons, ou plans de fibres dont je viens de parler : celles-ci pa-
roiffent bien plus fines que les longitudinales, & elles ont une
autre direction, allant du centre à la circonférence. Ces endroits font donc moins fortifiées que les autres ; c'eft donc là
où les fentes doivent fe former & delà fe prolonger jufqu'au
centre, à moins qu'un vice particulier ne les détermine à changer de direction & à fe prolonger entre les couches annuelles.

§. 6. *Des arbres étoilés ou quadranés au cœur.*

IL nous refte encore à expliquer une autre forte de fente qui
fait appeller *étoilés* ou *quadranés au cœur*, les bois qui en font
endommagés : ce qui leur fait donner ce nom, eft une fente
où quelquefois plufieurs qui fe croifent, comme dans la figure
5, fous différents angles, & qui ouvrent le cœur des arbres :
les pieces où fe trouvent de pareilles fentes, quand même
elles ne feroient pas fort grandes, font réputées défectueufes,
& avec grande raifon, puifqu'elles font une marque affurée
que les arbres qui les ont fournis, étoient en retour quand on
les a abattus. Pour concevoir comment fe forment ces fentes,

il faut se souvenir que nous avons dit dans le premier Livre de cet ouvrage que, dans les arbres qui étoient en retour, ce n'étoit plus le bois du centre qui étoit le plus pesant, comme cela se trouve dans les arbres qui sont en crûe. Il suit delà que les bois qui dépérissent de vieillesse, perdent de leur densité ; & l'on a vu dans ce Chapitre qu'ils en perdent d'autant plus, qu'ils sont devenus plus vieux. Le *maximum* de la densité n'est donc plus au cœur *a* ; mais il se trouvera dans un point de l'espace qui est entre le centre & la circonférence, par exemple en *b*, cette densité va en diminuant de ce point *b*, au centre *a*, comme de ce point *b* à la circonférence *c*. La contraction doit suivre l'inverse de la densité : ainsi il n'y aura point de fente en *b* ; mais il y en aura à la circonférence *c, c, c*; & au centre *a* ; celles-ci ne seront pas fort ouvertes ; enfin elles affecteront toutes sortes de figures & de directions : il seroit inutile d'en expliquer la cause après ce qui a été dit, on doit la sentir de reste.

Ce seroit peu d'avoir expliqué comment se forment les fentes dans les bois en rondins, & dans les bois équarris, si nous n'essayions pas de trouver quelques moyens capables de diminuer leur progrès. Pour y parvenir, considérons ce que pratiquent les Potiers de terre; ils ont pour le moins autant de besoin que nous, de prémunir leurs ouvrages des plus petites gerces.

§. 7. *Pratique mise en usage par les Potiers de terre, pour empêcher que leurs ouvrages ne se fendent.*

QUAND un Potier de terre a bien détrempé & corroyé son argile, quand il en a formé un vase, ou encore mieux s'il en veut faire un cylindre solide & plein, il n'est pas douteux que sa terre se gerceroit, se fendroit & tomberoit par morceaux, s'il l'exposoit sur le champ à la cuisson, ou simplement dans un lieu chaud, même au soleil ; en un mot, s'il en précipitoit le desséchement. Il y a peu de Potiers de terre qui n'éprouvent de temps en temps cet inconvénient, L'expérience

journaliere leur apprend que pour s'en garantir, ils doivent tenir
les ouvrages nouvellement faits dans un lieu frais, afin que
l'humidité ne se diffipe que peu à peu ; le defféchement se fait
ainfi plus uniformément au centre & à la circonférence du
cylindre, & il n'arrive aucun défordre dans fa piece ; feulement le volume total de la terre diminue plus ou moins, fuivant qu'elle perd plus ou moins d'humidité ; le rapprochement
des parties fe fait avec lenteur, & l'ouvrage conferve la forme
que l'Ouvrier lui a donnée ; au lieu que des fecouffes dérange-
roient & gâteroient entiérement fon ouvrage.

Mais, comme je l'ai déja remarqué, l'argile des Potiers eft
une matiere uniforme ; les tranches qui font au centre ne font
pas plus denfes, elles contiennent autant d'humidité, & font
auffi capables de contraction que celles de la circonférence ; &
tout cela ne fe rencontre pas dans un rondin de bois.

D'ailleurs, les molécules de l'argile ne font pas auffi intime-
ment unies entr'elles, que le font les fibres ligneufes d'une
piece de bois ; elles peuvent glifler les unes fur les autres :
fi un Potier force doucement l'intérieur d'un tuyau qu'il travaille, il l'augmente de grandeur fans le rompre, ce qui feroit
arrivé s'il l'avoit forcé brufquement ; mais ce feroit envain que
l'on voudroit tenter de la même maniere, d'augmenter le diametre d'un tuyau de Chêne, même en agiffant avec tout le
ménagement poffible.

Malgré ces différences que je ne peux m'empêcher de regarder comme importantes, il m'a cependant paru que cette
pratique des Potiers pouvoit avoir fon application au bois : fi
l'on ne peut, en la fuivant, prévenir entiérement les gerces,
du moins pourroit-on empêcher les grandes fentes de fe former. C'eft la preuve d'un pareil fait que j'efpere établir par les
expériences que je vais rapporter.

§. 8. *Premiere Expérience.*

PENDANT l'Hiver de l'année 1734, je fis abattre environ
50 Chêneaux qui pouvoient avoir 8 à 9 pouces de diametre ;

je les fis dépouiller de leur écorce, & fcier par troncés.

Ces troncés furent divifées en trois lots, & on fit enforte qu'il y eût dans chaque lot une tronce de chaque arbre ; enfuite on les pefa; on mit un de ces lots fous un hangar expofé au Levant, & très-ouvert; un autre lot fut dépofé fous un autre hangar plus frais & expofé au Nord; enfin on mit le troifieme lot dans un endroit beaucoup plus frais, dans une cave, qui étoit à la vérité percée de plufieurs foupiraux.

L'Automne fuivante, les troncés que j'avois mifes fous le hangar fort chaud étoient très-fendues ; auffi quand je les pefai, les trouvai-je fort légeres; elles avoient perdu prefque toute leur feve.

Celles que j'avois mifes fous le hangar frais, étoient moins gercées ; & elles avoient moins perdu de leur poids.

Enfin celles qui étoient reftées dans la cave, n'étoient point gercées, & elles avoient peu perdu de leur poids.

§. 9. *Conféquences de l'Expérience précédente.*

On voit par cette expérience que les bois fe fendent à proportion de l'humidité qu'ils perdent : auffi quand j'ai tenu des bois déja fendus affez de temps dans l'eau, & que par ce moyen je leur ai eu rendu autant d'humidité qu'ils pouvoient en avoir dans le temps où ils étoient encore verds, les gerces fe font-elles refermées entiérement, & fi exactement qu'on ne pouvoit plus les appercevoir : cette propofition va être prouvée d'une autre façon.

§. 10. *Seconde Expérience.*

J'ai fait abattre plus de cent jeunes Chênes, & dix-huit gros Aunes ; je les ai fait fcier par troncés de trois & de fix pieds de longueur; & après avoir eu l'attention de divifer en trois lots les troncés qui venoient des mêmes arbres, je fis équarrir celles d'un lot, écorcer celles d'un autre, & je confervai celles du troifieme lot avec leur écorce: toutes ces pieces

de

de bois furent mifes fous un hangar où elles refterent pendant deux ans : voici l'état où ces pieces de bois fe font trouvées après ce temps écoulé.

Celles qui avoient été écorcées étoient les plus fendues de toutes, même quand on les réduifoit au quarré ; car il eft certain que fi l'on s'en fût tenu à la feule infpection de ces rondins, leurs fentes auroient paru plus ouvertes que celles des rondins équarris, fans qu'elles euffent été pour cela plus grandes.

Les pieces de bois en grume étoient beaucoup moins fendues que celles qui avoient été équarries ; celles-ci cependant l'étoient fenfiblement moins que les pieces qui avoient été écorcées.

Il faut remarquer que comme tous ces bois n'étoient pas fort gros, & qu'ils avoient été tenus pendant deux ans fous un hangar fort ouvert, ils devoient être affez fecs.

§. 11. *Conféquences de l'Expérience précédente.*

CE qui eft arrivé dans cette expérience s'accorde à merveille avec les principes que j'ai établis au commencement de ce Chapitre.

L'évaporation de la feve fe fait brufquement dans les bois écorcés ; le rapprochement des fibres s'opere donc par des fecouffes ; & voilà une caufe qui doit déja produire de grands éclats.

Cette évaporation fe fait promptement ; la contraction doit donc s'opérer dans les couches extérieures avant qu'elles agiffent dans les intérieures ; & voilà encore de quoi produire de grandes fentes, de quoi ouvrir les *roulures*, &c.

L'aubier & le jeune bois ayant été confervés dans les rondins écorcés ; il y avoit beaucoup de différence entre la denfité du bois du cœur, & celle du bois de la circonférence ; il faut donc convenir que tout tend à faire fendre & à faire éclater les rondins écorcés.

La denfité étoit moins inégale dans les bois équarris, puifqu'on avoit entiérement retranché, par l'équarriffage, l'aubier, & beaucoup du jeune bois ; cette denfité refte même peu fen-

Q q q

fible dans les bois qui, comme ceux de la précédente expérience, font d'un petit équarriffage; l'effet du defféchement
inégal des couches extérieures & des intérieures, diminuant
auffi dans les bois qu'on équarrit, fur-tout quand ces bois ne
font pas fort gros, les bois équarris fe doivent donc moins
fendre que les rondins écorcés.

Mais pourquoi les rondins qui étoient en grume fe font-ils
moins éclatés que les bois mêmes équarris? l'inégalité de denfité devoit s'y trouver comme dans les rondins écorcés? Cela
eft vrai: mais comme on a vu par les expériences rapportées
dans le premier article, que ces bois fe deffechent lentement,
& même que l'écorce eft une matiere fpongieufe qui fe charge
de l'humidité de l'air, l'évaporation de la feve fe fera donc
plus uniformément dans toutes les couches; le rapprochement
des fibres ligneufes ne fe fera pas par des fecouffes qui les
faffent éclater, mais par une force lente & ménagée qui obli-
gera les fibres à s'écarter les unes des autres; ainfi, au lieu de
grandes fentes, il fe formera un nombre de petites gerces qui
ne feront aucun tort aux pieces, & c'eft-là tout ce qu'on
peut defirer; car dans un rondin de bonne qualité, il faut néceffairement que les couches extérieures prêtent de quelque
façon que ce puiffe être.

J'ai fait encore plufieurs expériences qui démontrent l'évidence de ce que je viens d'avancer; je dois les rapporter ici
tout de fuite.

§. 12. *Troifieme Expérience.*

J'ai dit dans le premier article de ce Chapitre, que j'avois
fait abattre deux gros Chênes, dont l'un avoit été marqué *A*,
& l'autre *B* (*Pl. XVII. fig. 1*); que j'avois fait fcier leurs troncs
par billes de trois pieds de longueur; que chaque arbre m'en
avoit fourni quatre qui avoient été numérotées 1, 2, 3, 4; que
la bille numéro 1, de l'arbre *A*, étoit reftée en grume; que
celle numéro 2, du même arbre avoit été équarrie; que la
bille, numéro 3, étoit reftée en grume, & celle, numéro 4,
équarrie. A l'égard de l'arbre *B*, la bille, numéro 1, fut écor-

cée ; celle numéro 2, équarrie ; la bille, numéro 3, fut écorcée, & celle, numéro 4, équarrie. J'ai dit que tous ces bois
avoient été mis fous un même hangar ; & j'ai établi dans quelle
proportion s'étoit faite l'évaporation de leur humidité. J'ai
auffi donné mes remarques fur la différente qualité de leur
bois ; mais je n'ai rien dit des obfervations que j'avois faites
fur les fentes de ces différentes billes : voici le lieu d'en rendre compte.

Un plus grand détail me paroît cependant inutile, il fuffira
de favoir que les rondins qui avoient été écorcés, étoient tellement fendus jufqu'au cœur, qu'on auroit pu, avec les moindres efforts, en détacher des quartiers.

Quoique les billes équarries fuffent moins fendues que les
premieres, cependant elles l'étoient beaucoup plus que celles
qui étoient reftées dans leur écorce, & celles-ci l'étoient fi
peu, & feulement par les bouts, qu'en les équarriffant, toutes
les fentes qui étoient fort petites, ont difparu entiérement ;
mais en y regardant de près, on y appercevoit un grand nombre de gerces, à la vérité fort petites, & qui ne pouvoient
pas empêcher que ces billes ne puffent être employées à
toute forte d'ufage.

§. 13. *Remarque.*

Cette expérience confirme les conféquences que j'ai tirées
de mes deux premieres ; je n'ajouterai donc ici qu'une fimple
remarque ; c'eft qu'en obfervant attentivement le defféchement
des rondins écorcés de ma troifieme expérience, j'ai plus
particuliérement reconnu que, quand on fait deffécher trop
promptement le bois, il s'ouvre dans les premiers mois de
grandes fentes qui fe referment enfuite en partie, & que les
petites gerces difparoiffent entiérement.

Je fouhaitois fort qu'on pût exécuter de pareilles expériences en Provence, parce que je jugeois que la différence
entre les bois écorcés & ceux qui ne le feroient pas, y feroit
plus confidérable que dans nos Provinces, non-feulement parce que les arbres qui y croiffent, étant de meilleure qualité

que les nôtres, y gercent infiniment plus, mais encore parce
que l'air y étant plus chaud & plus fec, fait fendre le bois d'une
maniere extraordinaire.

M. de Héricourt, Intendant des Galeres, fe prêta volontiers à mes vues; en conféquence, tout fut difpofé pour l'expérience pendant un féjour que je faifois à Marfeille; & après
mon départ, M. Garavaque, Ingénieur de la Marine, ayant bien
voulu fe charger de fuivre celles que j'avois commencées, il
s'en acquitta de la maniere la plus fatisfaifante pour moi : je
vais rapporter ces expériences en détail.

§. 14. Quatrieme Expérience.

LE 18 Mai 1736, on abattit dans le terroir de Marfeille
quatre gros Chênes; on les fit voiturer fur le champ dans l'Ar-
fenal; on les coupa par billes, & on en tira toutes les pieces
qui pouvoient être propres pour la conftruction des Galeres;
on en équarrit une partie; on en écorça une autre, & on laiffa
le refte en grume : toutes ces pieces furent dépofées fous un
même hangar.

Voici les obfervations qui ont été faites fur ces pieces de
bois, vers le mois de Juin 1738, lorfqu'on les a examinées
pour la derniere fois.

Les billons qu'on avoit confervés avec leur écorce, ne paroiffoient point, ou prefque point fendus fur leur longueur;
mais on voyoit des fentes affez confidérables fur les bouts
ou fur l'aire de la coupe. Ces gerces avoient commencé
à fe former dans la partie moyenne qui eft entre le cœur &
la fuperficie; & elles avoient fait des progrès vers l'une &
vers l'autre, fans pour l'ordinaire y être parvenues tout-à-fait;
quelques fentes cependant s'étendoient dans quelques pieces
jufqu'au cœur, & même le traverfoient (Pl. XVII. fig. 2.),
mais prefque jamais elles n'atteignoient l'écorce; enforte que
fi l'on eût dépouillé ces billons de leur écorce, on n'auroit
apperçu aucune fente confidérable à la fuperficie, puifque de
toutes celles qui paroiffoient fur la coupe, aucune n'atteignoit
la circonférence.

Pour s'assurer si ces fentes qu'on voyoit par les bouts pénétroient bien avant dans les billons, & s'il ne s'en formoit
pas d'autres dans l'intérieur, on fit couper à l'un des bouts de
quelques billons, une tranche de deux pouces d'épaisseur, &
l'on trouva que les fentes diminuoient considérablement dans
l'intérieur; on en enleva ensuite une seconde tranche de la
même épaisseur, pour pouvoir pénétrer davantage dans l'intérieur du billon, & les fentes disparurent presque entiérement, sans qu'on en découvrît de nouvelles. On fit aussi refendre à la scie quelques-uns de ces billons, & on n'y décou-
vrit aucune fente; mais quoiqu'il y eût deux ans & demi que les
arbres avoient été abattus, ce bois étoit encore chargé de seve.

Ces observations ont été répétées plusieurs fois sur d'autres
arbres, sans qu'on ait pu remarquer aucune différence considérable.

Les billons du même temps, & qui avoient été équarris,
étoient dans un état bien différent, quoiqu'ils eussent resté
sous le même hangar où l'on avoit mis ceux en grume. Ils
étoient traversés de beaucoup de fentes, larges vers la superficie, & qui se perdoient au centre où peu d'entr'elles y touchoient, quoique leur direction fût toujours vers cet endroit:
voyez *Pl. XVII. figure 4*, & encore pour les arbres écorcés,
la figure 3.

Enfin ces billons équarris étoient bien plus secs, que ceux
qui avoient été conservés en grume, quoique les uns & les
autres eussent été abattus dans le même temps, & conservés
dans le même lieu.

§. 15. *Conséquences de la précédente Expérience.*

CETTE expérience, quoiqu'exécutée dans une Province
éloignée, & suivie par une autre personne que moi, s'accorde
à merveille avec les précédentes.

L'écorce forme non-seulement un obstacle à l'évaporation
de la seve; mais outre cela elle est une sorte d'éponge qui se
charge de l'humidité de l'air, comme nous l'avons démontré
dans le précédent article: je pense que c'en est assez pour

empêcher que les bois ne fe fendent, & pour que la plûpart des fentes des bouts ne puiffent atteindre la fuperficie des billons qui font recouverts d'écorce.

Comme la feve a une libre iffue par les bouts, il doit s'y former des fentes, mais qui ne pénétreront point avant dans le bois.

Le contraire de tout cela doit arriver dans les arbres équarris: c'eft encore ce qu'on voit dans l'expofé de cette expérience.

Ce feroit cependant chercher à fe faire illufion que de fe perfuader, qu'en ralentiffant l'évaporation de la feve, il y auroit beaucoup à gagner du côté des fentes, fi réellement on ne faifoit que les retarder; car s'il eft vrai que le bois ne fe fend qu'à proportion de l'humidité qu'il perd, on accorden volontiers qu'au bout d'un certain temps, celui qui eft en grume fe trouvera moins fendu que le bois écorcé ou équarri, puifqu'il eft fuffifamment prouvé que l'écorce fait un obftacle à l'évaporation de la feve. Mais auffi on conviendra qu'il faut à la fin que cette feve s'échappe; & fi après un an d'abattage, lorfqu'on viendra à équarrir du bois qui fera refté pendant ce temps dans fon écorce, il vient à fe fendre comme fi on l'avoit équarri tout verd, il eft clair qu'on n'auroit rien gagné à le laiffer en grume pendant ce même temps. C'eft donc ici le lieu d'examiner fi la lenteur du defféchement qui réuffit fi bien aux Potiers de terre, peut avoir fon application à l'égard du bois.

§. 16. *Continuation des précédentes Expériences.*

C'eft dans cette vue que j'ai écrit à M. Garavaque pour le prier de faire équarrir, neuf mois après leur abattage, quelques-uns des billons qu'il avoit confervés en grume; ce qu'il voulut bien exécuter. De mon côté, j'ai fait équarrir, un an après qu'ils avoient été abattus, les bois en grume de ma feconde expérience & encore ceux de la troifieme: tous font reftés plus d'un an en cet état. Il s'eft formé fur ceux de M. Garavaque & fur les miens, beaucoup de gerces & quelques fentes, mais qui n'étoient ni fi ouvertes ni fi profondes que celles des billons qui avoient été écorcés ou équarris fur le champ : cette multitude de petites fentes n'a point empêché qu'on n'ait pu faire ufage de ces pieces.

§. 17. Conféquences de ces Expériences.

CES expériences prouvent que les pieces de bois, ainfi que les ouvrages des Potiers de terre, fe fendent moins, quand on peut ralentir leur defféchement, que quand on veut le précipiter ; mais avec cette différence, qu'en y apportant beaucoup de précautions, on peut empêcher les ouvrages de terre de fe fendre en aucune façon ; au lieu que les bois fe gercent, quelque précaution qu'on y apporte, & c'eft à l'inégale denfité du bois que j'attribue cette différence.

Cependant, puifqu'il eft démontré qu'on peut, en fufpendant l'évaporation de la feve, diminuer beaucoup les fentes, & faire qu'au lieu d'une grande fente, il s'en forme plufieurs petites & moins préjudiciables, c'eft déja un moyen de préferver les bois du dommage qu'elles leur caufent : ce moyen eft praticable en certains cas. Nous allons propofer d'autres expédients ; mais avant de finir cette matiere, il eft à propos de faire quelques obfervations relatives au bois qu'on conferve en grume.

§. 18. Premiere Remarque.

NOUS avons dit dans le premier article de ce Chapitre, que les bois dont on fufpendoit le defféchement, foit en les tenant dans des lieux frais, foit en les laiffant recouverts de leur écorce, étoient plus tendres que ceux qu'on expofoit à un prompt defféchement ; on fait d'ailleurs que les bois tendres fe gercent moins que les bois forts : il pourroit donc arriver que cet affoibliffement des fibres ligneufes contribuât à diminuer le progrès des fentes ; mais je ne vois pas comment on pourroit, par des expériences, parvenir à faire une diftinction précife de ce que produit dans ce cas l'affoibliffement des fibres ligneufes, ou le fimple rapprochement tonique dont nous avons parlé.

§. 19. Seconde Remarque.

POUR efpérer quelques avantages de l'écorce, il ne fuffit pas de conferver les bois en grume l'efpace de deux ou trois mois. En preuve de ce que j'avance, je rappellerai ce qu'on a vu dans mes expériences précédentes, qu'un rondin couvert de fon écorce, qui devoit perdre, pour être réputé fec, un tiers de fon poids, n'en a perdu, pendant les mois de Février, Mars & Avril, qu'un quinzieme.

Cependant le foleil commence à avoir bien de la force en Mars & en Avril. Il n'eft pas douteux que ces rondins auroient beaucoup moins diminué de poids, fi on les eût abattus en Décembre, & pefés à la fin de Février. Mais je prends le cas le plus favorable à l'évaporation de la feve; & l'on voit qu'au commencement de Mai le rondin dont il eft queftion ci-deffus, n'ayant diminué que d'un quinzieme, étoit peu différent, quant au poids, de ce qu'il étoit dans le temps précis de la coupe: ainfi, fi je l'avois fait équarrir au commencement de Mai, temps où le foleil a beaucoup de force, & dans lequel la feve s'évapore très-promptement, il eft clair qu'il fe feroit confidérablement fendu, & prefque autant que fi on l'avoit abattu dans cette même faifon, & équarri fur le champ.

J'ai encore pefé ce même rondin à la fin de Décembre, c'eft-à-dire, dix mois après avoir été abattu, il n'étoit encore gueres plus diminué de poids que d'un feizieme, au lieu d'un tiers qu'il devoit perdre, & qu'il a effectivement perdu par la fuite.

Cette expérience prouve qu'il faut au moins conferver les bois jufqu'à la fin de l'Eté dans leur écorce, fi l'on veut empêcher par ce moyen qu'ils ne fe fendent par grands éclats; alors on pourra hardiment les équarrir, parce que les chaleurs étant paffées, il n'y aura point à craindre que le refte de la feve ne fe diffipe trop brufquement; feulement une partie s'évaporera lentement pendant la faifon de l'Hiver, & les bois en feront plus en état de fupporter les chaleurs du Printemps & de l'Eté de l'année fuivante,

Je

Je vais plus loin, & je dis qu'il vaudroit mieux les équarrir aussi-tôt qu'ils ont été abattus, pendant l'Hiver, que de remettre ce travail au Printemps suivant, parce que, comme la seve s'échappe plus promptement d'un morceau de bois équarri, que de celui qui reste en grume, il s'en dissipera davantage pendant l'Hiver, saison où l'on doit moins redouter une trop prompte évaporation, parce que, nonobstant l'équarrissage, elle s'opérera toujours lentement.

Cette évaporation lente n'est pas à négliger : elle a monté dans un gros morceau de bois quarré que j'avois pris du même arbre qui m'a fourni le rondin dont je viens de parler, à près d'un quart dans les mois de Février, Mars & Avril; & il se trouvoit fort sec à la fin de Décembre, ayant alors perdu plus d'un tiers de son poids; par conséquent une bonne partie de la seve s'est échappée doucement dans l'espace de trois mois; au lieu qu'elle se feroit échappée brusquement, si l'on eût remis à équarrir cette piece de bois au Printemps suivant.

§. 20. *Troisieme Remarque.*

J'AI prouvé dans le détail de mes expériences, que les bois qui restent en grume sont moins sujets à se fendre & à s'éclater, que ceux qu'on équarrit presque aussi-tôt qu'ils ont été abattus; & j'ai pensé qu'on étoit redevable de cet avantage au ralentissement de l'évaporation de la seve occasionné par les écorces. Malgré les preuves expérimentales que j'ai rapportées pour appuyer mon sentiment, quelques personnes exercées dans l'exploitation des forêts, en convenant avec moi du fait, en donnent une autre raison. Ils regardent l'écorce des arbres comme une gaîne capable de résistance, & qui s'oppose à l'effort que font les fibres pour se séparer.

Mais pour faire sentir que la résistance des écorces ne peut produire un grand effet, je demande qu'on examine l'écorce du Chêne; il est vrai qu'on découvrira, sur-tout sur les jeunes branches, un épiderme dont les fibres ont plutôt une direction circulaire que verticale par rapport à la longueur du tronc;

R r r

mais cet épiderme eſt ſi mince & ſi fragile qu'on le peut hardiment compter pour rien ; le ſurplus de l'écorce eſt une eſpece
de laſſis, ou un aſſemblage de fibres ligneuſes qui ont une direction longitudinale, mais qui ſont mal unies latéralement les
unes avec les autres, & qui forment un réſeau dont les mailles
ſont remplies par des véſicules, ou un parenchiſme, ou des
vaiſſeaux extrêmement capillaires, auſſi incapables les uns que
les autres d'une grande réſiſtance ; c'eſt en conſéquence de
cette organiſation que l'écorce peut réſiſter avec force quand
on tire ſes fibres ſuivant leur longueur, & qu'elle cede aiſément quand on ne tend qu'à les ſéparer en tirant l'écorce dans
ſa largeur.

Que l'on compare à préſent cette foible réſiſtance (que tout
le monde peut éprouver) à la force conſidérable des fibres
ligneuſes qui tendent à ſe déſunir, force capable de rompre
les aſſemblages de menuiſerie les mieux conditionnés, & de
produire beaucoup d'autres effets dont je parlerai par la ſuite.

Je crois donc que la force des écorces, dans le cas dont il
s'agit, n'égale pas à beaucoup près celle d'une couche ligneuſe.

On m'objectera que la grande réſiſtance de l'écorce ſe voit
ſenſiblement dans un arbre qui végete, & que ſi l'on fend avec
la pointe d'une ſerpette l'écorce d'un arbre vigoureux ſuivant
la direction de ſon tronc, on voit en peu de temps la plaie
s'ouvrir & l'arbre groſſir ; ce qui prouve que l'écorce oppoſoit
une grande réſiſtance à l'effort des fibres ligneuſes qui ten-
doient à s'étendre ſuivant la groſſeur du tronc.

Ce raiſonnement paroîtra concluant à qui n'aura pas examiné la choſe de plus près : mais ſi l'on y veut prêter attention,
on s'appercevra bientôt que l'écartement de l'écorce ne vient
pas de ce que le bois ſe trouvoit gêné par l'écorce, mais de
ce que l'écorce l'étoit elle-même par le bois ſur lequel elle
étoit étendue ; ainſi, pour entendre préciſément ce qui en eſt,
il faut ſe repréſenter un morceau de parchemin mouillé, très-
mince & très-aiſé à déchirer, qui ſeroit tendu ſur un morceau
de bois ; ce parchemin ne ſeroit pas capable d'empêcher le
bois de ſe fendre, puiſque je le ſuppoſe mince, aiſé à ſe rompre

& expanſible ; mais ſi l'on fait une inciſion à ce parchemin, il eſt clair que les levres coupées ſe retireront en vertu de la tenſion & de l'élaſticité du parchemin. Il en eſt de même de l'écorce que l'on fend ſur un arbre ; comme elle eſt ſur le bois dans un état de tenſion, elle ſe retire, ce qui doit déja faciliter l'augmentation de groſſeur de l'arbre ; outre cela, il s'échappe, des fibres coupées ou rompues, un ſuc qui s'endurcit, & qui fait une augmentation de volume dans le lieu de la cicatrice, capable quelquefois de produire de bons effets, comme de redreſſer de jeunes arbres un peu courbés, ou de leur donner de la groſſeur dans les endroits où, par quelque accident, ils n'avoient pas pris aſſez de corps. Mais comme tout ceci n'eſt pas de mon ſujet, il me ſuffit d'avoir prouvé que la réſiſtance des écorces n'eſt pas capable de produire un grand effet dans le cas dont il s'agit ici ; & je reviens à mon objet.

On a vu que, quand la ſuperficie des rondins ſe deſſeche trop promptement en comparaiſon du centre, les bois ſe fendent conſidérablement, & qu'on peut prévenir cet accident en retardant l'évaporation de la feve.

Je crois auſſi avoir démontré qu'il ſe formoit néceſſairement des gerces ſur un rondin qui ſe deſſeche, par la raiſon que les couches du centre ne ſe contractent pas proportionnellement à celles de la circonférence : on peut bien, en ſuſpendant l'évaporation de la feve, empêcher qu'il ne ſe forme de grands éclats ; mais quelque choſe que l'on faſſe, il eſt néceſſaire qu'il ſe forme beaucoup de petites fentes ſur la ſuperficie d'un rondin qui ſe deſſeche. J'ai jugé que la même choſe n'arriveroit pas, ſi l'on débridoit, pour ainſi dire, les cercles ligneux, pour leur faciliter la liberté de ſe contracter ; ce qui m'a confirmé dans cette opinion, c'eſt que j'ai remarqué que quand il ſe formoit une grande fente à la circonférence d'un cylindre, il ne s'en trouvoit preſque pas dans le reſte du corps de la piece : cette réflexion m'a engagé à faire l'expérience ſuivante.

§. 21. *Cinquieme Expérience.*

DANS les premiers jours de Janvier, je fis débiter trois

tronces d'orme & trois tronces dans des Chênes qui avoient
été abattus à la mi-Décembre : j'en fis écorcer deux de chaque
efpece de bois, & j'en confervai une auffi de chaque efpece
en grume ; je fis traverfer celles-ci dans leur longueur par un
trait de paffe-par-tout *a b* qui alloit jufqu'au cœur. (Voyez
Pl. XVI. fig. 6.) : j'en fis autant à une rondine d'Orme, &
à une de Chêne écorcées.

J'ai dit ci-devant que les fentes fe forment dans l'endroit
de la circonférence où les couches ligneufes font les moins
fortes ; moyennant le trait de fcie *a b*, tous les cercles ligneux
fe trouvant coupés, le lieu de la fente eft déterminé ; & tout
ce qui doit arriver, c'eft qu'à mefure que les couches fe retireront, le trait *a b* s'élargira, & formera l'ouverture *e b d* : voici
ce qui eft arrivé. Les rondins fimplement écorcés, fe font beaucoup fendus en différents endroits de la circonférence, comme
le repréfente la figure 3 (*Pl. XVII*). Les rondins écorcés &
qu'on avoit traverfés d'un trait de fcie jufqu'à l'axe, fe font fendus auffi en plufieurs endroits de la circonférence, mais beaucoup moins que les autres, le trait de fcie s'étant élargi &
tenant lieu d'une grande fente : ceux qui font reftés avec
leurs écorces, fe font peu fendus dans toute la circonférence;
il n'y a prefque eu que le trait qui s'eft ouvert.

§. 22. *Conféquences de l'Expérience précédente.*

On voit par cette expérience que je ne me fuis pas fort
éloigné de la vérité, quand j'ai établi, fur une fimple fuppofi-
tion, la grandeur & la forme que doit avoir une fente qui confomme toute la contraction des couches ligneufes.

Outre cela, il me femble qu'il y a des cas où l'on pourroit
traverfer ainfi, par un trait de fcie, des cylindres & des rouleaux
fans porter aucun préjudice aux pieces ; & alors ce feroit encore un moyen de diminuer les fentes, qui, répandues dans
la totalité de ces pieces, leur deviendroient préjudiciables.
Si, par exemple, on fe propofoit de faire un treuil, (*Pl. XVI.
fig. 7*), comme on a coutume de faire dans toute la longueur

du cylindre *A B*, une rainure *C D*, pour placer l'axe dans le centre, il est évident qu'on devroit, pour éviter les fentes, faire cette tranchée lorsque le cylindre est tout nouvellement abattu, encore verd & plein de seve ; au lieu qu'ordinairement on ne fait cette rainure que quand le bois est devenu sec, & qu'alors il s'est beaucoup fendu. Mais si un trait de scie qui ne s'étend pas au-delà de l'axe de la piece, a déja diminué sensiblement les fentes, n'y a-t-il pas tout lieu de juger qu'on pourra diminuer ces fentes à proportion qu'on facilitera la contraction des couches ligneuses ? Cela sera aisé à pratiquer toutes les fois que la destination des pieces permettra de les refendre en deux ou en quatre. Comme j'ai tenté ce moyen, on va voir quel a été le succès de mon expérience.

§. 23. *Sixieme Expérience.*

J'ai fait refendre à la scie plusieurs rondins de Chêne & quelques pieces de bois quarré ; les uns par un seul trait de scie qui passoit par l'axe de la piece, & qui la partageoit en deux, (*Pl. XVII. fig.* 5) ; d'autres, par deux traits de scie qui se croisoient au centre & qui la séparoient en quatre (*fig.* 6) : je les ai laissés se dessécher parfaitement pendant plusieurs années, & au bout de ce temps, voici en quel état je les ai trouvés.

Les faces sciées, qui d'abord étoient nécessairement plates, comme *a b*, (*fig.* 5) *c d e f*, (*fig.* 6), étoient devenues courbes ; & quand on les appliquoit les unes sur les autres, elles laissoient entr'elles les espaces *g h i*, *k l m* (*fig.* 7), & les espaces *n, o, p ; q, r, s ; t, u, x ; y, z,* & (*fig.* 8) : ces espaces devant être considérés comme autant de fentes, il n'est pas surprenant que les moitiés de ces rondins 1, 2, (*fig.* 7), se soient trouvés peu fendues, & que les quartiers 3, 4, 5, 6, (*fig.* 8), aient été presque exempts de toute fente.

§. 24. *Conséquences de l'Expérience précédente.*

1°, On voit par l'expérience précédente, que les ouvertures

g h i, k l m, (*fig*. 7), & *t u x*; *o p n*, &c. (*fig. 8*), qui tiennent lieu de fentes, font formées par des courbes qui approchent beaucoup de celles que j'ai déterminées au commencement de ce Chapitre.

2°, Il eft évident que plus on débride, pour ainfi dire, les couches ligneufes, plus on leur donne de liberté pour fe contracter, moins on a à craindre qu'il ne fe faffe des fentes.

3°, Il n'y a donc plus à balancer : il faut refendre en deux ou en quatre toutes les pieces qui font deftinées à l'être, auffitôt que les arbres ont été abattus; & ne pas, comme on le fait, conferver en billes & en plançons, les pieces qui doivent être refendues pour faire des madriers, des plates-formes, des préçintes ou des membres des Galeres, des chevrons, des membrures, des planches, &c.

Il ne fera pas, je crois, inutile de rapporter encore ici plufieurs obfervations particulieres que j'ai eu occafion de faire, en exécutant l'expérience que je viens de rapporter.

§. 25. *Premiere Obfervation.*

UN rondin fendu en deux *a b*, (*Pl. XVII. fig. 5*), eft moins endommagé par les fentes, que s'il étoit refté dans fon entier. Mais on concevra aifément, en jettant les yeux fur la Figure 1 de la Planche XVIII, qu'une piece de bois équarrie fe fendra encore moins qu'un rondin, parce que les portions *a b c, c d e, e f g, g h a*, qui font de jeune bois capable de la plus grande contraction, font retranchées, & que ce retranchement fera auffi que les ouvertures *i l m*, & *n o p*, feront moins grandes que dans le cas repréfenté par la Figure 7 de la Planche XVII.

§. 26. *Seconde Obfervation.*

SI au lieu de refendre une rondine par le centre, comme *a b*, (*Planche XVII. figure 5*), on la refendoit en *a b*, (*Figure 2, Planche XVIII*); on fent bien, pour peu qu'on faffe attention à la direction de la contraction, qu'il fe doit ouvrir de grandes fentes en *e d*; mais il fera affez rare qu'il s'en forme de confidérables à la circonférence *a f b*, & encore moins à celle *a g b*.

§. 27. *Troisieme Observation.*

QUAND le cœur de l'arbre se trouve renfermé dans une piece de bois quarrée, mais plus d'un côté de la piece que d'un autre, il s'ouvre presque toujours de très-grandes fentes sur les faces de la piece qui sont les plus voisines du cœur; telles que les fentes *a, a, a,* (*Pl. XVIII. fig. 3 & 4*), & ces fentes se terminent à rien au centre de la piece.

§. 28. *Quatrieme Observation.*

AU contraire, si le cœur de l'arbre est hors de la piece, il ne se formera presque jamais de grandes fentes sur les faces qui forment l'angle qui répond au cœur de l'arbre; c'est-à-dire, sur les faces *ab, ac, ad, ae, af, ag, ah*: Voyez (*Pl. XVIII. Figure 5*).

§. 29. *Cinquieme Observation.*

IL ne se forme presque jamais de fentes sur les faces des pieces, lorsque ces faces se trouvent paralleles aux rayons qui s'étendent du centre à la circonférence. Il n'y en a point, par exemple, de *a* en *h*, de *a* en *g*, (*fig. 5*); & un secteur, tel que *agb*, (*fig. 2*), ne se fend que par des accidents particuliers.

§. 30. *Sixieme Observation.*

LORSQUE le cœur de l'arbre est hors de la piece, & qu'il répond à son milieu, il se forme ordinairement quelques fentes en cet endroit, comme on le voit à la piece de la figure 4. Ceci se voit très-sensiblement dans les figures 1 & 2. de la Planche XIX. Voyez l'expérience du §. 35.

§. 31. *Septieme Observation.*

SI l'on creuse un rondin de bois, comme pour en faire un tuyau, ordinairement il ne se fend pas, à moins qu'on ne l'expose à un desséchement très-prompt; il diminue seulement de diametre, & il se forme quelques petites gerces à la superficie,

504 DE L'EXPLOITATION

telles què *a a a*, (*Pl. XVIII. fig. 6*); & fi on le féparoit en deux comme en *d*, (*fig. 7*), il fendroit encore moins.

§. 32. *Huitieme Obfervation.*

CE que je viens de dire fur les fentes, eft communément vrai, mais n'eft pas toujours conftamment de même; car il arrive beaucoup d'accidents qui dérangent abfolument l'ordre commun: le double aubier, les nœuds, les couronnes de bois fort, les gélivures, la roulure, la quadranure, &c, dérangent l'ordre naturel. Outre cela, fi un des côtés d'une piece de bois refte conftamment tourné vers le foleil, elle fe fendra beaucoup pour cette feule raifon; & au contraire, les faces qui font tournées vers la terre, ne fe fendent prefque pas; c'eft pourquoi il y a des cas où il eft avantageux d'enchanteler les pieces de bois, en mettant plutôt un des côtés de la piece vers la terre qu'un autre; le côté *a b* (*Figure 7*), par exemple, plutôt que le côté *e*.

§. 33. *Neuvieme Obfervation.*

GÉNÉRALEMENT parlant, il eft certain que les bois refendus ne fe fendent pas tant que les bois qu'on laiffe dans leur entier, foit qu'ils foient en rondins ou équarris; & les fentes qui s'ouvrent fur les bois refendus ne leur caufent pas autant de préjudice, parce qu'elles n'entrent prefque jamais bien avant dans l'intérieur des pieces

§. 34. *Dixieme Obfervation.*

UNE piece de quartelage qui feroit équarrie fur trois faces, & dont la quatrieme refteroit chargée de fon écorce, ne fe trouvera prefque jamais fendue fur cette face *e*. Voyez la figure 7.

§. 35. *Onzieme Obfervation.*

LES Figures 1 & 2 de la Pl. XIX, repréfentent l'aire de la coupe de deux pieces de bois quarré, bois de Provence, qui avoient été réduites, encore vertes, à huit pouces en quarré, comme on le

le voit par les lettres *A B, C D*, (*Fig. 1*); & *E F, G H*, (*Fig.* 2),
les lignes inscrites *a b c d*, (*Fig. 1*), ainsi que *e f g h*, (*Fig.* 2);
marquent la groffeur des pieces lorfqu'elles ont été bien feches;
il faut obferver que ce deffein eft très-correct. *M N O*, (*Fig. 1*),
& *N B P*, (*Fig.* 2), marquent la direction des couches annuelles: *i i i i*, &c, marquent la direction des fibres rayonnées qui
ne vont pas toujours en lignes droites, & qui ne fe prolongent
pas toujours fans interruption depuis le centre jufqu'à la circonférence; *k*, le cœur de l'arbre; *L L L*, &c, les fentes.

On voit, 1°, que le cœur de l'arbre *k*, (*Fig. 1*), eft dans la
piece, & qu'elle fe trouve beaucoup plus fendue que la piece,
(*Fig.* 2), où le cœur eft dehors; 2°, la plus grande partie des
fentes fe trouve du côté *a d*, qui eft le plus voifin du cœur;
3°, on peut remarquer que les courbures *e f*, (*Fig. 1 & 2*),
reffemblent affez à celles que nous avons déterminées au commencement du fecond article de ce Chapitre.

En voilà, me femble, affez fur les pieces de bois refendues en
deux ou en quartelage; je vais maintenant examiner ce qui
doit arriver aux pieces débitées en plateaux, en membrures,
en bordages, & en planches de différentes épaiffeurs: il y a
lieu de croire que les bois débités de ces différentes façons fe
fendront encore moins, puifque les couches ligneufes ont pu
fe contracter d'autant plus facilement. Il eft à propos d'examiner cela en détail, & de rapporter les expériences que j'ai
faites fur des pieces de bois débitées de toutes ces manieres.

§. 36. *Septieme Expérience.*

La premiere figure de la Planche **XX** repréfente un arbre
verd qui a été refendu en planches épaiffes, ou en bordages,
par les lignes *a*, *b*, *c*, *d*, *e*; on a enfuite confervé ces planches
dans un lieu fec, jufqu'à ce qu'elles euffent entiérement perdu
leur humidité. On les a voulu pofer enfuite les unes fur les
autres, comme fi l'on avoit deffein d'en reformer un corps
d'arbre en entier; mais ces planches ne pouvoient plus fe joindre auffi exactement qu'elles le faifoient en *a*, en *b*, en *c*, en
d, en *e*: elles fe touchoient bien par leur milieu; mais leurs

bords reftoient écartés, comme on le voit en *m m*, en *n n*; en *o o*, &c.; par conféquent ces planches s'étoient toutes courbées; mais *m n*, moins que *n o*; *n o* moins que *o p*; *o p* moins que *p q*. La Planche *D*, (*fig.* 2), ne s'étoit cependant point courbée, & les ouvertures *a a*, *b b*, ont été produites principalement par la contraction des portions *c c*.

Voilà le fait; mais pour mieux concevoir par quelle méchanique il s'opere, il faut jetter les yeux fur la figure 2, Planche XX.

La membrure *D*, (*fig.* 2), a été levée au cœur de l'arbre; elle eft formée des couches *Y*, *X*, *V*, *T*, *S*, &c, qui font de différents âges, & par conféquent de différente denfité. Celle du cœur eft la plus denfe, & *Y*, celle qui l'eft le moins : toutes ces couches fe contracteront; ainfi *a a*, & *b b* fe rapprocheront du centre; la planche perdra de fa largeur : ce n'eft pas tout; elle diminuera auffi d'épaiffeur, plus en *Y* où le bois eft moins denfe, qu'en *X V T S*, &c, où le bois devient denfe de plus en plus. Mais la planche ne fe courbera pas, parce que la contraction fera la même fur la face *a a* que fur la face *b b*.

Il n'en fera pas de même de la planche *m m*, *a a*, de la figure 1 : comme il y a plus de bois jeune à la face *n n*, qu'à la face *m m*, la face *n n* doit plus fe contracter que la face *m m* : la planche fe courbera donc, & les faces de cette planche prendront la figure repréfentée par les lignes ombrées fur cette figure.

Toutes les planches de la figure 1, s'arqueront d'autant plus, qu'il y aura plus de différence entre la denfité du bois des faces *n n* & *o o*, *o o* & *p p*, *p p* & *q q*.

Conféquences de l'Expérience précédente.

1°, On voit clairement par l'expérience que je viens de rapporter, qu'une planche qui contient le centre d'un arbre, comme eft la planche *D*, (*Pl. XX. fig.* 2), ne s'arque pas.

2°, Que toutes les autres planches s'arquent d'autant plus, qu'elles font plus éloignées de ce centre.

3°, Il eft évident que les planches fe doivent arquer d'autaht moins qu'elles feront plus minces : ainfi les planches $a\,a$, $h\,h$, $h\,h$, $b\,b$, fe courberont moins que les planches $a\,a$, $b\,b$, $b\,b$, $c\,c$, $c\,c$, $d\,d$, qui font plus épaiffes.

4°, Ces planches feront toutes très-peu endommagées par les fentes ; celles qui feront fort épaiffes, auront feulement quelques gerces à la partie moyenne de la face convexe, & quelques fentes à leurs bouts ; mais comme les fentes des bouts font caufées par le racourciffement des fibres & non par leur rapprochement, j'en parlerai après que j'aurai rendu compte des expériences exécutées à Marfeille par M. Garavaque.

§. 37. *Huitieme Expérience.*

LORSQUE j'étois à Marfeille, on reçut dans le port des billons encore verds de Chêne de Bourgogne pour en faire des lattes * : on a coutume de les conferver ainfi en billons, & de ne les re-fendre en lattes que quand on doit les employer. On trouve or-dinairement ces billons traverfées par de grandes fentes qui font tomber beaucoup de bois en pure perte. Je fis refendre fur le champ plufieurs de ces billons en lattes, & je les mis fous un même hangar avec d'autres pieces que je confervai en billons. M. Garavaque les a vifités plus de quatre ans après : il a trou-vé que les lattes refendues étoient fans aucune fente & en très-bon état ; mais les billons de comparaifon étoient fendus autant que le Chêne de Bourgogne peut l'être ; car, comme je l'ai déja remarqué, il ne s'ouvre jamais autant que les Chênes de Provence.

§. 38. *Conféquences de l'Expérience précédente.*

ON peut conclure de cette expérience, qu'il eft très-avan-tageux, pour prévenir les fentes, de refendre tout verds les bois qui font deftinés à être débités ainfi, de fe hâter de per-cer les corps de pompe & tous autres tuyaux, de vuider les gouttieres, &c ; il en réfultera une grande économie, du moins

---

* Les lattes, pour le fervice des Galeres, font faites de madriers affez épais, & qu'on refend avec la fcie-de-long dans des pieces de bois quarré qu'on appelle *billons*.

pour les bois de Bourgogne, & proportionnellement pour ceux de Provence.

§. 39. *Neuvieme Expérience.*

LE 27 Mai 1736, M. Garavaque choisit douze billons de Chênes de Provence de diverse grosseur & de différents âges; ces billons avoient quatre ou cinq mois de coupe.

Le bois de quatre de ces billons étoit d'environ 60 ans, & ces pieces portoient 10 à 12 pouces d'équarrissage.

Le bois de quatre autres billons étoit d'environ 100 ans: les pieces portoient 15 à 16 pouces d'équarrissage.

Le bois des quatre billons restants, étoit beaucoup plus âgé : les pieces avoient 30 à 32 pouces de diametre.

Il fit refendre six de ces billons , savoir , deux de chaque âge, en tranche de 5 à 6 pouces d'épaisseur; il les fit placer dans un magasin avec d'autres billons qui étoient restés dans leur entier & qui devoient servir de pieces de comparaison.

Le 6 Juillet 1739, plus de trois années après le sciage de ces pieces, il trouva que les plateaux du bois le plus jeune étoient plus fendus que ceux du bois plus âgé ; & parmi les tranches du plus âgé , les unes étoient très-peu fendues, & d'autres ne l'étoient point du tout.

Les billons de comparaison étoient fort ouverts , excepté du côté qui étoit tourné vers la terre.

Les dix-huit plateaux qu'on avoit tirés des six billons étoient donc plus ou moins gercés ; M. Garavaque en trouva cinq sans aucune fente, neuf qui en avoient quelques-unes, mais qui ne pénétroient pas fort avant ; enfin quatre autres étoient-traversées de grandes fentes.

§. 40. *Conséquences de cette Expérience.*

VOILA donc quatorze pieces de bois de différents âges qui se sont conservées sans se fendre considérablement ; & dans ce nombre il y en a eu cinq qui s'en sont trouvées totalement exemptes, il n'y en avoit que quatre ou cinq qu'on pût dire endommagées par les fentes ; au lieu que les six billons qu'on avoit confervés en entier comme pieces de comparaifon, fe font trouvés tous très-fendus; cependant ils étoient de bois de Provence, & les plateaux qu'on en a tirés avoient cinq ou fix pouces d'épaiffeur, & la plupart avoient été pris dans des pieces qui n'étoient pas fort groffes : tout cela influe beaucoup pour occafionner des fentes. Pour faire fentir combien cet article eft important, fur-tout pour les ouvrages cintrés, il faut jetter les yeux fur les figures 1, 2 & 3 de la Planche XXII. La premiere repréfente un plateau dont on veut faire trois eftamenaires pour les galeres ; il en feroit de même pour les flafques des affuts de canons, &c.

§. 41. *Dixieme Expérience.*

A peu-près dans le même temps, M. Garavaque fit refendre en bordages de trois pouces d'épaiffeur, un billon de Chêne de la même coupe, & qui étoit encore très-verd : ces bordages fe font confervés fans la moindre fente.

§. 42. *Conféquences de cette Expérience.*

CETTE expérience démontre que j'ai eu raifon d'affurer qu'on pouvoit prévenir d'autant plus les fentes, qu'on refendra les bois en planches plus minces : j'ai pouffé cet examen jufqu'aux plus petites épaiffeurs, dont il eft inutile de rapporter le détail.

Après avoir donné des faits fur le rapprochement des fibres ligneufes, je vais maintenant prouver qu'elles fe raccourciffent, & examiner ce que ce racourciffement doit produire.

ARTICLE III. *Où l'on démontre que les fibres fe contractent fuivant leur longueur.*

QUOIQUE les parties des plantes qui portent le fuc nouricier, & qui le diftribuent, foient ordinairement appellées *vaiffeaux*, à caufe qu'elles ont les mêmes fonctions que les vaif-

seaux des animaux , néanmoins leur structure , & quelques
autres usages qui leur sont particuliers , montrent qu'elles ne
font le plus ordinairement que de véritables fibres.

Soit que ces fibres soient fistuleuses , comme elles le paroif-
sent dans plusieurs plantes aquatiques & dans les arondina-
cées , soit qu'elles soient simplement fibreuses comme elles le
paroissent dans plusieurs autres plantes , & comme je les ai ob-
servées dans l'anatomie de la poire. (V. *la Physique des Arbres*)
il est certain que c'est par le moyen de ces parties que se doit
faire la distribution du suc nourricier. Il y a cependant beaucoup d'apparence que les fibres ont encore d'autres usages:
ils sont en quelque façon le squélette des plantes , parce qu'en
effet ils les soutiennent & les affermissent. M. Tournefort s'est
particuliérement attaché à prouver que ces vaisseaux deviennent souvent des fibres capables de contraction , quand les parties , où elles se trouvent placées , ont entiérement pris leur ac-
croissement , & qu'elles n'ont plus besoin de nourriture. Ainsi,
de même que les vaisseaux ombilicaux du fœtus deviennent
des ligaments dans un adulte ; les vaisseaux des plantes qui
souvent ne sont que des fibres abreuvées du suc nourricier,
deviendront des especes de muscles : en se desséchant, ces
fibres perdent l'emploi de vaisseaux, elles en doivent donc
perdre aussi le nom ; mais si ces fibres, en se desséchant, se contractent , & si par leur contraction elles produisent quelques
mouvements, ce ne peut être qu'en écartant certaines parties,
en en resserrant d'autres ; & il sera tout naturel alors de les
considérer comme des especes de muscles.

Cependant, quoique dans cette circonstance , l'effet des
fibres ligneuses soit le même que celui des fibres musculaires
des animaux, le méchanisme qui le produit est très-différent:
Quand un muscle animal se contracte , il se gonfle ; il est pro-
bablement plus rempli de sucs ; il gagne en grosseur ce qu'il
perd en longueur ; au lieu que les muscles végétaux, ou si l'on
veut , les faisceaux de fibres ligneuses ne produisant leur effet
qu'en vertu de leur desséchement , perdent en même temps de
leur longueur , de leur grosseur & de leur poids. C'est un fait

que j'ai particuliérement en vue d'établir, & que je vais essayer
de démontrer. Pour éviter trop de longueur dans cette discussion, j'exhorte mes Lecteurs à voir ce que j'ai déja écrit
sur cet objet dans mon ouvrage intitulé *Physique des Arbres*,
dont je vais seulement donner ici le précis.

§. 1. *Sommaire du détail des Observations qui se trouvent dans le Traité de la* Physique des Arbres, *sur
la contraction des fibres ligneuses.*

1°, Les capsules qui renferment les semences de l'Ellébore
noir, sont composées de plusieurs cornets membraneux : chacun de ces cornets est un muscle creux à deux ventres, auxquels est attaché un tendon commun relevé à vive-arrête ;
de ce tendon partent des fibres annulaires qui vont aboutir à
un autre tendon qui se divise en deux parties, quand les fibres
annulaires se contractent.

2°, Les capsules des Aconits sont, à quelque chose près,
semblables à celles de l'Ellébore.

3°, Les capsules de la Couronne Impériale s'ouvrent en
trois quartiers par la contraction des fibres qui les composent,
lorsqu'elles viennent à se dessécher.

4°, Il en est de même des gousses des plantes légumineuses.

5°, Les fruits du Pavot épineux, du Concombre sauvage,
de la Belsamine, fournissent des exemples de semblables contractions.

Nous allons maintenant tirer des conséquences de ces exemples pour éclaircir cette matiere.

§. 2. *Conséquences des Observations précédentes.*

CES observations prouvent, 1°, que les fibres, en se desséchant, se contractent suivant leur longueur ; 2°, qu'elles se
contractent d'autant plus, qu'elles sont plus longues ; 3°, qu'elles
agissent par leur contraction sur les parties auxquelles elles sont
adhérentes, & qu'elles leur font prendre différentes figures,
suivant leur différente direction.

On ne peut donc s'empêcher de reconnoître dans les végétaux, des espèces de muscles, & des mouvements qui résultent de la tension des fibres. Mais ces sortes de mouvements s'exercent-ils dans les fibres ligneuses d'un tronc d'arbre ? On ne le pense pas communément : on croit au contraire que ces fibres conservent toute leur longueur lorsqu'elles se desséchent ; & cela, parce qu'on n'apperçoit pas aussi sensiblement qu'un morceau de bois perde de sa longueur, qu'on le voit diminuer de grosseur. Mais de ce que cette contraction est moindre, il ne s'ensuit pas qu'elle n'existe réellement pas : l'expérience suivante va le prouver ; elle fera sentir que cette contraction, quelque petite qu'elle paroisse, produit néanmoins dans certains cas des désordres assez considérables dans le bois.

§. 3. *Premiere Expérience.*

J'AI posé verticalement un chevron de Charme de 3 pouces d'équarrissage, (*Pl. XXI. Fig.* 3), & de 18 pieds de longueur nouvellement abattu : un des bouts de cette piece reposoit en en bas sur une pierre de taille solide, & au bout supérieur étoit un index qui étoit traversé à une petite distance par un tourillon ; & cet index répondoit, par son extrémité, à un limbe éloigné d'environ deux pieds de la cheville qui traversoit l'index, ce qui devoit rendre le racourcissement du chevron bien sensible : en peu de temps le bout du cylindre remonta de 4 à 5 pouces sur le limbe ; mais ensuite il n'a plus fait que de petites variations.

§. 4. *Seconde Expérience.*

J'AI pris de grosses perches de différents bois, (*Pl. XXI. fig.* 1.); je les ai fait fendre en quatre, *a b c d,* comme quand on veut en faire des cercles ; après avoir mis plusieurs de ces quartiers dans l'eau, j'ai observé qu'ils y conservoient à peu-près leur premiere direction, & qu'ils restoient droits ; j'en ai laissé à l'air où ils se sont desséchés, mais en se courbant de telle sorte qu'ils formoient un arc de cercle, (*Figure* 2), dont la partie extérieure

extérieure *E* étoit formée par le cœur, & la partie intérieure *F* par l'écorce.

J'ai fait aussi refendre en deux une piece de bois quarrée encore toute verte, (*Fig.* 5), & aussi-tôt j'ai vu les bouts *a, a, a, a,* s'écarter les uns des autres, de sorte qu'il n'y avoit que les milieux *b* qui se touchoient, comme on le voit (*Fig.* 6) : lorsque j'en faisois refendre en quatre, tous les bouts s'écartoient de la même façon : on a fait la courbure très-forte dans la figure, pour rendre la chose plus sensible.

§. 5. *Conséquences des Expériences précédentes.*

ON voit maintenant (sur-tout après ce qui a été dit au commencement de cet article) que les pieces dont je viens de parler, ne deviennent courbes que parce que les fibres se raccourcissent à proportion qu'elles perdent de leur humidité, & qu'elles se raccourcissent inégalement suivant leur différente densité : celles qui sont à la circonférence & qui sont moins ligneuses, plus que celles du centre qui le sont plus.

Nous voilà donc bien certains, que les fibres ligneuses perdent de leur longueur à mesure qu'elles se dessechent, & qu'elles en perdent d'autant plus, qu'elles sont plus longues & plus chargées d'humidité ; enfin que leur force de contraction agit suivant leur direction. Ces principes posés, voyons ce qui en doit résulter à l'égard des bois qui se dessechent.

ARTICLE IV. *Des inconvénients qui résultent du raccourcissement des fibres.*

ENTRE les rondins que j'ai fait dessécher subitement, il y en a eu qui se sont fendus en deux, en trois ou même en quatre (*Fig.* 7 & 10), & c'est ce que les Bûcherons appellent *s'ouvrir en lardoire.*

On sent bien que l'écartement des quartiers vient du raccourcissement des fibres longitudinales ; & quoique ce raccourcissement ne soit pas sensible dans une petite longueur, en comparaison du rapprochement de ces mêmes fibres ; cependant comme les fibres se prolongent dans toute la longueur des

T t t

pieces, la contraction étant d'autant plus grande, que les fibres sont plus longues, elle ne laisse pas d'être assez considérable & de former une grande ouverture.

Les bois rondins ne font pas souvent endommagés par ces sortes d'éclats, non plus que les bois quarrés, la force de cohésion résiste ordinairement à cette contraction; & comme la force de cohésion est répandue dans toute la longueur de la piece, je crois qu'elle résisteroit toujours à la contraction des fibres longitudinales, si cette force de cohésion n'étoit pas beaucoup affoiblie par les fentes que le rapprochement des fibres produisent. Mais s'il arrive par hazard, que deux ou trois grandes fentes s'étendent presque jusqu'au centre d'un rondin, & qu'elles le partagent en plusieurs portions, c'est alors que la contraction des fibres longitudinales s'exerce; elle écarte les quartiers les uns des autres, & cela avec d'autant plus de facilité, qu'elle n'a plus à vaincre la cohésion; d'ailleurs j'ai peu vu les bois gras ou vieux se fendre de cette façon, & presque jamais les bois forts & jeunes, quand je les ai conservés avec leur écorce, ou quand je les ai tenus dans un lieu frais pour empêcher qu'ils ne se desséchassent trop promptement; mais il y a des cas où ces sortes d'éclats sont particuliérement à craindre.

Quelquefois au lieu de débiter les arbres en quarré, on leve des croûtes épaisses sur deux faces, & l'on n'ôte que peu de bois sur les deux autres côtés, ce qui rend ces pieces plus larges qu'épaisses, ou méplates, (Figure 8); en cet état les croûtes deviendront courbes dans leur longueur, mais la piece du milieu s'éclatera par le bout, (Fig. 10). Ceci deviendra plus sensible dans les arbres refendus en planches.

Je suppose que l'arbre (Fig. 9 ou IX), soit refendu en planches par les lignes a,b,c,d; je dis que la planche aa qui contient le cœur de l'arbre, restera droite & sans s'arquer, parce que la contraction s'exerce également sur toutes les faces; mais elle se fendra en f, (Fig. 10). Pour en faire sentir la raison, je divise cette planche (Fig. 8), en tranches par les lignes ponc-

* Les grandes lettres de la Figure IX indiquent les mêmes choses que les petites lettres de la Figure 9.

tuées 1, 2, 3; la tranche 3 eſt compoſée du bois le plus jeune:
elle ſe contractera donc plus que la tranche 2, & celle-ci plus
que les tranches plus intérieures. Ainſi il faut concevoir deux
forces antagoniſtes appliquées en *a, a*, (Fig. 9), qui tendent à
ſéparer la planche par le milieu ; & comme la force de cohéſion
a été conſidérablement diminuée par le retranchement des planches *b b*, *c c*, *d d*, (Fig. 9), cette force ne pourra réſiſter à
celle de la contraction, & il s'ouvrira une grande fente en *f*,
(Fig. 10). J'ai obſervé à l'égard des fentes qui ſe font ſur les
plateaux & ſur les plançons équarris, que les premieres cauſent
moins de dommage, parce qu'elles ne font ni ſi larges, ni ſi
profondes, ni ſi obliques ; les fentes qui ſe font ſur les billons
étant toujours comme des rayons, elles tranchent les bordages.

Il n'en ſera pas de même des planches *b b*, *c c*, *d d*; celles-
ci ſeront moins ſujettes à ſe fendre, mais elles s'arqueront : on
en ſentira la raiſon en jettant les yeux ſur les figures 11 & 12,
qui repréſentent les planches *b b*, & *a a* de la figure 9 ; on y
voit que les côtés *d, d*, ſont formés de bois plus denſe que
les côtés *e, e*, & l'on en doit conclure que les côtés *e, e*, ſe contracteront plus que les côtés *d, d* ; ce qui fera néceſſairement
arquer ces planches. Et comme cette différence de denſité ſera
d'autant plus grande, que les planches ſeront plus éloignées
du centre, la planche *d d*, s'arquera plus que la planche *b b*;
auſſi ſera-t-elle moins ſujette à ſe fendre par le milieu, parce
qu'il y a moins de différence entre la denſité du bois des côtés
d e, d e, & celle du bois du milieu *f* (Fig. 11), qu'il n'y en
a entre les côtés 3, 3, & le milieu 1 de la planche, (Fig. 8).

Auſſi remarque-t-on conſtamment dans les arbres débités
en planches, que celles du cœur, ou qui en approchent, ſont
plus fendues par les bouts, que celles qui ſont éloignées ;
& ſi l'on refendoit ces planches en deux, par exemple, la
planche *a a*, (Fig. 9) par la ligne 1, 1 (Fig. 8), il eſt ſûr que les
moitiés ne ſe fendroient point ; mais elles s'arqueroient chacune en ſens contraire, comme on le voit dans la figure 12.

Une rondine qui étoit reſtée plus d'un an en grume, & dans
ſon écorce, n'avoit qu'une ſeule gerce qui ſe faiſoit voir ſur le

bois de bout; on leva dans le milieu de cette piece une planche de deux pouces d'épaisseur, & dans laquelle étoit contenue cette gerce, que l'on voyoit s'ouvrir à mesure que la scie avançoit, parce qu'elle diminuoit la force de cohésion des fibres. Cette gerçure qui d'abord étoit peu considérable, devint en deux jours de temps une fente de deux pieds de longueur, après quoi elle s'arrêta à ce point, & ne fit par la suite aucun progrès : voilà un effet bien marqué de la tension des fibres longitudinales.

Jusqu'à présent, j'ai toujours supposé que les fibres ligneuses étoient dans une position réguliere. Cependant les nœuds, les cicatrices, l'insertion des grosses branches changent cette marche réguliere, & la rendent très-bizarre dans les bois de palisse, dans les baliveaux, &c; car alors les effets de la contraction seront aussi fort irréguliers ; des faisceaux de fibres ligneuses qui iront aboutir à l'angle d'une planche, l'emporteront d'un côté ou d'un autre : on verra, par exemple, une planche se contourner en aile de moulin, parce que dans une partie de sa longueur, les fibres ligneuses se jetteront sur un de ses côtés ; si deux faisceaux de fibres ont des directions opposées, il se formera un éclat, & les portions séparées se voileront en des sens opposés. J'ai souvent pris plaisir à examiner avec attention les bois qu'on appelle *rebours* ; il m'a paru que les contours bizarres de ces pieces étoient toujours une suite, soit du rapprochement des fibres ligneuses, soit de leur contraction.

ARTICLE V. *Moyens tentés infructueusement pour empêcher les bois de se fendre.*

POUR essayer de prévenir les fentes qui se forment dans le bois, j'ai fait couvrir de brai des bois verds abattus dans la forêt d'Orléans, & des madriers de bois de Provence qui avoient été refendus encore tout verds, & qui étoient destinés à la construction d'une Galere. J'avois dessein de ralentir par-là l'évaporation de la seve ; mais comme le brai s'applique mal sur le bois humide & encore plein de seve, cet enduit n'a pas

paru faire un grand effet ; car les bois de la forêt d'Orléans qui
avoient été équarris, se sont fendus ; & si les madriers de Provence se sont peu fendus, c'est qu'ils avoient été refendus pendant qu'ils étoient encore tout verds : d'autres madriers de la
même exploitation qui n'avoient point été enduits de brai, ne
se sont presque pas fendus; au lieu que quelques billons qu'on
avoit conservés entiers pour servir de comparaison, se trouvoient très-fendus.

Je croyois encore parvenir à empêcher qu'il ne se formât
des fentes aux pieces de bois récemment abattus lorsqu'elles
se séchoient, si je les assujettissois fortement avec des moises
de bois ou des liens de fer, de la maniere que le représentent
les Numéros 2, 3, 4, &c, (*Fig.*4) de la Planche XXII ; mais
comme il arrive que le bois diminue de volume en se séchant,
quelque attention que j'aie eu de faire resserrer les liens de ces
pieces avec des coins, cela n'a pu empêcher qu'elles ne se
soient beaucoup fendues.

Comme il étoit très-intéressant de faire répéter par d'autres
que par moi une pareille expérience, j'ai engagé M. Garavaque
à la faire sur des bois de Provence. Il voulut bien prendre la
peine de choisir lui-même deux gros billons d'un Chêne très-dur
& d'excellente qualité, qui avoit été abattu depuis deux mois:
il les fit scier chacun en quatre, ce qui produisit huit pieces :
il fit arrondir deux pieces de chacun de ces billons, & équarrir deux autres ; de sorte qu'il y avoit quatre pieces rondes &
quatre quarrées de chaque billon : le cœur de l'arbre se trouvoit dans les pieces numérotées 1, 2, 3, 4; & à celles numérotées 5, 6, 7, 8, le cœur étoit en dehors.

A peine ces pieces de bois furent-elles achevées d'être travaillées, qu'elles commencerent à se fendre, quoiqu'on les
eût couvertes de haillons mouillés, aussi-tôt qu'elles eurent
été travaillées. On serra les pieces, (N°. 2 & 6) avec des
cercles de fer, & les pieces 4 & 8 avec des moises ; on les
déposa ensuite sous un hangar.

Quoiqu'on prît soin tous les jours de frapper les cercles &
les moises pour resserrer ces pieces, les fentes s'ouvroient ce-

pendant à vue d'œil ; celles qui étoient cerclées, se fendoient
à peu-près autant que celles qui ne l'étoient pas.

Au bout de quatre mois, ayant présenté sur les pieces numérotées *1, 2, 5 & 6*, un fil de fer qui avoit été mesuré sur la
grosseur qu'elles avoient avant l'expérience, leur volume se
trouva être presque le même, le resserrement n'étoit indiqué
que par les ouvertures des fentes.

Les fentes ont continué à s'ouvrir pendant près de dix mois,
quoiqu'on ait toujours eu l'attention de serrer souvent les
cercles & les moises.

Il est donc évident que ce moyen ne peut empêcher que les
bois ne se fendent ; parce que comme le bois diminue de volume en se séchant, les cercles ne peuvent faire aucun obstacle à cette diminution.

ARTICLE VI. *Moyens de remédier aux dommages que cause la contraction des fibres.*

PAR le détail, où je viens d'entrer, il est constant que dans
certains cas, la contraction des fibres ligneuses fait éclater les
bordages par les bouts, & que dans d'autres elle les fait arquer. Ces inconvénients ne sont cependant pas sans remede,
ou bien ceux auxquels il seroit difficile de remédier, ne peuvent causer un grand préjudice aux pieces de bois : c'est ce qui
me reste à prouver.

Il est vrai que si l'on abandonnoit à elles-mêmes les planches
nouvellement sciées, elles s'arqueroient quelquefois beaucoup :
on a coutume, après qu'elles ont été débitées, de les arranger
les unes sur les autres, de façon cependant que l'air les frappe
de tous côtés. Quoiqu'elles soient ainsi serrées les unes contre
les autres, & absolument hors d'état de se voiler en aucun sens,
il n'est pas si aisé d'empêcher que le bout des planches ne s'é-
clate ; mais heureusement cet inconvénient n'est pas considérable ; 1°, il n'arrive pas à toutes les planches de se fendre ainsi ;
il n'y a gueres que celles du cœur qui y soient exposées ; 2°,
sur un bordage de 25 ou 30 pieds de long, il n'y a ordinaire-

ment que la longueur de deux ou trois pieds de l'extrémité, qui
répond aux racines, qui se fende ; 3°, ces fentes n'obligent
pas toujours de rogner un bordage ; si la fente n'est pas obli-
que, si elle n'est pas fort ouverte, on la peut calfater ; & si
elle se trouve trop ouverte, on y rapporte un *rombaillet* ; 4°,
on pourroit bien, s'il ne s'agissoit que de conserver quelques bordages, les empêcher de se fendre, en les garantissant
du grand air & les tenant à couvert ; car j'ai remarqué dans
les Ports où les bordages sont empilés sous des hangars, que
les bouts qui sont les plus exposés à l'air ; ceux qui sont du côté
de l'ouverture de ces hangars, sont plus fendus que les bouts
qui sont tournés vers le fond, & par conséquent plus à l'abri
du soleil & du vent. Mais quand même on ne pourroit prévenir ces accidents, il y aura toujours un grand avantage à refendre, le plutôt qu'il sera possible de le faire, les pieces destinées à faire des bordages, celles destinées pour la Menuiserie,
l'Artillerie, &c, en un mot toutes celles qui ne doivent pas
être employées en entier, plutôt que de les conserver en plançons, sur-tout quand elles seront de bois de bonne qualité ; car
il est certain que ces bois se fendent infiniment plus que ceux
qui sont tendres, gras ou usés. On souhaiteroit peut-être en
savoir la raison ; mais les recherches que j'ai faites à ce sujet
ne m'ont conduit qu'à de simples conjectures : après cet aveu,
j'ai cru qu'il n'y auroit point d'inconvénient à les proposer,
en attendant que je sois en état de donner quelque chose de
plus satisfaisant.

ARTICLE **VII.** *Pourquoi les Bois de bonne qualité se
fendent & se tourmentent plus que les autres Bois.*

IL semble qu'on pourroit comparer les bois de médiocre
qualité, aux bois trop jeunes, & qui n'ont pas encore acquis
toute la bonté dont ils sont capables. Par exemple, le bois de
Bourgogne qui sera venu dans un terroir un peu humide, à
l'aubier ou au jeune bois de Provence ; le bois de Lorraine,
au jeune bois de Bourgogne, &c. A l'égard de la contraction
du bois & des fentes, cette comparaison ne se peut soutenir,

puifque nous avons vu par toute la fuite de nos expériences &
de nos obfervations, que le jeune bois eft celui qui fe contracte le plus, & que les jeunes bois fe fendent & fe tourmentent plus que les autres ; au lieu qu'il eft très-certain que
les bois gras, même ceux qu'on appelle fimplement tendres,
fe gercent confidérablement moins que les bois forts : quand
j'ai cherché la raifon de ce fait, il m'a paru qu'il y avoit moins
de différence entre la denfité du bois du cœur & celle de
celui de la circonférence ; dans les bois tendres que dans les
bois forts. Comme nous avons prouvé qu'un cylindre, dont les
parties font compofées d'une matiere homogene, pourroit fe
deffécher fans qu'il fe formât aucune fente, il s'enfuivroit que
les bois, dont les parties approchent le plus de cette homo-
généité, doivent moins fe fendre que ceux qui s'en éloignent.

Cette raifon paroîtra fatisfaifante à qui voudra examiner des
bois defféchés avec le ménagement & les précautions requifes;
mais fi l'on fait attention que, même quand on précipite le
plus l'évaporation de la feve, les bois gras fendent encore
moins que les bois forts, on fentira qu'il faut qu'il s'y rencontre
quelque chofe de plus que de la denfité ; car dans l'hypothefe
même d'une matiere homogene, pour qu'il ne fe forme point
de fentes, il faut que le defféchement foit à peu-près le même
au centre qu'à la circonférence, pour que les rayons fe raccourciffent en proportion de leur rapprochement ; or, dans le cas
d'un defféchement précipité, les couches extérieures doivent
entrer en contraction avant que les rayons puiffent fe raccour-
cir ; & fi la contraction des couches extérieures étoit proportionnelle à l'humidité qu'elles contiennent, elle feroit confidérable dans les bois gras, parce qu'ils font fort chargés d'humidité.

J'ai quelques raifons pour penfer, 1°, que les bois gras ne
fe contractent pas autant que les bois forts ; 2°, qu'ils ne fe
contractent pas avec autant de force : c'eft ce que je vais effayer
d'établir.

1°, Il eft certain que dans un même efpace, il fe trouve
plus de fibres ligneufes dans un morceau de bois fort, que
dans

dans un morceau de bois gras ; donc , si la contraction du bois
ne se fait que par le ressort des fibres ligneuses , le ressort &
par conséquent la contraction , doivent être plus considérables
dans un morceau de bois fort , que dans un morceau de bois
gras.

2°, Je prouverai ailleurs qu'il y a plus de matiere raisineuse , gommeuse & mucilagineuse dans les bois forts , que
dans ceux qu'on appelle gras ; il est d'ailleurs certain que ces
matieres se retirent beaucoup & avec beaucoup de force quand
elles se dessechent ; d'où je conclus encore que les bois forts
se doivent contracter davantage , & plus fortement que les
bois gras.

Ainsi , il faut concevoir que les bois gras sont susceptibles
de peu de contraction : ils contiennent à la vérité beaucoup
d'humidité , mais elle s'échappe , sans que les fibres ligneuses
se rapprochent beaucoup ; au lieu que les jeunes bois de bonne
qualité , sont chargés de quantité de seve , & cette seve est
elle-même chargée d'une substance gélatineuse qui s'épaissit
par le dessechement , & qui devient capable de contraction.
Les fibres ne sont pas fort serrés dans le jeune bois , parce
qu'il n'a pas encore acquis la densité qu'il doit avoir avec l'âge ;
elles sont tendres , parce qu'elles sont très-humectées ; quand
elles se dessechent , elles deviennent capables de ressort , &
alors elles se contractent. Enfin je crois que la densité est
moins inégale dans les bois gras que dans ceux qui sont forts ,
& tout cela doit concourir à empêcher qu'ils ne se fendent autant que les autres.

Essayons présentement de mettre à profit les lumieres que
nos expériences & nos observations ont pu fournir.

ARTICLE VIII. *Conclusion.*

LES moyens que j'ai imaginés pour empêcher que les bois
ne fussent endommagés par les fentes & par les éclats, se réduisent, ou à ralentir l'évaporation de la seve, ou à faire refendre
les bois dans le moment qu'ils ont été abattus, & à les ré-

V u u

duire aux plus petites dimenſions que leur deſtination pourra permettre : ces deux moyens ne peuvent cependant être employés à la fois ; ils ont chacun des avantages particuliers qu'il convient d'employer dans diverſes circonſtances différentes ; c'eſt ce qui me reſte à expliquer.

§. 1. Dans quel cas convient-il de ralentir l'évaporation de la ſeve ?

On peut ralentir l'évaporation de la ſeve, ſoit en tenant les bois nouvellement abattus dans des lieux frais, à l'abri du ſoleil & du vent, ſoit en les conſervant dans leur écorce.

Le premier moyen eſt impraticable pour une grande quantité de groſſes pieces, quand même on auroit d'aſſez grands bâtiments ; il faudroit les empiler les unes ſur les autres, mais alors l'humidité de tous ces bois qui ne pourroit ſe diſſiper aiſément, les feroit pourrir ; car quand il s'agit de grandes opérations, il ne faut jamais compter ſur l'exactitude de ſoins pénibles & journaliers ; comme d'ouvrir, quand il regne un vent du Nord, les portes & les fenêtres, afin de diſſiper l'humidité ; les fermer enſuite pour ralentir l'évaporation de cette humidité, ſans l'intercepter. Ces attentions m'ont réuſſi, en petit ; & avec ces précautions, j'ai garanti des pieces qui m'étoient précieuſes d'être endommagées par les fentes : je les tenois renfermées, couvertes de litiere que je renouvellois fréquemment juſqu'à la fin des chaleurs de l'Eté, après quoi je commençois à leur donner de l'air par degrés. Mais ces moyens qui n'effrayeront pas quiconque veut s'inſtruire par des expériences, ou à qui il importe de conſerver en bon état quelques pieces de bois précieuſes pour ſon uſage, ne ſeroient point praticables pour de grandes exploitations. Au reſte, j'avoue que tout ce que j'ai gagné par ces attentions a été de prévenir les grandes fentes, mais je n'ai pu empêcher qu'il ne s'en ſoit formé quantité de petites.

Il eſt plus aiſé de conſerver les bois dans leur écorce ; &

cela conviendroit particuliérement pour les baux, les quilles, les membres des vaisseaux, les poutres des bâtiments, les arbres des moulins, les moyeux de roues, & généralement pour tous les bois qu'on emploie dans leur entier & sans être refendus. En conservant ces pieces dans leur écorce, & en prenant le soin de recouvrir leurs extrémités avec de la terre ou de la mousse qu'on y assujettiroit avec un bout de planche, on parviendroit à empêcher qu'il ne s'y formât de grandes fentes; & c'est tout ce qu'on pourroit souhaiter pour de pareilles pieces, sur-tout pour les membres des vaisseaux. Cette pratique n'est cependant pas sans inconvénient.

1°, Le transport des bois en grume est très-difficile.

2°, Ces bois occuperoient bien de la place dans un Port; il faudroit des hangars d'une étendue immense pour les tenir à couvert, & il y auroit du risque à les laisser à l'humidité; il faudroit les équarrir après que les chaleurs seroient passées.

3°, Il en couteroit beaucoup plus pour les équarrir & les travailler quand ils seroient secs, que pour les faire débiter dans les forêts.

4°, Comme ces bois se dessechent très-lentement, il faudroit les conserver long-temps dans les Ports avant de les employer.

5°, On a vu par les expériences précédentes, que la qualité du bois étoit toujours un peu altérée quand on suspendroit l'évaporation de la seve; que cette altération étoit considérable quand c'étoit des bois de médiocre qualité, où il se trouvoit ordinairement des veines de bois tendre, sur-tout si l'on avoit laissé long-temps ces bois dans les forêts, ou exposés à la pluie.

On ne peut donc recourir à ce moyen que dans des cas particuliers: si, par exemple, en Provence où les fentes font beaucoup de désordre dans le bois, & où le bois est de la meilleure qualité, on faisoit une exploitation à portée des Arsenaux, on pourroit préférer de perdre quelque chose sur la qualité du bois pour prévenir les éclats & les fentes énormes qui le rendent quelquefois entiérement inutile.

Je prie qu'on obferve que je dis, à deffein, des fentes
énormes ; car il n'y a que ces fentes qui puiffent endommager
les pieces deftinées à faire les membres ; les habiles conftructeurs favent bien employer les membres fendus, placer les
chevilles & les gournables dans le bon bois qui eft entre les
fentes : ce ne font donc pas les groffes pieces, celles qui reftent
dans leur entier, qui font les plus endommagées par les fentes ;
ce font les pieces qui doivent être refendues pour faire des
madriers, des eftamenaires, des lattes pour les Galeres, les
précintes, les bordages des Vaiffeaux, &c, les affuts des canons & tous les ouvrages de Menuiferie. Heureufement qu'on
peut trouver le moyen de préferver ceux-ci d'un auffi grand
dommage ; & nous allons faire fentir quelle économie il en
doit réfulter pour les bois qu'on emploie refendus.

§. 2. *Qu'il y a une économie confidérable à refendre
les Arbres dans la forêt même, dans le temps qu'ils
ont toute leur feve, & auffi-tôt qu'ils ont été abattus.*

J'AI prouvé par nombre d'expériences, que les bois fe fendent d'autant moins qu'ils font refendus en plus de parties.

Un arbre refendu en deux, fe fendra moins que s'il étoit
refté dans fon entier ; il fe fendra encore moins fi on le refend
en quatre : fi on le refend en plateaux épais, il fe fendra plus
que s'il étoit débité en quartiers, mais moins que fi on l'avoit
refendu en deux ; il ne fe fendra prefque pas fi on le débite en
planches, fur-tout fi elles n'ont pas une grande épaiffeur, &
fi on les refend dans le fens des mailles. Tout cela a été, me
femble, fuffifamment prouvé par mes expériences : ainfi, pour
mettre à profit les obfervations qu'elles m'ont fournies, il faut
faire refcier dans les forêts mêmes les lattes, les madriers,
les eftamenaires, & généralement les courbants qu'on deftine
pour les Galeres, les précintes, les bordages & généralement
toutes les pieces qui ne doivent pas être employées dans leur
entier à la conftruction des Vaiffeaux ; au lieu de voiturer ces
pieces dans les Ports en billons ou en plançons, comme cela

se pratique presque toujours, l'usage étant ordinairement de ne les refendre qu'à mesure que l'on en a besoin pour la construction : voici l'avantage considérable qu'il y auroit à suivre la pratique que je propose.

1°, Quand on vient à débiter ces billons ou ces plançons qu'on a laissé se dessécher dans leur entier, on rejette en rognures ou en copeaux, près de la moitié du bois de ceux qui sont destinés pour la construction des Galeres ; il y a aussi un déchet assez considérable sur les plançons destinés à faire des bordages, sur-tout quand ils sont de bon bois : voilà donc du bois, de la main-d'œuvre, & des frais de transport qu'on pourroit épargner en bonne partie, en suivant la méthode que je propose ; j'ajoute qu'il en coûtera moins de sciage quand les bois seront verds, que quand ils seront devenus secs.

2°, En refendant les bois dans les forêts, on pourra découvrir les vices intérieurs, que la plus grande application ne peut faire connoître quand ils sont dans leur entier. Si ces défauts sont considérables, les Marchands changeront la destination des pieces qui se trouveront tarrées ; ils éprouveront peu de perte, & on gagnera les frais de transport. Si les défauts sont légers, on empêchera, en les exposant à l'air, qu'ils ne fassent des progrès ; car tous les endroits attaqués de pourriture, sont désorganisés & chargés d'une humidité qui ne pouvant se dissiper à cause de la désorganisation des parties, fermente, se corrompt & porte l'altération dans les parties voisines : en découvrant la plaie, l'humidité se dissipe, & le progrès du mal est arrêté.

3°, Les bois refendus se dessechent bien plus promptement que les autres ; ils seront donc plutôt en état d'être employés : c'est déja un grand avantage ; mais outre cela, ces bois en seront plus fermes, puisque ceux que l'on fait dessécher lentement, sont plus tendres que les autres.

4°, La facilité du transport mérite bien qu'on y fasse attention ; car les pieces ainsi débitées, étant moins grosses, on les pourra enlever avec de petites voitures : dans les saisons humides, & par des chemins difficiles, s'il se rencontre de mauvais pas, on peut plus aifément décharger & recharger les voitures : bien plus, tous les membres des Galeres, fi l'on en excepte les *Rodes* & les *Capions*, peuvent être chargés à dos de mulet; ainfi, dans les endroits où les charrois ne pourroient parvenir à raifon de la difficulté du terrein, on pourroit enlever à fommes des bois précieux pour la conftruction des Galeres, & pour quantité d'ouvrages civils, & mettre à profit des arbres qu'on n'abandonne fouvent que parce qu'on les croit dans des lieux inacceffibles.

5°, Enfin ces bois ainfi refendus, pourront être rangés avec beaucoup plus d'ordre & avec moins de peine pour les Journaliers, fous les hangars & dans les chantiers, & ils y occuperont beaucoup moins de place.

Il eft inutile de faire remarquer que ce que je viens de dire, principalement fur les bois deftinés à l'Architecture navale, a auffi fon application pour ceux qui doivent être employés aux travaux civils & militaires, de même que pour les bois qui doivent être convertis en merrain, en traverfin, en lattes, en échalas, ou en autres ouvrages de fente.

Je ne m'arrêterai pas non plus à expliquer comment on pourroit faire ufage de mes expériences pour placer les traits de fcie avec adreffe; car connoiffant à peu-près le point où dans tel & tel cas il fe doit former de plus grandes fentes, on pourra quelquefois placer le trait de fcie, de façon qu'il ne fe forme point de grandes fentes dans les parties qui en feroient particuliérement endommagées. Au refte, ces détails ne pourroient être abrégés, & ils deviendroient inutiles à ceux qui voudront réfléchir avec un peu d'attention fur ce qui a été dit; d'ailleurs, nous ne pourrons nous difpenfer d'en parler dans le Livre où il fera queftion du bois de fciage; mais il eft très-important de faire attention aux deux conféquences fuivantes.

1°, Dans les cas où l'on aura peu à craindre les fentes, & où il fera important de ménager la qualité du bois, il faudra faire équarrir promptement les arbres.

Ainfi, fi l'on eft dans l'obligation de conftruire des Vaiffeaux, ou de faire de grandes charpentes avec des pieces de bois tendre; comme il n'y a alors que les grandes fentes qui foient préjudiciables, & comme l'on fait que les bois tendres fe fendent peu, il faudra les équarrir promptement. De même, dans les pays froids où l'air eft fouvent chargé de brouillards, il ne faudra pas laiffer long-temps les bois dans leur écorce, parce que les bois qui croiffent dans le Nord fe fendent peu, & l'humidité qui regne dans l'air de ces contrées empêche que l'évaporation de la feve ne fe faffe trop brufquement.

2°, Dans les cas où l'on aura plus à craindre les fentes, qu'à ménager la qualité du bois, il faudra conferver l'écorce le plus long-temps qu'il fera poffible, ou faire refendre les bois tout verds. Ainfi, en Provence où les bois fe fendent beaucoup, il ne faudra écorcer les bois que le plus tard poffible, fi les pieces doivent être employées en entier; mais fi leur deftination exige qu'on les refende, il ne faudra pas attendre qu'ils foient fecs; le plutôt qu'on pourra y mettre la fcie, fera le meilleur; finon on prendra le parti de les conferver en grume jufqu'au temps qu'on les voudra refendre, ou au moins refendre dans les Ports, & le plutôt poffible, tous les plançons, à mefure que les fourniffeurs les livreront.

J'ai dit qu'il falloit refendre le plutôt qu'il feroit poffible, tous les bois qui font deftinés à l'être; j'aurois dû en excepter les *pieces de tour* qui ne peuvent être refendues avant le temps de la conftruction, parce qu'elles font affujetties à des gabaris trop précis; mais j'ai cru cette exception inutile; 1°, parce qu'il eft aifé de choifir pour ces fortes de pieces, les courbants qui font les moins endommagés par les fentes; en fecond lieu, parce que je crois qu'il eft très-avantageux de ne point gabarier les pieces de tour en garniffant les parties courbes des Navires, avec des bordages droits attendris dans des étuves, pour les rendre propres à fe ployer fuivant le contour du Vaiffeau.

Je penfe qu'on conviendra aifément qu'il eft poffible de refendre en bordages tous les plançons droits, en prenant attention de donner aux bordages différentes épaiffeurs, fuivant le

befoin qu'on pourroit en avoir : on trouvera peut-être quelque difficulté à refendre les plançons courbes , parce que, fuivant différentes circonftances , on les refend, foit en fuivant la
courbure des plançons , foit fur la face droite ; mais j'en parlerai dans le Livre fuivant : on fe procureroit ainfi de quoi
fatisfaire à tous les befoins de conftruction.

Il y a encore un moyen de prévenir les fentes ; c'eft de refendre les bois fuivant la maille , ou bien par des lignes dirigées à peu-près du centre à la circonférence ; mais comme je
m'apperçois que ce Chapitre eft déja plus long que je ne m'étois
propofé de le faire , je renvoie ce qui regarde cette façon de
débiter les bois, à l'endroit où je traiterai du bois de fciage.

Le flottage fournit encore un moyen de prévenir un peu les
fentes : j'en parlerai amplement dans la fuite.

Après avoir difcuté les deux queftions précédentes, qu'on
peut regarder comme un préliminaire effentiel fur l'exploitation des gros bois , je vais maintenant parler des bois qui fe
vendent en grume.

CHAPITRE III.

De l'exploitation des Bois que l'on vend le plus ordinairement en grume pour le Charronnage, l'Artillerie, &c.

ARTICLE I. Des Bois propres au Charronnage & au fervice de la Marine.

PRESQUE tous les bois de charronnage font de Chêne, ou
d'Orme, ou de Frêne : dans quelques Provinces on y emploie
le Hêtre.

Dans les hauts-taillis de 50 à 60 ans , on trouve des Chênes
de

de 30 à 40 pouces de circonférence : on les scie à 18, 20 ou 22 pieds de longueur, & on les vend en grume aux Charrons pour faire des limons de charrette; ils trouvent encore dans ces pieces de quoi faire des pommelles, ou de quoi faire du bois de corde, à moins qu'il ne se trouve dans les branchages de quoi faire des ages & des manches de charrue ; comme nous en avons parlé dans l'exploitation des taillis, nous nous contenterons de faire remarquer qu'on fait ces parties des charrues indifféremment avec de l'Orme, du Frêne & du Chêne.

Si les corps de Chêne dont nous parlons, étoient fort gros au pied, on pourroit lever une ou deux longueurs de rais, & couper le reste pour en faire des limons : nous avons aussi parlé des rais à l'occasion des bois taillis.

On paye au Bûcheron 50 sous du cent d'abattage de ces bois. Les moyeux des roues se font tous avec de l'Orme; & l'espece qu'on nomme *tortillard*, est infiniment supérieure aux autres.

Les moyeux pour les roues de carrosse, se livrent en tronçons de 9 pieds & demi de longueur sur 30 pouces de circonférence; & on appelle une pareille piece, *toise de moyeux*.

Les moyeux pour les grosses voitures, se livrent aussi en grume, mais par paires; les plus gros ont 51 à 52 pouces de circonférence ; la paire doit avoir 4 pieds & quelques pouces de longueur, il y en a de moins gros; les petits doivent être de 36 pouces de circonférence, & les billons, pour la paire, ont 20 à 22 pouces de longueur.

On vend encore des moyeux pour les brouettes & les rouelles des charrues, qui ont 18 pouces de circonférence sur environ 12 pouces de longueur pour chaque moyeu.

Les essieux de Frêne & de Charme se livrent aussi en grume; les pieces doivent avoir 7 à 8 pouces de circonférence sur 6 ou 7 pieds de longueur; il ne faut pas qu'ils soient ni trop verds ni trop secs. On prend ordinairement ces pieces dans les bois de débit ou dans le *hersage* : on appelle *bois de débit* de jeunes arbres auxquels on ménage toute la longueur qu'ils peuvent porter, comme 30 ou 40 pieds sur 15 ou 18 pouces de circonférence vers le petit bout. C'est avec ces bois qu'on fait les traverſes & quantité de menus ouvrages; ils ſe livrent en grume, & de toute leur longueur.

Les bois de *herſage* ſont de menus bois en grume, propres aux Charrons de la campagne : on les nomme ainſi, parce qu'ils ſervent à faire les herſes; au reſte, les Charrons en font uſage pour tous ouvrages où leurs dimenſions permettent de les employer.

Les pieces de bois pour les armons doivent avoir 24 à 27 pouces de circonférence ſur 6 pieds de longueur ; ſouvent on les prend dans les bois de débit.

Les fleches à arcade pour les carroſſes ſont de 36 à 40 pouces de circonférence ſur 10 à 12 pieds de longueur ; il eſt bon d'en ménager auſſi de 12, 13, 14 & 15 pieds de longueur, bien courbées, ſans nœuds, & d'un beau *braquement*.

On livre auſſi en grume des corps d'arbres, ſoit d'Orme, ſoit de Frêne, pour faire les brancards des Brelines ; il eſt bon que ces pieces aient de la courbure : les habiles Charrons ſavent en profiter pour donner plus de grace & de commodité à ces voitures. Comme on doit prendre les deux brancards dans une même piece, il faut qu'elle ait 36 à 40 pouces de circonférence, & 13 à 14 pieds de longueur. On laiſſe ordinairement les corps d'arbres de toute leur longueur ; ce que les Charrons en retranchent, leur ſert à d'autres uſages.

Les brancards pour les chaiſes de poſte & pour les cabriolets, ſe prennent auſſi dans des arbres qu'on livre en grume aux Charrons : ceux que l'on fait de Hêtre & de Frêne ſont très-bons ; on refend ces arbres en deux ou en quatre avec la ſcie, ſuivant la groſſeur des arbres : la longueur de ces brancards eſt de 14 à 16 pieds.

On débite les pieces pour les *liſſoires* depuis quatre pieds & demi de longueur juſqu'à 6 pieds & demi, ſur 4 à 5 pouces d'épaiſſeur, & depuis 6, 7, juſqu'à 15 & 18 pouces de largeur.

Les pieces pour les *moutons*, ont 6, 7 ou 8 pieds de long ſur 6 à 8 pouces de large, & 4, 5 ou 6 pouces d'épaiſſeur ; on les prend ordinairement dans les bois de débit.

Les timons ont ordinairement 9 à 10 pieds de longueur, 4 à 4 pouces & demi d'équarriſſage vers le gros bout; ce ſont les Charrons eux-mêmes qui les débitent, & ils ſe ſervent communément de pieces de Chêne ou de Frêne qu'on leur fournit en grume, comme bois de débit.

Les Charrons emploient les ſouches des gros Ormes à faire des *Pelotons* pour les Chaircuitiers, les Bouchers, les Cuiſi- niers, &c.

On ne court aucun riſque de livrer aux Charrons qui tra- vaillent en gros ouvrages, des corps d'Orme ou de Frêne de différente groſſeur, & de 10, 12, 15 ou 18 pieds de longueur; les gros qui ont 27 à 30 pouces de circonférence, leur ſer- vent à faire des haquets à l'uſage des ports de Paris.

Les coquilles des carroſſes ſe font d'Orme: on les débite de 3 pieds & demi de longueur ſur 24 à 26 pouces de largeur, 3 pouces & demi d'épaiſſeur par un bout, & 4 & demi par l'autre.

Les pieces pour les jantes de roues ſe débitent dans les fo- rêts; on les fait quelquefois de brin, dans la partie d'une bran- che où ſe trouve une courbure convenable; on frappe ces pieces ſur deux côtés, & on laiſſe toute leur largeur dans le ſens de la courbure: ordinairement on refend en deux les branches courbes qui ſe trouvent avoir depuis 24 pouces juſ- qu'à 30 de circonférence; quand elles ſont plus groſſes, on y peut donner deux traits de ſcie pour en former trois jantes que l'on réduit à 2 pouces & demi ou à 3 pouces & demi, ſe- lon la force que doivent avoir les roues; & ſuivant l'uſage de chaque pays, on les fait de 30, ou de 37 à 38 pouces. Quand on fait ces pieces de 6 à 7 pouces d'épaiſſeur, les Charrons qui travaillent pour les équipages, les refendent en deux: on les vend au cent.

Les gros corps d'orme qui ont 48 à 50 pouces de circonfé- rence, ſe débitent pour les Charpentiers qui en font des écrous de preſſoir, des maies de preſſes; on en fait auſſi des plateaux de 4 pouces d'épaiſſeur, dont les Charpentiers ſe ſervent pour les chanteaux des rouets de moulin, ou des tables de cuiſine, des établis de Menuisier, &c.: nous en parlerons dans la suite.

On fournit à la Marine des plateaux d'Orme & de Frêne dont on fait des rouets de poulie : on fournit aussi des pieces en grume pour les boîtes de *Caliorne*, les caps de *mouton*, &c. On se sert encore d'Ormes fort droits, & où se trouvent peu de nœuds pour faire des corps de pompe & des tuyaux de conduite : c'est aussi quelquefois avec ce bois que l'on fait les membres des canots & des chaloupes.

ARTICLE II. *Des Bois propres au service de l'Artillerie.*

IL ne sera point question ici des perches, rames & ramilles dont on fait des fascines, des saucissons, des gabions & des claies, non plus que des arbres qu'on fend pour former des palissades : nous avons suffisamment parlé de ces objets dans le Livre des bois taillis.

L'Artillerie emploie beaucoup de planches de Chêne d'un pouce & demi d'épaisseur, & des chevrons de même bois de 3 à 4 pouces d'équarrissage qu'on emploie à faire les plates-formes des batteries. Mais comme nous n'avons rien de particulier à dire sur ces pieces de bois, nous remettons à en parler quand nous traiterons des bois de sciage.

Il est donc particuliérement question ici des pieces qu'on emploie pour les affûts, soit de canons, soit de mortiers.

Pour ces usages, on livre communément aux Artilleurs des pieces d'Orme ou de Frêne en grume, & quelquefois en plateaux ou en bois quarré : pour juger de la grosseur & de la longueur que ces pieces doivent avoir, il suffit de donner les principales dimensions des affûts.

§. I. *Des affûts pour les canons de Marine.*

COMME la force & la grandeur des affûts doivent être relatives au calibre des canons, il suffit d'en donner trois différentes dimensions, pour qu'on en puisse conclure aisément les calibres intermédiaires.

La longueur des affûts, (*Pl. XXIII. fig.* 2), pour les canons de 36 livres de boulet, doit être de 5 pieds 11 pouces : la longueur des flafques, (*Fig. 1*), de 5 pieds 6 pouces fur 6 pouces d'épaiffeur : la longueur des effieux d'avant, (*Fig. 3*), quatre pieds cinq pouces fur un pied 6 pouces de circonférence : la longueur & la groffeur des effieux de l'arriere, doivent être un peu moindres que pour ceux de l'avant ; mais on prend les uns & les autres dans des rondines d'Orme de 10 pieds de longueur fur 20 pouces de circonférence. Le diametre des roues d'avant, (*Fig. 4*), doit être d'un pied 6 pouces, & leur épaiffeur de 6 pouces.

La longueur des affûts pour les canons, de 18 livres de bale, eft de 5 pieds 4 pouces : la longueur des flafques, 5 pieds fur 5 pouces d'épaiffeur : la longueur de l'effieu d'avant, 3 pieds 7 pouces fur un pied 5 pouces 6 lignes de circonférence : le diametre des roues d'avant, 1 pied 3 pouces fur 5 pouces d'épaiffeur.

La longueur des affûts pour les canons de 8 livres de boulet, doit être de 4 pieds 6 pouces : la longueur des flafques, de 4 pieds 3 pouces fur 4 pouces 6 lignes d'épaiffeur : la longueur de l'effieu d'avant, de 2 pieds 10 pouces, & fa circonférence d'un pied 1 pouce 6 lignes : le diametre des roues d'avant, d'un pied 1 pouce, & de 4 pouces d'épaiffeur.

Il eft bon de favoir que les effieux & les roues dans chaque affût, font de plus grandes dimenfions pour l'avant que pour l'arriere; mais comme cette différence eft peu confidérable, elle n'influe point fur les fournitures ; & l'on peut conclure des dimenfions que nous venons de donner, que les fournitures des pieces de bois propres aux affûts de Marine, doivent être des qualités fuivantes.

1°, Pour les effieux, des pieces de bois d'Orme ou de Frêne, jeune & de brin en grume, droit & fans nœuds, qui aient depuis 5 pouces de diametre jufqu'à 7, & auxquels on laiffe toute la longueur qu'elles peuvent porter.

2°, Pour les roues, des plateaux d'Orme (on y a quelquefois employé du Hêtre, mais ce bois n'eft pas convenable); ces plateaux refendus à la fcie, doivent avoir différentes épaiffeurs, depuis 6 pouces jufqu'à 4, & affez de largeur pour qu'on puiffe prendre des roues du diametre, foit d'un pied 6 pouces dans les plateaux de 6 pouces d'épaiffeur, & d'un pied 1 pouce dans ceux de 4 pouces d'épaiffeur, & pour les autres calibres à proportion.

3°, Pour les flafques, des plateaux d'épaiffeur depuis 6 pouces jufqu'à 4 pouces fix lignes, dont la longueur foit telle que dans les plateaux de 6 pouces, on puiffe prendre, fans déchet, des flafques de 5 pouces 6 lignes de longueur, & dans ceux qui n'ont que 4 pouces 6 lignes d'épaiffeur, des flafques de 4 pieds 3 pouces de longueur.

§. 2. Des Affûts de Canons de Campagne & de Places.

J'ai dit ci-devant que l'on fourniffoit pour le fervice de l'Artillerie, les bois ou en grume ou fimplement dégroffis, fur-tout pour les affûts ; ainfi on pourra juger de la groffeur des bois que l'on doit fournir pour ce fervice par la dimenfion des pieces qu'on en doit tirer ; en conféquence, je vais donner les dimenfions des principales pieces d'affûts pour tous les calibres : ces affûts & les flafques doivent être de bois d'Orme bien fec, & les entre-toifes de bois de Chêne très-fec.

Pour les pieces de 33, les flafques, (Pl. XXIII. fig. 5), doivent avoir 14 pieds de longueur, 6 pouces d'épaiffeur, 17 pouces de largeur, & 7 pouces d'arc ou de ceintre ; ainfi, fi l'on vouloit prendre un affût dans une piece droite, il faudroit qu'elle eût 24 pouces de largeur ; mais cette largeur n'eft pas néceffaire quand les arbres ont une courbure naturelle & convenable ; trois entre-toifes de 8 pouces de largeur & de 6 pouces d'épaiffeur ; & celle de la lunette de 5 pouces 6 lignes d'épaiffeur, 18 pouces de largeur.

Pour les pieces de 24, les flafques ont 13 pieds & demi de longueur, 5 pouces 6 lignes d'épaiffeur, 15 pouces de largeur, 7 pouces d'arc ou de ceintre ; trois entre-toifes de huit pouces de largeur, fur 6 pouces d'épaiffeur ; & celle de la lunette de 16 pouces de largeur fur 5 pouces d'épaiffeur.

Pour les pieces de 16, les flafques ont 13 pieds 3 pouces de longueur, 14 pouces de largeur fur 5 pouces d'épaiffeur; l'arc ou le ceintre, 5 pouces 3 lignes; les entre-toifes, 6 pouces 9 lignes de largeur fur 4 pouces 9 lignes d'épaiffeur; & celle de la lunette de même épaiffeur, fur 15 pouces de largeur.

Pour les pieces de 12, les flafques ont 12 pieds de longueur, 4 pouces 6 lignes d'épaiffeur, 13 pouces de largeur, 11 pouces d'arc ou de ceintre; les entre-toifes font, comme pour les canons, de 16, excepté l'entre-toife de la lunette qui a 14 pouces de largeur, & 4 pouces 3 lignes d'épaiffeur.

Pour les pieces de 8, les flafques ont 10 pieds 4 pouces de longueur, 4 pouces d'épaiffeur, 12 pouces de largeur, 10 pouces d'arc ou de ceintre; les entre-toifes ont 5 pouces 6 lignes de largeur, 4 pouces d'épaiffeur; celle de la lunette a 12 pouces de largeur, & 3 pouces 9 lignes d'épaiffeur.

Pour les pieces de 4, les flafques ont 9 pieds de longueur, 3 pouces d'épaiffeur, 10 pouces de largeur, 8 pouces 6 lignes d'arc ou de ceintre; les entre-toifes ont 4 pouces de largeur & 3 pouces d'épaiffeur; celle de la lunette a 10 pouces de largeur & 3 pouces d'épaiffeur.

Les moyeux des rouages fe font de bois d'Orme verd; les jantes & les effieux, de bois d'Orme fec, les rais, de bois de Chêne fec & fans nœuds.

Pour les pieces de 33, les roues ont 4 pieds 10 pouces de diametre.

Les moyeux, (*Fig.* 6), ont 22 pouces de longueur & 20 pouces de diametre: 12 jantes, (*Fig.* 7), de 6 pouces 6 lignes de largeur, 4 pouces 6 lignes d'épaiffeur: 24 rais, (*Fig.* 8), de deux pieds & demi de longueur, de 4 pouces 9 lignes d'équarriffage vers le bout qui entre dans le moyeu, & qu'on nomme l'*empattage*, & dans le furplus de la longueur, ils peuvent avoir 6 lignes de moins, & la même chofe à peu-près pour toutes les rais des roues d'autre calibre; c'eft ce qui fait que je ne marquerai que leur groffeur vers la patte, c'eft-à-dire, à l'endroit où les rais entrent dans les moyeux; les effieux, (*Fig.* 9), ont 7 pieds 6 pouces de longueur, & 12 pouces de diametre.

Pour les pieces de 24, les roues ont 4 pieds 8 à 10 pouces de diametre; les moyeux ont 21 pouces de longueur, 16 pouces de diametre; les jantes, 6 pouces de largeur, 4 pouces d'épaisseur; les rais, 2 pieds 6 pouces de longueur, 4 pouces 6 lignes vers l'empattage : les essieux pareils aux précédents.

Pour les pieces de 16, les moyeux ont 19 pouces 6 lignes de longueur & 15 pouces de diametre : le diametre des roues est de 4 pieds 2 pouces; les jantes ont 5 pouces de largeur, 3 pouces 6 lignes d'épaisseur; les rais ont 2 pieds 2 pouces de longueur, & 4 pouces d'équarrissage vers la patte; les essieux, 7 pieds 4 pouces de longueur, & 10 pouces de diametre.

Pour les pieces de 12, les moyeux ont 19 pouces de longueur, 14 pouces de diametre; les roues sont de la même hauteur que celles des affûts de 16; les jantes ont 4 pouces 8 lig. de largeur, 3 pouces 3 lignes d'épaisseur; les rais, 2 pieds 2 pouces de longueur, 3 pouces 6 lignes d'équarrissage à la patte : les essieux comme pour les pieces de 16.

Pour les pieces de 8, les moyeux ont 18 pouces de longueur, 11 pouces de diametre; les roues ont 4 pieds de diametre; les jantes ont 4 pouces 6 lignes de largeur, 3 pouces 6 lignes d'épaisseur; les rais, 2 pieds 2 pouces de longueur, 3 pouces 6 lignes d'équarrissage à la patte : l'essieu, a 7 pieds 4 pouces de longueur, & 9 pouces de diametre.

Pour les pieces de 4, les moyeux ont 17 pouces de longueur, 9 pouces 6 lignes de diametre; les roues ont 4 pieds de diametre; les jantes ont 4 pouces de largeur, 2 pouces 6 lignes d'épaisseur; les rais, 2 pieds 2 pouces de longueur, 3 pouces d'équarrissage à la patte; les essieux ont 7 pieds 4 pouces de longueur, & 9 pouces de diametre.

Les avant-trains ne sont que de trois grandeurs : les plus gros servent pour les pieces de 33 & de 24 : les moyens, pour les pieces de 16 & de 12; les petits pour les pieces de 8 & de 4.

Voici les proportions des pieces qui forment un gros avant-train; 1°, une limoniere formée de deux limons de Chêne ou d'Orme, (Fig. 10), de 8 pieds 6 pouces de longueur; 2°, deux entre-toises

entre-toifes ou *épares* de Chêne de 3 pieds de longueur, y compris les tenons : il n'y a à l'arriere que 2 pieds entre les limons ;
3°, la fellette (*Fig. 11*), qui repofe fur l'effieu, & qui porte la
cheville ouvriere, eft faite d'Orme ou de Chêne : elle a 3 pieds
4 pouces de longueur, 5 pouces 6 lignes d'épaiffeur, 18 pouc.
de hauteur ; au milieu, à l'endroit où fe met la cheville ouvriere,
& 4 ou 5 pouces de chaque côté de cette cheville, la fellette
eft évidée ; 4°, l'effieu (*Fig. 12*), qui eft d'Orme ou de Chêne,
a 6 pieds 3 pouces de longueur, & 6 pouces de diametre.

Les moyeux des roues de l'avant-train font faits d'Orme, &
ont 16 pouces de longueur fur 8 à 9 pouces de diametre. Les
jantes d'Orme fec ont 3 pouces 6 lignes de largeur, 2 pouces
6 lignes d'épaiffeur ; il n'en faut que 10 ; on ne met à ces roues
que 20 rais de Chêne, qui ont 2 pouces 6 lignes d'équarriffage
à l'empatage : ces roues n'ont que 3 pieds 3 pouces de diametre.

Il fuffit, je crois, d'avoir donné les dimenfions d'un gros
avant-train, parce que les autres font formés des mêmes pieces, mais plus petites, fans que cette diminution de grandeur
exige aucune précifion : comme l'avant-train n'eft pas, à beaucoup près, auffi chargé que l'arriere-train, il n'eft pas néceffaire que fa force foit auffi exactement proportionnée au poids
des canons ; d'ailleurs ces bois font fournis bruts.

ARTICLE III. *De quelques autres bois qui fe vendent
en grume, & particuliérement de ceux qu'on nomme
Bois blanc.*

CES fortes de bois ne faifant jamais ou prefque jamais l'objet
de grandes exploitations, c'eft ici le lieu d'en parler : en effet,
lorfque ces bois font en maffif, on eft dans l'ufage de les vendre
fur le pied de demi-futaie ; & lorfque ces arbres font gros, c'eft
quand ils font ifolés, & ne font ainfi que des arbres détachés.

Nous avons dit que quand ces bois étoient de force de taillis, on en faifoit des cerceaux, des perches, des échalas de
brin, du charbon, de la corde ou du fagot. A l'égard des
Y y y

branchages des gros arbres, on les exploite comme les taillis; savoir, en charbon, en corde, en fagots ou en bourrées; ainsi comme nous n'avons rien à ajouter à ce que nous avons dit sur ces sortes d'exploitations, il ne s'agira dorénavant que de parler des troncs.

§. I. Du Bois de Tilleul.

Il y a dans nos forêts des Tilleuls à petites feuilles dont le bois est très-ferme, quand les arbres ont crû dans des terreins qui ne sont point trop humides ; leur bois n'est pas d'un grand blanc; leur couleur est d'un roux un peu pâle. Il n'en est pas de même des Tilleuls à grandes feuilles, qu'on nomme à Paris *Tilleuls de Hollande :* le bois de ceux-ci est fort blanc & plus tendre que celui de nos forêts.

Ceci bien entendu, les plus gros Tilleuls à petites feuilles de nos forêts peuvent être débités en bois quarré, & fournir de fort bonnes poutres ; mais communément on refend toutes les especes de Tilleuls en plateaux qu'on vend aux Sculpteurs qui travaillent pour les bâtiments civils; ou bien, quand on est à portée des Ports où l'on construit des vaisseaux, on les vend en grume pour certains ouvrages de sculpture dont on orne ces bâtiments, & qui exigent ordinairement de fort grandes pieces.

On les vend aussi en grume aux Tourneurs pour en faire différents ouvrages, & de petits barrils dans lesquels les Chasseurs conservent leur poudre à tirer.

Souvent les Boisseliers les achetent sur pied pour les faire travailler en sabots, comme nous l'expliquerons dans peu.

Enfin l'on en débite en planches de différentes longueurs & épaisseurs, pour l'usage des Menuisiers & des Layetiers, & en merrain pour les tonnes de marchandises seches. On en fait encore quelques ouvrages de raclerie, sans compter l'usage que l'on fait, soit de leur écorce pour des cordes, soit des perches pour divers emplois : nous avons suffisamment parlé ci-devant de ces deux objets.

§. 2. *Du Bois de Peuplier.*

QUAND les Peupliers noirs ont crû en bon terrein, on en peut faire quelques pieces de charpente pour des bâtiments de campagne & de peu de conféquence; on en fait des planches ou de l'aubage pour de légers ouvrages de Menuiferie, ou pour les Layetiers.

Au refte, comme toutes les efpeces de Peuplier peuvent s'employer aux mêmes ufages que le Tilleul, nous pouvons nous difpenfer de nous étendre davantage fur cette efpece de bois. On fe rappellera feulement que nous avons dit dans le Livre des taillis, qu'on faifoit des fourches avec toute forte de bois blanc; parce que la légéreté de ce bois le rend plus propre à cet emploi que les bois durs.

§. 3. *Du Bois de Marronnier-d'Inde.*

LE bois du Marronnier-d'Inde, quoique moins bon que le Peuplier, s'emploie cependant aux mêmes ufages; on en débite en planches & en membrures pour les Menuifiers & les Ebéniftes. Ce bois fe vend prefque toujours en grume & fur pied aux Sabotiers: quelquefois on fait percer les plus droits pour faire des tuyaux de conduite pour les eaux: les perches de ce bois fe vendent aux Tourneurs: les Teinturiers font quelque ufage de fon écorce.

§. 4. *Du Bois de Bouleau.*

QUAND nous avons parlé des taillis, nous avons dit qu'on faifoit des balais avec les plus jeunes branchilles du Bouleau élevé en taillis; que cet arbre fourniffoit encore d'affez bons cerceaux; & que quand ces taillis étoient devenus plus grands, on en faifoit des cercles pour les cuves.

Au refte, on fait le même ufage des bois de bouleau que des autres bois blancs; favoir, des fabots, quelques ouvrages de tour & de raclerie. On fera bien de revoir ce que nous avons dit dans le Chapitre IV du Livre précédent, des avantages que l'on peut tirer des différentes efpeces de bois.

§. 5. *Du Bois de Sureau & de Buis.*

Le bois du vieux Sureau eft très-dur : on l'emploie pour faire des peignes communs : les Tourneurs en font des boîtes rondes qui fe ferment à vis : ce bois fe vend en grume.

Les gros Buis fe vendent à la livre aux Tourneurs qui en font divers ouvrages ; & aux Tabletiers, pour en faire des peignes ou autres petits uftenfiles ; aux Graveurs en bois, &c. Quand les pieds de ce bois font fort gros & bien fains, on en tire un gros prix.

Article IV. *Travail du Sabotïer.*

Autrefois on faifoit quantité de fabots avec le bois de Noyer. Comme ce bois eft léger, qu'il eft liant & qu'il fend peu, ces fabots étoient d'un excellent ufage ; mais depuis que l'Hiver de 1709 a rendu ce bois moins commun, on ne l'emploie plus à cet ufage que dans des Provinces éloignées de Paris : les meilleurs fabots qu'on fait aujourd'hui, font de branches de Hêtre, mais le plus ordinairement de bois blanc.

On vend aux Boiffeliers ou aux Sabotiers & fur pied, les arbres propres à faire des fabots ; ce font ces Ouvriers qui les abattent eux-mêmes avec la cognée, comme on fait les autres bois, c'eft-à-dire, depuis le temps de la chûte des feuilles, jufqu'au mois de Mai.

On fait des fabots, foit avec des rondines, foit avec du bois fendu par quartiers : il faut que la rondine ou le bois fendu aient 18 à 20 pouces de circonférence pour faire un gros fabot ; de forte que pour qu'un arbre puiffe fournir quatre fabots de quartier, il faut qu'il ait au moins trois pieds de circonférence : dans les arbres plus menus, on ne peut prendre qu'un fabot dans une rondine. Lorfqu'elles ont moins que 18 pouces de groffeur, on en fait des fabots pour les femmes & les jeunes gens ; les plus petits propres aux enfants en jaquette, fe nomment *Cotillons* ou *Camions.*

Pour faire les gros fabots, on fcie les corps d'arbres par
tronces de 9 à 12 pouces de hauteur, (*Pl. XXIV. E F, fig. 6*),
on les fait de plus en plus courts, à mefure que les fabots font
plus petits; deforte qu'il y a des tronces qui n'ont que quatre
pouces de hauteur.

On peut compter, à peu-près, qu'un arbre qui aura 45 à
50 pieds de tige fur 3 pieds de circonférence, mefurée à 10 ou
12 pieds du gros bout, fournira cinq à fix douzaines de fabots,
dont les plus grands auront un pied de longueur, & les plus
petits 3 ou 4 pouces, par conféquent deux de ces arbres pourront fournir une groffe, c'eft-à-dire, douze douzaines de fabots. Deux Ouvriers font ordinairement deux douzaines de fabots par jour. Dans la forêt de Villers-Cotrets, les Marchands
paient la façon des fabots à la groffe; favoir, ceux pour
hommes, 13 livres; ceux pour femmes, 10 livres; ceux de 8 à
9 pouces, 9 livres; les bâtards qui ont 6 à 8 pouces, 8 livres;
& encore à plus bas prix, ceux qui font plus petits : les Marchands en gros vendent ces fabots aux détailleurs par affortiment, compofé de grands fabots pour les hommes, de moins
grands pour les femmes, de plus petits, qui fe nomment *Sabots de pâtres*, ou *d'écoliers* ou *d'enfants* de 12 à 15 ans, & enfin
de *Cotillons* ou *Camions* qui font pour les enfants en jaquette.

Les Marchands de la forêt de Villers-Cotrets apportent ordinairement ces fabots à Paris, où ils les vendent par groffes
afforties. La groffe de fabots d'hommes n'eft que de 8 douzaines : celle de fabots de femmes eft de 12 douzaines : la groffe
de fabots d'écoliers de 18 douzaines : les groffes de ces différentes efpeces fe vendent toutes un même prix; par exemple,
32 livres la groffe.

Pour la Province, les groffes de toutes les efpeces contiennent 156 paires de fabots, mais de différent prix établi
fur celui des femmes; & en fuppofant que le prix courant de
ceux-ci foit de 30 ou 31 livres la groffe, celle des fabots pour
hommes eft d'un écu plus cher : ceux d'écoliers coûtent 3 liv.
moins que ceux des femmes; les bâtards, 3 livres moins que
ceux d'écoliers, & les camions ou cotillons, 3 livres moins que

les bâtards. Il est bon de ne pas ignorer ces différents usages.

Les sabotiers commencent par abattre les arbres à raze-terre avec la grande cognée, comme les Bûcherons abattent les arbres dans les forêts; ils observent les mêmes saisons pour ne point endommager les souches; & quand la saison presse, ils mettent les corps d'arbres ébranchés en gros tas, pour qu'ils ne se dessechent point trop.

Lorsqu'ils ont abattu un certain nombre d'arbres, ils les coupent par tronçons, depuis un pied de longueur jusqu'à 4 pouces: pour scier commodément ces tronces, ils emploient deux especes de selles *a, a* (*Pl. XXIV, fig. 1*), qui n'ont des pieds que d'un seul côté, l'autre qui porte à terre, & un peu plus haut s'éleve sur chacune une forte cheville *b b*; c'est dans l'angle que cette cheville forme, avec le dessus de la selle *a a*, qu'ils mettent la piece de bois *cc*, qu'ils se proposent de scier par tronces. On voit vers *d* le commencement d'un trait de scie.

La scie dont se servent les Sabotiers, est quelquefois un passe-par-tout (*Fig. 2*); souvent elle est montée & dentée comme celle des Charpentiers; mais on lui donne beaucoup de voie pour qu'elle puisse passer aisément dans le bois verd.

Quand les billes sont trop grosses, on les fend avec le coutre *k* (*Fig. 3*), à l'aide de la masse *h* (*Fig. 3 **). Dans la forêt de Villers-Cotrets, les Sabotiers fendent leurs billes avec l'outil *i* (*Fig. 3*), qu'ils nomment un ciseau, & qui n'est proprement que la lame d'un coutre sans manche. Cet outil a 4 ou 5 pouces de longueur & 2 & demi ou 3 pouc. de largeur: ils se servent d'un coin de fer *g*, (*Fig. 3*) pour achever de fendre la rondine, & ils l'enfoncent avec le gros maillet *l* (*Fig. 4*), pour avoir des quartiers pareils à celui de la Figure 4, de grandeur à faire un sabot: une tronce de deux pieds & demi de circonférence, peut être fendue en deux pour faire une paire de sabots; mais si elle n'avoit qu'un pied & demi, on n'en pourroit faire qu'un seul pour homme.

On ébauche le sabot sur le billot *a* (*Fig. 5*), avec la hache & l'herminette *b* (*Fig. 5*): voici comment l'Ouvrier procede.

Supposons qu'il veuille faire un sabot de la rondine E, (*Fig.*

6), il emporte avec la hache la partie *a a*, pour faire le deſſous du ſabot, comme on le voit en *F* (*Fig. 6*); puis encore avec la même hache, il retranche les parties *b*, *b*, & arrondit le deſſus du ſabot; enſuite avec l'herminette, il fait les échancrures *c*, *c*, pour former l'entrée du ſabot & le talon.

Enfin, en ſe ſervant tantôt de la hache & tantôt de l'hermi-nette, il donne à peu-près au morceau de bois la forme exté-rieure du ſabot, comme on le voit en *H* (*Fig. 6*) ou en *G* : il a l'attention d'ébaucher le ſabot du pied droit différemment de celui du pied gauche.

Pendant qu'un Ouvrier *A* (*Fig. 13*), ébauche les ſabots, comme je viens de le dire, un autre *B* ou *C*, les creuſe : pour faire cela commodément, il en aſſujettit une paire avec des coins dans l'entaille *o* du banc *nn* (*Fig. 7*), qui doit être établi d'une maniere bien ſolide dans la loge (*Fig. 8*). C'eſt ordinairement derriere ces bancs que ſont placés les lits des Sa-botiers : ces lits conſiſtent en une ſimple couverture, un drap & de la paille ; & comme il eſt important que tous les outils ſoient bien tranchants, on les poſe pendant le jour ſur ces lits ; & pendant la nuit on les ſuſpend aux perches qui forment la loge.

Une paire de ſabots étant ainſi aſſujettie dans l'entaille du banc, l'Ouvrier commence à percer chaque ſabot avec la vrille ou amorçoir *k* (*Fig. 9*);il fait à chaque ſabot un trou en *r* (*Fig. 7*), & un autre en *s*; enſuite il acheve de les creuſer avec de larges tarrieres ; puis il les évuide avec les cuilliers *h*, *i*, *l*, (*Fig. 9*). Ces outils ſont très-tranchants ; il en a de différentes gran-deurs, & proportionnés à celle des ſabots. Cette opération exige de l'adreſſe; car, 1°, il faut que le ſabot ſoit plus large au point où répond le fort du pied qu'à l'entrée; 2°, il ne faut pas laiſſer trop de bois, parce que cela l'appeſantiroit inutilement ; 3°, il faut creuſer le ſabot de façon que le pied y ſoit à l'aiſe ; & pour cela il eſt néceſſaire que la forme intérieure du ſabot ne ſoit point ſymmétrique, afin que les doigts de chacun des pieds y ſoient logés commodément ; 4°, il faut prendre garde de percer le ſabot d'outre en outre ; & cependant de ne pas laiſſer

trop de bois vers le bout : l'Ouvrier, pour éviter ces deux inconvénients, fonde de fois à autre l'intérieur avec le manche
de la cuiller, & en compare la profondeur avec le dehors,
pour juger à peu-près de l'épaisseur du bois qui doit rester au
bout ; mais le plus ordinairement il en juge en mettant une
main au bout du fabot & en regardant le fond par l'ouverture :
ces Ouvriers se font fait une habitude de juger ainsi à vue de
l'épaisseur de leur bois. L'Ouvrier - perceur ébarbe les bords
tranchants du fabot, & il efface les fillons de la cuiller avec un
crochet tranchant, (*Fig. 10*) qui s'appelle *Rouette*.

Un troisieme Ouvrier D (*Fig. 13*), finit l'extérieur du fabot avec un couteau tranchant, (*Fig. 11*), qu'il appelle le
Paroir, attaché par une boucle à un banc folide *s s*. On ne peut
s'empêcher d'admirer avec quelle adresse les Sabotiers manient cet instrument : quelquefois ils le font mordre beaucoup ;
d'autres fois ils n'enlevent que des copeaux extrêmement
minces ; enfin, avec ce seul instrument, ils donnent aux fabots les différentes formes qu'ils doivent avoir, suivant l'usage
des différents pays ; car ici on les veut ronds, ailleurs pointus ;
quelquefois les talons doivent être fort bas, d'autres fois on les
veut hauts ; dans quelques Provinces, il faut que l'entrée soit
très-ouverte, & telle qu'on la peut voir en *d* (*Fig. 12*), dans
d'autres, on la demande plus petite, comme en *b*, *e* : on voit
en *a* la coupe d'un fabot.

A mesure que les fabots font faits, on les arrange par lits
dans la loge, & on les couvre de copeaux, pour empêcher qu'ils
ne se fendent.

Chaque art a ses finesses pour masquer les défauts : si par
hazard il se trouvoit un nœud qui formât un trou, cela feroit
rebuter une paire de fabots ; pour y remédier, le Sabotier le
bouche de façon qu'il faut y regarder de bien près pour l'appercevoir ; il prend pour cela de la seconde écorce verte de
jeunes Ormes qu'il pile sur un billot de bois, & il en forme
une espece de pâte dont il remplit le trou, & passe ensuite
pardessus un fer chaud, moyennant quoi il est difficile de voir
le défaut lorsque le fabot est enfumé.

Une

Une ou deux fois chaque semaine on enfume les fabots, & voici comment on procede. On pique en terre quatre gros piquets qui forment un quarré de 6 à 7 pieds de côté; ces piquets fortent de terre d'environ 18 pouces; on fixe fur la tête de ces piquets, aux deux bouts du quarré, deux fortes perches, fur lefquelles on pofe en travers d'autres perches moins fortes, qui forment une efpece de plancher, fur lequel on met quatre rangs de fabots les uns fur les autres; quand on met cinq rangs, le dernier fe trouve mal enfumé.

On place les fabots à côté les uns des autres, la pointe en en haut, le talon en bas, enforte qu'ils font un peu inclinés du côté de leur entrée, afin que la fumée & la chaleur du feu pénetrent mieux dans l'intérieur: on obferve le même ordre pour les quatre rangées. On difpofe ainfi les fabots dès le foir, & pendant la nuit on allume pardeffous un feu de copeaux verds qui répand beaucoup de fumée, fans prefque faire de flamme: c'eft afin de pouvoir mieux voir le progrès du feu qu'on fait cette opération pendant la nuit; car pendant le grand jour on courroit rifque de mettre le feu aux fabots.

On enfume ordinairement quatre groffes de fabots à la fois, & cela n'exige qu'une heure & demie ou deux heures de temps.

L'objet qu'on fe propofe par cette opération, n'eft pas feulement d'empêcher les fabots de fe fendre, mais de durcir le bois, & lui donner de la couleur; car fi par la fuite on expofoit au hâle ces fabots enfumés, ils fe fendroient beaucoup; mais comme le bois eft mince, on prévient qu'ils ne fe fendent, en les tenant à couvert dans un lieu frais jufqu'à ce qu'ils fe vendent.

Dans les Provinces des environs de Paris, on ne fait pas l'ouverture des fabots auffi grande qu'en *d* (*Fig. 12*); mais on la tient plus étroite comme *b* ou *e* (*Fig. 12*); & afin d'empêcher qu'ils ne fe fendent vers l'ouverture, on y applique ce qu'on appelle un *emblai*, qui eft ou un brin de fil de fer, ou une couroie *c* qui s'attache par-deffus, comme on peut le voir en *b*. L'ouverture des fabots pour femmes, fe garnit d'une peau de mouton *e* (*Fig. 12*); afin qu'elle ne leur bleffe pas le coudepied.

Z z z

Dans la Marche, le Limoufin & l'Angoumois, on fait l'entrée des fabots fort grande, de forte qu'elle ne porte point fur le coudepied; mais on y attache une courroie *d* (*Fig.* 12), qui retient le coudepied, & empêche que le pied ne forte du fabot; les talons de ces fabots font hauts & pointus; & pour les faire durer plus long-temps, on les arme de petits fers *f, g* (*Fig.* 12), qu'on y attache avec des clous.

La Figure 13 fait voir quatre Ouvriers en attitude qui travaillent les fabots : *A*, eft un Ouvrier qui ébauche; *B*, celui qui perce; *C*, celui qui évide le dedans du fabot; *D*, celui qui en pare les dehors.

On fait encore avec les mêmes bois des formes pleines pour les Cordonniers, telles qu'en *A* (*Fig.* 14), ou brifées comme en *B*; des femelles de galoches avec leur talon *C*; & des talons de fouliers pour hommes & pour femmes *D, E*.

Tout cela s'ébauche avec la hache & l'herminette, & fe finit avec la plane de la figure 11. Les formes fe font le plus ordinairement de Frêne, & les talons de Tilleul ou autre bois blanc; on ne fait qu'ébaucher ceux-ci dans la forêt, & ce font les Cordonniers qui achevent de les perfectionner.

ARTICLE V. *Maniere de faire de petits Barrils d'un feul bloc de Saule.*

CES petits barrils ne font en ufage que dans quelques Provinces : ils font travaillés avec les mêmes outils qu'emploient les Sabotiers, & ce font ordinairement ces mêmes Ouvriers qui les font.

Le corps du barril eft fait d'un feul morceau taillé en rond, avec un petit empatement en-deffous pour lui former un point d'appui; les deux fonds font faits chacun d'une planche du même bois. Voyez *Planche XXXI*, Fig. 18.

On creufe le corps du barril comme on creufe un tuyau, avec des cuillers à peu-près femblables à celles des Sabotiers; la forme extérieure du barril fe donne avec la plane dont les Sabotiers fe fervent. Ils ont ordinairement depuis 8 pouces jufqu'à 15 de longueur sur 6 pouces, & au plus 9 de diametre,

L'ouverture pour emplir & vuider ces barrils, est placée au milieu du corps comme aux futailles ordinaires; on tient le bois plus épais à cet endroit qu'ailleurs, afin qu'on puisse chasser le bouchon avec assez de force sans endommager le petit fût; on y attache une main de fer retenue par deux viroles, assez élevée pour y passer la main sans être gêné par le bondon; tout le reste du barril, excepté à l'endroit du bondon, est de 8 à 9 lignes d'épaisseur; à un pouce de distance du bord est une rainure de deux lignes de profondeur pour recevoir la piece du fond.

Lorsqu'on a taillé un fond selon le diametre du barril pris au jable, (il est essentiel de ne prendre cette mesure que quand le bois est bien sec), on taille les bords de ce fond en chanfrein; il faut que l'intérieur du barril, depuis le jable jusqu'au bord, aille un peu en s'évasant; on force un peu le fond pour le faire entrer dans cette partie évasée; quand le fond est engagé dans cette partie, on met le barril avec le fond dans une chaudiere d'eau bouillante; le bois s'y attendrit & est en état de se prêter aux efforts qu'il faut faire pour faire entrer le fond dans le jable; comme le barril se resserre en se séchant, le fond joint exactement: quelques Ouvriers serrent la partie du barril qui répond au jable avec une corde & un garot; il vaut mieux que le fond soit un peu à l'aise dans le jable que trop serré; car comme le bois se comprime beaucoup en se séchant & en se réfroidissant, le fond qui ne se retire pas proportionnellement feroit fendre le corps du barril.

ARTICLE VI. *Travail du Fendeur.*

C'EST ici le lieu de parler des bois que l'on livre en grume aux Fendeurs pour être débités selon différentes destinations.

Quand les Bûcherons ont abattu les arbres, & qu'ils en ont retranché les branches, le Marchand qui les a destinés à faire du bois de fente, livre en cet état les corps d'arbres, & quelquefois aussi les grosses branches aux Ouvriers Fendeurs, qui,

selon la grosseur & la longueur de ces tronces, les débitent
pour différents ouvrages que nous expliquerons dans la suite.

Plusieurs motifs déterminent les Marchands à faire faire du
bois de fente; 1°, lorsque par la position d'une forêt, certaines
marchandises sont d'un débit avantageux, telles que le merrain,
le traversin, les échalas, &c, pour les pays de vignoble; les
rames, les gournables ou chevilles pour la construction des vaisseaux, lorsqu'on est à portée des Ports de mer; ailleurs les cerches pour la Boissellerie; aux environs des grandes villes, les
lattes pour les couvertures des toîts; & dans quantité d'endroits, les ouvrages de raclerie, qui consistent en différents petits ouvrages de Hêtre, comme clayettes, lattes pour les fourreaux de sabre & d'épée, lanternes, panneaux de soufflets,
bâts, arçons de selle, &c.

2°, Quand le bois n'est pas d'assez bonne qualité pour fournir de bonnes pieces de charpente; par exemple, un arbre mort
en cîme, ou qui, dans la longueur de son tronc, a des nœuds
pourris ou des yeux de bœuf, ou dont le tronc fort court a
pris des contours désavantageux; ces arbres peuvent fournir
des billes saines; quoique courtes, elles sont propres pour la
fente.

3°, Quand, par la difficulté des chemins, par l'éloignement des
rivieres navigables & des grandes routes, ou par la distance
trop grande de la forêt, jusqu'aux lieux où l'on en pourroit
faire la consommation, le transport devient trop coûteux; enfin, quand quelques-unes de ces raisons empêchent de voiturer les grosses pieces de bois, alors on prend le parti de les con-
vertir en ouvrages de fente qui peuvent être transportés facilement, soit par petites voitures, soit à somme de cheval. Mais
le Marchand doit faire attention que si d'un côté il retire un
grand produit du corps d'un gros arbre qu'il fait débiter en
fente, d'autre part, il lui en coûte nécessairement un prix
considérable pour la façon.

Il seroit d'une bonne police de mettre des entraves à la cu-
pidité des Marchands, & de les détourner de couper par tronces les plus beaux & les plus gros arbres, pour en faire de la

cerche ; car on pourroit faire de très-bons feaux avec du merrain de bois blanc , cerclés de fer, & débiter les arbres dont
on fait de la cerche en bois de Menuiferie, de charpente ou
de conftruction , fuivant la qualité & la nature du bois.

Je ne dis rien des échalas , des lattes ni du merrain , parce
que tout cela peut fe prendre dans des arbres qui ne font pas
fort gros.

On a pu voir dans la *Phyfique des Arbres*, qu'un tronçon de
bois eft compofé de fibres qui s'étendant fuivant la longueur
du tronc, forment fur l'aire de la coupe du tronc des orbes
concentriques, & que ces fibres longitudinales font liées les
unes aux autres par un tiffu cellulaire, & par des fibres tranf-
verfales, qui ont été nommées *infertions*.

La force qui unit ces fibres longitudinales les unes aux autres , eft beaucoup moindre que celle de ces mêmes fibres ; &
c'eft pour cela qu'il eft bien plus aifé de les féparer, que de les
rompre. On peut remarquer que les fentes s'ouvrent toujours
par les rayons ou infertions.

Les Ouvriers qui travaillent les bois dans les forêts ont bien
fu profiter de cette propriété du bois pour le fendre , & en
faire d'une façon expéditive plufieurs ouvrages qui , par cette
manœuvre, font beaucoup meilleurs que s'ils étoient refendus à la fcie.

En effet , combien n'employeroit-on pas de temps à divifer
avec la fcie des lattes , des douves de futailles , des cerches de
Boiffeliers ; &c ? Au lieu que par l'induftrie qu'emploient les
Fendeurs, ces ouvrages font faits prefque en un inftant. J'a-
joute qu'ils font beaucoup meilleurs ; ce qui deviendra fenfible
fi l'on fait attention que la fcie ne fuivant point réguliérement
les inflexions des fibres , elle les coupe , & ne fait que du bois
tranché ; au lieu que par la méchanique du Fendeur, ces fibres
reftent dans leur entier , & les ouvrages en ont beaucoup plus
de folidité.

Joignons à cela qu'en fendant le bois , on épargne ce que le
trait de la fcie emporte, ce qui ne laiffe pas d'être confidérable ; car ce trait ne pouvant être moindre que 2 à 3 lignes ,

cela fait l'épaisseur d'une latte & presque d'une douve qui a au plus 3 lignes : il est bien vrai que le bois refendu à la scie est mieux dressé que celui qu'on fend, & qu'on ne peut rendre droit qu'en retranchant du bois.

Il y a dans les forêts des Ouvriers qu'on nomme *Fendeurs*, qui s'occupent presque uniquement à faire ces sortes d'ou-vrages, qui ne laissent pas, dans certains cas, d'exiger de l'a-dresse de la part de ces Ouvriers, pour bien conduire la fente & mettre tout le bois à profit. Nous nous proposons de faire remarquer cela, après que nous aurons fait connoître les signes qui peuvent faire conjecturer si tel ou tel arbre sera propre pour la fente.

§. 1. *Des marques qui peuvent faire juger qu'un arbre sera propre pour la fente.*

On a déja vu lorsque j'ai parlé des bois taillis qu'on peut fendre différentes especes de bois, Châtaignier, Chêne, Bouleau, pour en faire des cerceaux pour les poinçons, des cercles pour les cuves, des cerches pour les cribles, &c ; on verra dans la suite, qu'on peut également destiner à faire des ouvrages de fente, quantité de bois de différentes especes. Il y a des es-peces de bois qui se fendent beaucoup mieux que d'autres : le Chêne & le Hêtre se fendent communément beaucoup mieux que l'Orme, l'Erable, &c. Je dis communément ; car j'ai vu des Ormes qui étoient aussi aisés à fendre que le Chêne ; mais cela ne se rencontre pas ordinairement, & dépend quelquefois de l'espece ; l'Orme - teille & celui qu'on nomme *Orme fe-melle* à larges feuilles, se fendent ordinairement beaucoup mieux que l'Orme-tortillard : de même, parmi les Chênes, celui qui porte son fruit en grappes, se fend ordinairement mieux que celui dont les fruits sont attachés à des queues fort courtes : au reste, on ne doit pas regarder ceci comme regle générale. Mais ce qui est encore plus singulier, c'est que la même espece d'arbre élevée dans le même terrein & à la même exposition, tantôt se trouve être de bonne fente, & tantôt ne peut être employé à cete destination ; bien plus, il arrive affez communément qu'un arbre qui se fendra bien vers les racines, sera très-difficile à fendre vers le haut de sa tige.

En général, les Ouvriers jugent qu'un Chêne se fendra bien quand son écorce est fine, quand l'arbre diminue uniformément de grosseur, & quand il a peu de nœuds.

Les bois *roux*, *pouilleux* & *vergetés*, se fendent quelquefois affez bien quand ils ont toute leur sève ; mais ces bois défectuéux sont d'un mauvais emploi.

Les bois *roulis* doivent être rejettés pour les ouvrages de fente, parce qu'ils donnent beaucoup de déchet.

On prétend que le Hêtre dont la tige n'est pas exactement arrondie, & où il se trouve des especes de côtes qui s'étendent suivant la longueur du tronc, est le meilleur de tous pour la fente. Quand, lorsqu'on enleve dans le temps de la sève, un morceau d'écorce de ces arbres, on voit en le pliant en sens contraire, c'est-à-dire, la cuticule en dedans, que les fibres longitudinales se séparent aisément ; on préfere l'arbre où ces mêmes fibres ont une direction droite, & qui forment une hélice ou vrille très-alongée. Il y en a qui prétendent que quand les fibres tournent de droite à gauche, l'arbre se fend mieux vers la tête qu'au pied ; & que le contraire arrive si les fibres tournent de gauche à droite ; mais cette opinion ne paroît avoir aucun fondement : j'ai toujours vu que les arbres se fendoient d'autant mieux, que leurs fibres suivoient une ligne plus droite dans toute la longueur du tronc ; & peut-être que ce qui fait qu'une partie d'un même arbre se fend bien pendant qu'une autre est de mauvaise fente, c'est parce que la direction des fibres longitudinales se trouve dérangée, soit par l'insertion de quelque grosse racine, soit par l'irruption d'une grosse branche. On peut consulter sur ce point ce que nous avons dit plus en détail dans la *Physique des Arbres* sur la direction des fibres du bois.

Il arrive quelquefois que tous les arbres d'une vente se fendront mieux que ceux d'une autre : cela peut dépendre de la qualité du terrein ; car on remarque que les arbres qui poussent

avec force, se fendent mieux que ceux qui croissent lentement. En général, les jeunes arbres se fendent mieux que les
vieux; & le bois verd se fend beaucoup mieux que le bois sec.

Il suit de ce que je viens de dire, qu'il y a des arbres dont
le bois se fend beaucoup plus réguliérement que d'autres; mais
qu'il n'est pas aisé de décider avec certitude, si un arbre sur
pied sera de bonne fente ou non.

On doit absolument rebuter tous les arbres noüeux,
ainsi que ceux qui ont leurs fibres très-torses; je dis très-
torses, car on ne laisse pas de tirer parti des arbres dont les
fibres le sont un peu moins, pour les employer à des ouvrages
qui permettent de les redresser au feu: j'ai vu faire de très-
bons panneaux de menuiserie avec du merrain qui avoit ce
défaut.

Comme la direction des fibres des bois rustiques & très-
forts, n'est pas ordinairement droite & réguliere, ils sont
rarement propres à la fente.

Les bois gras se fendent assez bien, pourvu qu'ils ne soient
pas secs; car quand ils ont perdu toute leur seve, ils deviennent cassants; c'est pour éviter cela que les Marchands ont
grand soin de faire fendre leurs bois aussi-tôt qu'ils ont été abattus; 1°, parce qu'alors ils se fendent réguliérement, & sans
qu'aucune piece se rompe, 2°, parce que les fentes qui se forment dans les bois qui se sechent, leur occasionneroient un
déchet considérable; 3°, parce que l'aubier du bois verd se
fend très-bien, & qu'on peut en passer une partie avec le bon
bois; au lieu que cet aubier devient en pure perte, quand le
bois est trop sec; 4°, si l'on fend une grosse bille de bois gras
anciennement abattu, la circonférence de la piece a peine à
se fendre réguliérement; mais le centre conserve ordinairement assez de seve pour qu'on puisse le bien fendre. Ce qui
rend avantageuse l'exploitation de la fente, c'est qu'on trouve
à employer pour différents ouvrages, les billes de toute longueur; savoir, de 6 pieds pour les échalas d'espaliers; de 4
& demi pour les échalas des vignes; de 4 pieds pour la latte;
de 3 & demi pour les merrains des demi-queues; de 2 pieds
2 pouces

2 pouces pour leur enfonçure ; de 2 pieds pour les barres ; de 18 pouces pour le palisson ; de 8 pouces pour les chevilles des Tonneliers, &c. ; en conséquence, on peut tirer parti de billes assez courtes qu'on leve, soit entre deux branches, soit entre deux nœuds.

Les Fendeurs ne laissent pas que de faire usage des bois blancs ; savoir, le Tremble, le Peuplier, le Bouleau, le Saule, &c. ils en font du merrain pour des futailles, & des tonnes à enfermer le sucre, & d'autres marchandises seches ; des tinettes pour contenir des beurres ; des barres, des chevilles pour les Tonneliers ; des palissons pour les entre-voûtes des planchers de Paysans, &c. Quand il s'agit d'ouvrages plus importants, on n'emploie guere que le Chêne & le Hêtre ; & dans les Provinces méridionales, le Châtaignier, le Mûrier, le faux Acacia. Dans nos Provinces, tous les ouvrages de fente se font avec le Chêne, & les ouvrages de raclerie avec le Hêtre.

§. 2. Outils dont se servent les Fendeurs.

LE métier de Fendeur n'exige pas un grand nombre d'outils : le principal est un *Attelier* ou *selle à fendre*, (*Pl. XXV. fig. 1*). Pour s'en former l'idée, il faut se représenter un gros fourchet de bois *A B C* ; la branche postérieure *A B*, est plus élevée que la branche antérieure *C B*.

Ce fourchet est soutenu par un pied solide *D*, qui se trouve placé à la réunion des deux branches, & par le pied *E* placé vers l'extrémité de la branche *C*. A l'égard de la branche *A*, comme il est à propos, suivant la hauteur du corps de l'Ouvrier, & selon les ouvrages qu'il doit faire, de la tenir plus haute ou plus basse, elle est simplement soutenue par une fourche *F*. Mais comme pendant le travail, l'Ouvrier fait toujours des efforts qui soulevent cette branche *A*, elle est affermie par une piece de bois *G* qui passe sur cette branche, ensuite sous la branche *C* ; elle porte à terre par le bout inférieur *G*, & le bout supérieur est fortement lié au poteau vertical *H H*, qui est lui-même attaché par le bout supérieur, soit à quelque piece

Aaaa

du plancher, si le travail se fait dans un bâtiment, soit à une
branche d'arbre, si l'on fend dans la forêt ; le bout inférieur
est un peu enfoncé en terre: de cette maniere l'attelier se trouve
solidement assujetti.

On voit en B, à la réunion des branches, une petite plate-
forme arrondie qui sert à poser la masse ou mailloche I qui doit
être toujours à portée de la main du Fendeur.

Pour comprendre l'usage de cet attelier, supposons qu'on
veuille fendre la piece de bois N O (Fig. 1) : on la pose presque verticalement en dedans des fourches, de façon qu'elle
s'appuie contre la branche C; puis plaçant le tranchant du *Coutre*
P, suivant la direction qu'on veut donner à la fente, on frappe sur
le dos de ce coutre avec la masse I, (Fig. 1 & 12); cette fente
étant commencée, pour la continuer, on place la piece de bois
presque horizontalement dans la position K L; de maniere que
le bout K passe sous la branche A B de l'attelier, & le bout L
sur la branche C B: il est évident qu'en appuyant alors sur le
manche M du coutre, on fait étendre la fente suivant le fil du
bois; quand la fente est ouverte, on empêche qu'elle ne se referme en y introduisant un coin Q; puis on avance fortement
le coutre, qui coupe les fibres qui ne sont point séparées; &
en appuyant encore sur le manche, on prolonge la fente qui
bientôt s'étend jusqu'à l'extrémité de la piece, que l'on tient
toujours de plus en plus ouverte avec le coin Q.

Avant d'aller plus loin, il n'est pas hors de propos de faire
une remarque sur la façon de manier le coutre; & pour cela je
suppose, pour rendre la chose plus sensible, qu'on veuille fendre le morceau de bois a b (Fig. 2), avec le coutre c, dont
la lame est fort large; on parviendra bien à forcer la *fente* de
s'étendre jusqu'au bout b, soit en élevant, soit en abaissant le
manche c du coutre; mais l'effet ne sera pas absolument le
même; car si l'on éleve le manche c, le tranchant e du coutre,
appuyera sur la portion d b de la piece de bois a b, pendant
que le dos f du coutre appuyera sur g b de la même *piece* : or
comme f b fait un plus long bras de levier que e b, la portion
g b s'élevera, tandis que la portion d b restera presque immobile.

Si au lieu d'élever le manche *c* du coutre, on appuie dessus pour l'abaisser, le contraire arrivera; c'est-à-dire, que le tranchant *e* s'appuyera sur la partie *g b* de la pièce de bois, & le dos *f* sur la portion *d b*; & comme *f b* fait dans ce cas un plus long levier que *e b*, la portion *d b* de la pièce de bois, descendra pendant que la portion *g b* restera presque immobile.

Pour faire comprendre que cette circonstance n'est point indifférente aux Fendeurs qui veulent bien conduire leur fente, supposons que la pièce de bois *k l* (*Fig. 3*), soit fendue jusqu'en *m*; si on suppose les fibres de ce bois tendues bien parallelement, depuis *k* jusqu'à *l*, & que deux forces pareilles appliquées en *n* & en *o*, agissent en sens contraire pour écarter les parties *n o*, la fente doit naturellement s'étendre en ligne droite jusqu'à *l*, & de sorte que les morceaux *n l* & *o l* seront d'égale épaisseur; mais il n'en sera pas de même si nous supposons une des deux forces appliquées en *p* (*Fig. 4*), & l'autre en *q*; la portion *r p* restera droite, & la portion *q s* se courbera beaucoup. On sent évidemment que cela doit être, parce que la puissance appliquée en *p*, n'agit, pour augmenter la fente, que par le court levier *p t*; au lieu que la puissance appliquée en *q*, agit par un plus long levier *q t*: or, comme la courbure *s q* occasionne la rupture de quelques fibres ligneuses en *t*; il en résulte que la fente quitte la direction qu'on lui supposoit avoir suivant l'axe de la pièce, & elle s'approche d'autant plus du côté *f*, que la courbure *q s* est plus considérable. Les Fendeurs ignorent les conséquences du raisonnement que je viens de faire; mais ils savent très-bien appuyer ou élever le manche de leur coutre, pour faire prendre à leur fente la direction qui leur convient; c'est pour cela qu'ils retournent en sens différents la pièce *K L* (*Fig. 1*), afin de pouvoir manier plus commodément le manche de leur coutre, suivant la direction qu'ils veulent donner à la fente: ce n'étoit que par supposition que j'ai dit que le Fendeur relevoit son coutre; car il est évident qu'il ne peut faire force qu'en appuyant, & c'est pour cela qu'il retourne sa pièce, & qu'il appuye toujours sur le manche du coutre; ce qui fait le même effet que si, sans changer cette piece de situation, il relevoit son coutre comme j'ai supposé qu'il faisoit.

Le Fendeur fait encore profiter de la courbure q s, (Fig. 4), d'une façon plus sensible : pour le faire concevoir, supposons que la piece k l (Fig. 3), destinée à faire deux lattes, soit placée dans l'attelier, de la même maniere que la piece de bois K L (Fig. 1); si le Fendeur s'apperçoit que la fente s'approche trop de m, il met sa main en q (Fig. 5); & en appuyant, il fait prendre à cette partie la courbure q s; alors en portant fortement le tranchant du coutre dans l'angle t, la fente change bientôt de direction & s'approche de s. Les Fendeurs emploient souvent & avec succès ces moyens pour fendre en ligne droite des pieces de bois, dont les fibres ont naturellement un peu d'obliquité.

Ces réflexions générales nous ont paru trop importantes sur cet objet, pour négliger de les rapporter. Je reviens maintenant au détail des outils.

Le coutre (Pl. XXV. fig. 6), a deux biseaux ; c'est l'outil qui sert le plus au Fendeur : la partie a b est de fer acéré, & tranchante ; elle porte deux biseaux, comme on le voit par la coupe e, la partie d g, est le dos de ce coutre sur lequel l'Ouvrier frappe avec une masse pour commencer la fente ; ce dos est d'environ deux lignes & demie d'épaisseur ; la longueur de c en b, est de 9 pouces plus ou moins, suivant les ouvrages qu'on a à fendre ; les coutres des Fendeurs de cerches sont nécessairement plus longs. La largeur du fer de d en c est ordinairement de quatre pouces ; la partie c b qui, comme on le peut voir par la coupe e, forme un coin mince & tranchant, est terminée par une forte douille i k, plus ouverte du côté de k, que du côté de i ; c'est pour cela que le manche qui est fait de bois, doit être plus menu par le bout L que par le bout k ; qui est entré à force dans la douille & qui excede un peu le fer du coutre.

C'est avec ce coutre que l'Ouvrier commence la fente, & qu'il la prolonge tout le long de la piece, comme nous l'avons dit ci-dessus en parlant de l'attelier. Il est évident que si la longueur du manche augmente la force du Fendeur, la largeur du tranchant la diminue.

Le grand coutre (*Fig 7*), diffère du premier (*Fig. 6*); 1°, en ce que son fer est de 3 pouces plus long ; 2°, son manche a 18 pouces de longueur ; 3°, la partie *a b c d*, n'a qu'un seul biseau ; la partie *a b* est acérée & fort tranchante ; & la partie *c d* forme un tranchant mousse : la coupe de ce coutre est représentée en *e* ; il est émincé à la partie *c d*, & échancré en *f* pour le rendre plus léger ; car ce coutre ne sert point à fendre ; les Ouvriers l'emploient comme une hache à main pour dégauchir leurs pieces, ainsi qu'on le voit dans la figure 8. Comme le tranchant de ce coutre est fort large, il dresse mieux les pieces de bois que ne pourroit faire le tranchant d'une coignée à main, dont le fer qui est étroit, forme des especes de sillons sur le bois.

La figure 9 représente une forte coignée d'abatteur, & dont les Fendeurs se servent quelquefois pour dégrossir leurs pieces de bois ; mais elle leur tient lieu plus souvent de masse ; & c'est avec la tête *a* de cette coignée qu'ils ont coutume de frapper des coins de bois dur qu'ils enfoncent dans les fentes des grosses billes : la forme de ces coins est représentée par les figures 10 ; on les fait avec du charme ; ils sont fort longs, minces, & fort tranchants.

Les Fendeurs emploient aussi des scies en passe-par-tout, (voyez *Fig. 11*), des mailloches (*Fig. 12*), & quelquefois une masse ou gros maillet (*Figure 13*). La lame des scies est dentée comme *A A* (*Figure 11*), ou est faite en feuillet qui porte des dents comme *B B*, auxquelles on donne beaucoup de voie pour faire passer plus facilement la scie dans le bois verd.

Quand les Fendeurs veulent partager en deux une bille de bois ; ils marquent l'endroit de la fente avec le coutre à deux biseaux ou avec la coignée ; ils frappent fortement ces outils avec la masse ; puis ils mettent le tranchant d'un de leurs coins dans ce sillon, & en frappant avec la tête de leur coignée, cette fente s'ouvre. S'ils apperçoivent dans la fente quelques filandres de bois, ils les coupent avec le coutre : on est surpris de voir une grosse bille de bois se séparer en deux avec beaucoup de facilité; en fuppofant néanmoins que la piece eft de Chêne, fans nœuds, & que les fibres du bois font fort droites.

La figure 12 repréfente une maffe ou mailloche femblable à celle qu'emploient les Charrons, qui, en plufieurs circonf-tances fe fervent auffi d'un coutre pour fendre le bois qu'ils mettent en œuvre. Cette maffe ou mailloche eft faite d'un ron-din de charme, ou d'autre bois dur, dans lequel on ménage un manche *a* qui puiffe être empoigné commodément d'une main: elle fert prefque uniquement à frapper fur le dos du coutre à deux bifeaux.

On voit dans la *Figure 14* les coins de fer qui ne fervent guére qu'aux Ouvriers qui fendent le bois à brûler; comme ce bois, pour l'ordinaire, eft rempli de nœuds, & que fes fibres qui ont toutes fortes de directions, ne fe fendroient pas avec des coins de bois, on emploie ceux de fer, qu'on chaffe avec une groffe maffe (*Fig. 13*), qui fert également à frap-per les coins de fer & les gros coins de bois que l'on emploie alternativement, lorfque ceux de fer ont fait les premieres ouvertures.

La fcie en paffe-par-tout (*Fig. 11*), fert également aux Bûcherons, aux Scieurs de long & aux Fendeurs; fouvent même on fournit à ceux-ci les billes toutes fciées: quand les billes ne font pas trop groffes, on emploie des fcies pareilles à celles des Charpentiers, pour les débiter.

§. 3. *Des Rames pour les Galeres & pour la Marine.*

LES rames fe font avec du Hêtre de brin, que l'on fend à peu-près comme l'on fend les cercles de cuve, (*voyez ci-deffus Livre II*); toute la différence qu'il y a, c'eft que comme les arbres qu'on doit fendre pour cet objet, doivent être fort longs, il faut les foutenir fur un nombre fuffifant de chevalets, & avoir plufieurs coins qu'on infere dans la fente pour lui faire fuivre bien réguliérement le trait qu'on a tracé fur la piece.

Il faut que les arbres foient bien *filés*, de belle fente, & qu'il ne fe trouve aucun nœud dans l'étendue de 48 à 49 pieds de longueur pour les rames de toutes sortes de galeres; avec cette différence, que pour les rames des Galeres extraordinaires, il faut que les pieds d'arbre puissent fournir en longueur, à compter du bout de la pelle, qui fait le tiers de celle de la rame, 11 pieds; de ce point jusqu'à l'*estrope*, qui est la partie qui porte sur la galere, 20 pieds; de l'estrope jusqu'au bout qu'on nomme le *genou*, 16 pieds : total 47 à 48; & pour les Galeres ordinaires, 41 pieds.

On peut tirer trois ou quatre rames des arbres qui ont plus de deux pieds & demi de diametre vers le pied; mais on n'en peut tirer que deux de ceux qui n'ont précisément que deux pieds.

Lorsque l'arbre a été fendu en 2, 3 ou 4 pieces, on en enleve le cœur, dont on ne peut faire usage : on les livre en cet état, qu'on nomme en *attele* ou *ettele*, dans les Ports où les *Remolats* les travaillent & les perfectionnent.

On livre dans les Ports des rames en attele beaucoup plus courtes pour les Chébecs, les demi-Galeres, les Vaisseaux, les Felouques, Chaloupes, Canots, &c; les Fournisseurs se conforment pour ces usages aux dimensions qui leur ont été fixées par les états de fourniture.

§. 4. *Comment on fend le Bois à brûler*.

On emploie pour le chauffage toutes les pieces de bois dont on ne peut faire aucun autre usage, ou quand ces pieces sont trop grosses & trop chargées de nœuds pour être œuvrées. Alors on les fend avec des coins de fer & de bois dur. Quand ce sont des souches fort grosses, on vient à bout de les mettre en éclats, en y employant le secours de la poudre à canon. Pour cet effet, on perce avec une tarriere, un trou *a* (*Pl. XXVI. fig. 14*), de 5 ou 6 pouces de profondeur; on le remplit de poudre à canon; on ferme l'ouverture avec une cheville que l'on frappe à coups de masse; ensuite on perce une lumiere en *b* avec une vrille; on amorce cette espece de mine, à laquelle on met le feu avec une lance d'artifice *b*, & l'on a soin de se retirer promptement au loin pour éviter d'être blessé par les éclats. Par ce moyen une souche se fend ordinairement en trois parties comme le représente *c d e* (*Fig.* 1 en *B*).

À l'égard des billes ordinaires, on en commence la fente avec un coup de cognée, & on y introduit un coin de fer & d'autres successivement, que l'on frappe avec une forte masse de bois : les rais pour les roues de voitures se fendent de la même maniere, ainsi que nous l'avons dit en parlant des taillis.

§. 5. *Comment on fend les chevilles pour les Tonneliers.*

Il convient que je parle de quelques ouvrages de peu de conséquence & aisés à faire, avant de traiter de ceux qui exigent plus d'adresse : je vais dire comment on fait les chevilles que les Tonneliers emploient pour les fonds de leurs futailles.

On fait ces chevilles avec toute sorte de bois : lorsque les Fendeurs se trouvent avoir des billes de Chêne qui n'ont que 8 ou 10 pouces de longueur, & qui par cette raison ne peuvent être employées à d'autres usages, ils les mettent à part pour occuper leurs apprentifs à en faire des chevilles ; mais quand il arrive que l'on manque de ces billes de fausse coupe, on se sert de bois de Tremble, de Peuplier, de Saule ou de Bouleau.

En Bourgogne on fait ces sortes de chevilles fort longues, parce qu'on en garnit tout le fond des demi-muids ; mais dans l'Orléanois, on ne donne à ces chevilles que 8 pouces de longueur pour les demi-quarts ; celles pour les quarts, sont moins longues ; en Angoumois, ces chevilles n'ont que 2 pouces de longueur, & ce sont les Tonneliers qui les font eux-mêmes. Tout le bois qu'on débite en billes pour l'usage de l'Orléanois, doit être scié à 8 pouces de longueur.

Le Fendeur (*Pl. XXVI. fig.* 2), assis sur un bloc de bois, prend une de ces billes *a* entre ses jambes ; il pose son coutre dans l'axe, & frappant avec la masse, il divise le tronçon en deux parties par la ligne 1, 1 (*Fig. 3*) ; puis plaçant successivement le coutre suivant les lignes 2, 2, le tronçon se trouve partagé en quatre ; & chacune de ces parties ayant été ensuite

partagées

partagées par les lignes 3, 3 & 4, 4; il a six petites planches, (*Fig. 4*) d'un pouce d'épaisseur & de 8 pouces de hauteur sur différentes largeurs, à cause de la rondeur du tronçon. Il fend ensuite chacune de ces petites planches d'abord par la ligne 5 (*Fig. 5*), ensuite par les lignes 6, 6, enfin par les lignes 7, 7 &c. Un pareil tronçon, supposé de 8 pouces de diametre, fournit environ 40 chevilles.

Il faut ensuite dresser ces chevilles avec la plaine, les rendre plus menues par un bout que par l'autre, & les tenir même un peu moins épaisses qu'elles n'ont de largeur; mais cette derniere opération ne regarde plus le Fendeur, c'est le Tonnelier qui donne cette façon avec la plaine, à mesure qu'il veut employer ces chevilles.

Les fusées qu'on emploie pour faire les entrevoux des planchers des Paysans, n'étant que de longues chevilles de bois blanc, qu'on ne dresse point à la plaine, & auxquelles on donne 2 pieds de longueur sur 1 & demi ou 2 pouces en quarré, pour soutenir du trochis dont on forme les entrevoux de ces planchers, ces fusées (*fig. 5.*) se fendent comme les chevilles de poinçon: on fend de même à Paris des *diligences* ou petits cotrets, pour allumer le feu.

§. 6. *Comment on fend le Palisson & les Barres pour les futailles.*

ON appelle *Palisson* de petites planches fendues (*Fig. 6*), ou des especes de douves dont on garnit l'entre-deux des solives des planchers des fermes & des maisons de peu de conséquence. On les fait ordinairement avec du bois blanc fendu à l'épaisseur d'un pouce, qui se trouve réduite à trois quarts de pouces quand elles ont été dressées à la doloire; leur longueur est fixée par la distance qui se trouve entre les solives, & qui est communément de 18 pouces, parce qu'on ne met que 6 pouces d'intervalle d'une solive à l'autre.

Les barres (*Fig. 7.*) pour soutenir le fond des futailles, ont à peu-près la même épaisseur que les palissons; on les fait de différentes longueurs, fuivant la grandeur des futailles; mais celles qu'on emploie dans l'Orléanois pour les poinçons ou les demi-queues, doivent avoir 22 pouces de longueur. Comme le paliffon & les barres fe fendent de la même maniere, nous parlerons de tous les deux à la fois.

On n'a pas befoin d'attelier pour fendre les chevilles, parce que les billes dont on les tire font fort courtes; mais on ne peut guere s'en paffer pour faire le paliffon & les barres; néanmoins au lieu de l'attelier (*Pl. XXV. fig. I*), que nous avons dé-crit ci-devant; on emploie fouvent pour ces petits ouvrages, une chevre à fcier du bois telle que celle, *Pl. XXVI. fig. 8*: en y plaçant la piece *c* qu'on veut fendre fous la traverfe d'en bas *a*, & fur celle du milieu *b*, on a un point d'appui affez fo-lide pour réfifter à l'effort du coutre: il eft cependant plus com-mode d'avoir un petit attelier qui, à la grandeur près, reffem-ble à celui de la Planche XXV. (*fig. I*).

Quand on a fcié les billes felon la longueur convenable, fa-voir, celles pour en faire du paliffon, à 18 pouces, & celles pour les barres des demi-queues, à 22 pouces, le Fendeur prend une bille qu'il place verticalement, & pofant fon coutre dans le diametre de la piece, il le frappe avec une mailloche, & il commence la fente; puis mettant le même morceau de bois dans la pofition où l'on voit la piece *c*, (*Fig. 8*), il appuie fur le manche du coutre; alors la fente s'ouvre, mais il em-pêche qu'elle ne fe referme, en y introduifant un coin; enfuite il redreffe le coutre, il le pouffe plus avant dans la *fente*, il appuie de nouveau fur le manche, il fait fuivre le coin; de forte que la piece de bois fe trouve féparée en deux par la ligne 1, 1, (*Fig. 3*); après quoi il fépare en deux chaque moitié par les lignes 2, 2; enfin il fend encore chaque morceau en deux parties, par les lignes 3, 3, &c.

D'une bille de bois blanc de 8 pouces de diametre, on re-tire 8 paliffons épais d'un pouce, qui fe trouvent réduits à 9 lignes après qu'ils ont été dreffés; ou 9 barres, parce qu'elles font un peu moins épaiffes que les paliffons. A l'égard de ceux-ci, on les laiffe dans toute la largeur des billes dont ils font tirés ; mais on peut faire deux barres de celles qui font les plus larges.

Je remarquerai en paſſant, que les Fendeurs qui font du douvain de Chêne, mettent à part une partie de leurs rebuts pour en faire des barres ; ce qui fait que l'on voit une aſſez grande quantité de barres qui font de bois de Chêne.

A meſure que les Fendeurs ont débité une bille, ils dreſſent groſſiérement les barres & les paliſſons, avec le grand coutre à un feul bifeau, comme on le voit (Pl. XXV. fig. 8).

Le paliſſon deſtiné pour les bâtiments qui n'exigent aucune propreté, font employés tels qu'ils fortent des mains des Fendeurs ; mais ceux qu'on emploie dans les bâtiments qui méritent plus d'attention, font dreſſés ſur le plat avec la doloire, & encore ſur le tranchant avec la colombe : ce travail eſt du reſſort des Tonneliers.

Pour ce qui eſt des barres, on les livre brutes aux Tonneliers, & c'eſt eux qui les dreſſent avec la doloire ou la plaine, & ils les aminciſſent par les deux bouts a b (fig. 7).

Le paliſſon prêt à être employé, forme, comme nous l'avons dit, de petites planches (Fig. 6) ; les barres, (Fig. 7), fe terminent en tranchant par les deux bouts, afin qu'elles puiſſent s'ajuſter mieux dans les jables.

Dans la forêt d'Orléans les Marchands vendent les barres par cent, & ils ajoutent 8 chevilles par chaque barre.

On fend du Chêne de la même façon, pour en faire du bardeau qui fert à couvrir des moulins ou d'autres bâtiments : on donne aſſez communément à ce bardeau 10 pouces de longueur ſur 5 de largeur, on le dreſſe avec la doloire : on l'attache ſur les couvertures avec des clous comme les ardoifes.

§. 7. Comment on fend les Echalas, les Gournables ou chevilles pour les Vaiſſeaux.

LES échalas de vigne, qu'on nomme dans la forêt d'Orléans du Charmier, & dans le Bourdelois de l'Œuvre, ne font pas toujours de bois de fente ; on les fait souvent de menues perches de Tilleul, de Saule, de Peuplier, d'Aune, de Genevrier, de Pin, de Chêne, &c, que l'on coupe à 4 pieds & demi de longueur : on les arrange par bottes de 50 échalas, 25 de ces bottes font une charretée. Quand on dit que les échalas coûtent 12, 15 ou 18 liv. la charretée, on entend que 1250 échalas valent cette somme.

Les plus mauvais échalas de rondin, font ceux d'Aune, ensuite ceux de Marseau, de Saule, de Peuplier ; ceux de Chêne ne valent guere mieux, parce qu'ils ne font que d'aubier. Les échalas de Pin font très-bons ; ceux de Genevrier font encore meilleurs ; & si l'on pouvoit en avoir de Cyprès & de Cedre, ils feroient de très-longue durée : je conviens que ces arbres font rares en France ; mais c'est parce qu'on ne veut pas les y multiplier ; car ils viennent avec une facilité étonnante, surtout dans les Provinces méridionales du Royaume.

On emploie rarement les gros troncs de bois blanc pour en faire des échalas de fente, parce qu'ils ne valent rien pour cet usage quand le cœur n'est pas sain ; & que quand ce bois est sain, on l'emploie plus utilement à faire des barres, des femelles de galoches, des fabots, de la voliche, &c. On refend en deux ou en trois les groffes perches de Saule pour en faire des échalas. Ces perches se fendent comme celles qu'on destine à faire des cerceaux : comme nous en avons parlé à l'article des taillis, nous nous contenterons d'avertir, que quand on a fait de ces échalas refendus, il faut avoir foin de les lier par bottes, avec de bonnes hares qui puissent les ferrer très-fortement, & qu'il ne faut employer ces échalas dans les vignes que quand ils font bien secs ; autrement, les brins en se féchant, deviendroient très-courbes, par la raison qu'en se féchant sans avoir été contenus par aucun lien, la circonférence du bois qui contient plus d'humidité que le centre, se retireroit davantage, & l'on courroit risque de rompre ces échalas en les piquant en terre.

Les échalas de Pin font faits de brins de 9, 10 ou 11 ans que l'on arrache : sans les refendre, on se contente seulement de les ébrancher & de les couper de longueur ; on les lie ensuite par bottes pour les vendre.

Si l'on veut faire des échalas de Genevrier, on doit y destiner de jeunes pieds que l'on a soin d'émonder, pour les déterminer à former une tige bien droite. J'en ai fait tailler de cette façon qui ont formé de belles tiges ; mais j'avois la précaution de laisser ramper au pied quelques branches dont l'ombre étouffoit l'herbe : le Genevrier a cet avantage, qu'il subsiste dans les plus mauvais terreins ; il est vrai qu'il y croît bien lentement, & qu'il n'y forme pas une aussi belle tige que dans les terreins de médiocre qualité où l'on pourroit les élever avec plus d'avantage.

Dans la plupart des vignobles de l'Orléanois, on ne fait usage que des échalas de fente de Chêne : voici comment on les fend dans la forêt.

Comme il n'est point essentiel que ces sortes d'échalas aient une figure régulière, on n'emploie à cet usage que les arbres qui sont trop noueux pour en faire du douvain, de la latte, de la cerche, &c.

On coupe ces arbres par billes de 4 pieds & demi de longueur (*Pl. XXVI. fig. 9*) ; on les fend d'abord en deux par le centre *A B*, comme on fend celles pour les barres ; ensuite on divise encore chaque moitié en deux par la ligne *C D*, toujours du centre à la circonférence, ce qui donne quatre quartiers ; chacun de ces quartiers est encore divisé en deux parties par les lignes *E, F, G, H* ; de sorte que chaque bille fournit huit morceaux ou segments de cylindre *A C E* (*Fig. 10*), qui doivent être encore fendus de la manière suivante.

On commence par les fendre par la ligne *G F* (*Fig. 10*) ; on emporte par copeaux avec le grand coutre la partie *H*, qui n'est que de l'écorce & de l'aubier ; ensuite on fend la planche *A E, F G* par les lignes *I, K*, qui doivent toujours être des rayons qui se dirigent vers le centre *C*, & on en tire trois échalas (*Fig. 11*), qui sont, pour la plus grande partie, d'aubier : autrefois on rejettoit entièrement l'aubier ; mais maintenant, comme le bois est devenu plus rare, on emploie tout ; quoiqu'un échalas d'aubier de Chêne dure moins qu'un rondin de faule : on fend le reftant du quartier par la ligne *L M*; & après avoir divifé en deux le morceau *F G L M* par la ligne *N O*, on a deux échalas de bon bois; enfin la portion *L M C*, étant encore fendue par la ligne *P Q*, on a un échalas triangulaire *P Q C*; & comme le morceau *L M P Q* fe trouve trop menu pour faire deux échalas, & trop gros pour n'en faire qu'un, on leve une tranche *R S*, qui n'eft pas à la vérité propre à grande chofe.

Comme la forme des échalas de vigne eft affez indifférente, & qu'on s'embarraffe peu qu'ils aient un air de propreté, le Fendeur ne fe donne pas la peine de les dreffer avec le grand coutre : il les couche entre quatre piquets *A, B, C, D*, enfoncés en terre; (*Fig. 12* ,) où il les arrange comme en *G H*. Ils font fupportés à chaque bout par deux morceaux de bois *E F*; afin que l'Ouvrier ait la facilité d'y paffer les harres pour les lier en bottes comme dans la Figure 13 : chacune de ces bottes doit contenir 50 échalas; 25 de ces bottes, comme nous l'avons dit, font une charretée, & la quantité de 1250 échalas.

Les Ouvriers ont grande attention de mettre vers la circonférence des bottes & en parement, les échalas faits de cœur de Chêne, & de renfermer au centre ceux d'aubier.

Outre les échalas pour les vignes, on en fait d'autres pour les treillages des efpaliers; ceux-ci ont depuis 6 jufqu'à 7 pieds & demi de longueur; & comme ils doivent être dreffés avec la plaine par les Jardiniers, & quelquefois à la varlope par les Menuifiers, on les fait de bois plus parfait. Au refte, la maniere de les fendre eft la même que celle des échalas de vigne.

Les gournables ou chevilles que l'on emploie dans la conftruction des Vaiffeaux, fe font de pur cœur de Chêne : il eft important que ce bois ne foit point gras; le plus fort eft toujours le meilleur. On fend les gournables comme les échalas; leur longueur doit être depuis 24 pouces jufqu'à 36 fur 2 pouc. & demi ou 3 pouces d'équarriffage. Les gournables pour les Vaiffeaux de 80 pieces de canon doivent avoir 15 lignes d'équarriffage; 14 lignes pour les Vaiffeaux de 74 & de 64 canons;

13 lignes pour ceux de 50 pièces ; & 12 lignes pour les Frégates : on les vend au millier.

§. 8. *Comment on fend les lattes pour la tuile & l'ardoise.*

Jufqu'à préfent je n'ai expliqué que la maniere de fendre les ouvrages les plus communs : ces opérations font ordinairement commiſes aux Apprentifs-Ouvriers ; maintenant je vais parler des ouvrages de fente qui exigent plus d'adreſſe & d'expérience : les lattes font de ce genre.

On doit avoir déja remarqué que les Fendeurs diviſent leurs quartiers fuivant deux directions ; tantôt ils les fendent fuivant les lignes dirigées, comme *A B*, ou *C D*, (*Pl. XXVII. fig.* 1) ; d'autres fois fuivant des lignes qui forment des rayons *EF*, *EG*, *EH*, *E I*, &c ; mais on doit obſerver qu'ils ne fendent leur bois fuivant les lignes *AB*, *CD*, &c, que pour les premieres diviſions où il reſte beaucoup de bois, & que les ſubdiviſions qui font plus difficiles à exécuter, parce que les pieces qu'on leve font minces, ſe doivent faire toujours fuivant les directions *EF, EG*, &c. La raiſon de cela eſt, qu'ils ont apperçu que la fente ſe fait toujours plus réguliérement par des lignes qui s'étendent du centre à la circonférence ; c'eſt-à-dire, fuivant la direction des inſertions ou mailles, que dans toute autre direction ; & l'on en comprendra la raiſon, ſi l'on veut recourir à ce que j'ai dit dans la *Phyſique des Arbres*, que le tronc d'un arbre eſt formé par des couches qui ſe recouvrent les unes les autres, & qui forment ſur l'aire de la coupe d'un tronçon de bois les cercles *L, L, L, L*, &c. Comme ces cercles font plus durs que la ſubſtance qui les unit, cela fait que, quand on dirige la fente fuivant les lignes *A B*, ou *C D*, &c, il s'y fait des éclats qui ſe détachent des cercles, où le bois a moins d'adhérence, pour reſter unis aux cercles qui ont plus de denſité. La même choſe n'arrive pas quand on fend le bois fuivant les lignes *EF, EG, EH*, &c, qui coupent perpendiculairement les cercles *L, L, L*. Nous avons encore fait remarquer dans le même Traité, qu'on voyoit ſur la coupe d'une piece de bois,

des lignes qui s'étendent du centre à la circonférence : Grew
compare ces lignes aux lignes horaires des Cadrans ; il les
nomme *infertions* ou *mailles* ; il dit qu'elles font formées par
le tiffu cellulaire ; qu'on les apperçoit par plaques brillantes fur
le plat d'un morceau de bois fendu : or il eft certain que le
bois a beaucoup de difpofition à fe fendre par ces points ; &
que c'eft ce qui fait que les arbres ne fe fendent jamais plus
réguliérement, que fuivant les rayons qui s'étendent du centre
à la circonférence. Quelque jugement que l'on porte de cette
théorie, le fait n'eft pas moins certain ; & les Fendeurs favent
très-bien que leur fente feroit peu réguliere, s'ils levoient les
pieces minces & délicates fuivant toute autre direction que
E F, E G, E H, &c. Il y a encore une remarque générale à
faire & qui eft importante ; c'eft que la fente fe conduit mieux
quand les deux portions qu'on fépare, font à peu-près de même
épaiffeur, que quand l'une fe trouve fort épaiffe & l'autre très
mince ; c'eft ce qui fait que les Fendeurs féparent toujours,
autant qu'il leur eft poffible, leurs pieces par moitié ou par
tiers : s'ils ont à fendre le quartier *E, F* (*Pl. XXVII*, fig. 1),
en 4 tranches, ils ne commenceront pas par placer leur coutre
en *a E*, mais en *b E* ; enfuite ils diviferont chaque morceau
en deux, par les lignes *a E* & *c E.*

Par la même raifon, s'ils ont à fendre en lattes le quartier
a b c (Fig. 2), ils commenceront par mettre le coutre en *d d*,
puis en *e e*, & enfuite en *f f* ; chaque tranche fera divifée en
lattes, d'abord par la ligne 1, 1, puis par les lignes 2, 2, enfuite
par les lignes 3, 3, &c.

Achevons d'expliquer par un exemple, la maniere de fendre les lattes quarrées pour la tuile.

On choifit pour cela des Chênes fans nœuds & les plus
propres à la fente ; on les coupe par billes de 4 pieds de longueur, que nous fuppoferons avoir 9 pouces de diametre ; on
les fend d'abord en deux ; chaque moitié encore en deux ; enfin
chacun de ces quartiers encore en deux ; ainfi de chaque bille,
l'Ouvrier retire huit quartelles femblables à *a b c* (Fig. 2),
qui font 5 pouces de *b* en *c*, & 3 & demi de *a* en *c*.

Il

Il commence par fendre ces quartiers fuivant la ligne *d d* (*Fig.* 2), puis *ee*, puis par la ligne *ff*. Il emporte avec le grand coutre l'écorce & une partie de l'aubier *a g e*; enfuite il leve dans la tranche *a c*, *e e*, trois échalas qui font prefque entiérement d'aubier, & qui n'ont que 4 pieds de longueur, au lieu de 4 pieds & demi qu'ils devroient avoir; c'eft la tranche *d d*, *e e*, qui fournit des lattes; cette tranche doit avoir 15 à 16 lignes d'épaiffeur, parce qu'elle donne la largeur des lattes pour la tuile, qu'on nomme *lattes quarrées*. L'Ouvrier commence par la divifer en deux par la ligne 11; enfuite il fend chaque moitié en deux, par les lignes 2, 2, de forte que chaque quart lui fournit trois lattes qui doivent avoir 2 lignes & demie ou 3 lignes d'épaiffeur.

La ligne *e e* étant plus longue que la ligne *d d*, les lattes doivent être plus épaiffes d'un côté que de l'autre; les Couvreurs mettent le côté le plus épais en en haut, pour recevoir le crochet de la tuile.

Quand une latte fe trouve confidérablement plus épaiffe par un de fes bouts que par l'autre, le Fendeur la met entre les deux fourchets de l'attelier; il la courbe en en bas; il appuie deffus avec fa main gauche; & avec fon coutre à deux bifeaux, il en enleve un copeau qu'il conduit jufqu'au bout de la latte; ou bien il fe contente d'enlever une pattie de l'épaiffeur du bois avec le grand coutre.

Dans une bille de 9 pouces de diametre, la feule couronne dont *d d*, *e e* fait une partie, fourniroit environ 96 lattes. L'Ouvrier arrange enfuite les lattes par bôttes de 50, (*Fig. 4*), entre quatre chevilles, difpofées comme le voit (*Fig.* 5).

Il ne faut que 20 bottes pour faire une charretée, par conféquent la charretée de lattes ne contient que 1000 lattes. Souvent la latte fe vend au cent de bottes.

On fend pour Paris, & on débite en lattes quarrées la tranche *a c e e* (*Fig.* 2), qui n'eft prefque que de l'aubier. On nomme cette latte, *latte blanche*; elle fert à latter les parties qui doivent être recouvertes de plâtre, comme plafonds, cloifons, &c : les Maçons prétendent que la latte de cœur de Chêne tache le plâtre; mais ce peut être un prétexte pour employer la latte blanche qui leur coûte moins que l'autre. Dans la forêt d'Orléans, on fait des échalas avec cette tranche. Les lattes à ardoise se fendent comme celles pour la tuile; elles ont de même quatre pieds de longueur, environ deux lignes & demie d'épaisseur; mais comme elles doivent avoir 3 pouces & demi ou 4 pouces de largeur, il faut que la tranche *fg d e* (*Fig. 3*), ait 4 pouces d'épaisseur, ce qui oblige de choisir des arbres plus gros, & souvent on renonce à faire des échalas au-dessus de la tranche *fg*, & en ce cas la ligne *fg*; est placée au bord de l'aubier, & l'on tire de la latte de la tranche *de*, *ab*: les bottes de lattes voliches ne font que de 25 lattes.

A l'égard du triangle *h i k l*, (*Fig. 3*), on a coutume d'en faire des échalas: nous remarquerons en passant, que les lattes qu'on emploie en échalas font peu estimées, non-seulement parce qu'elles font d'un demi-pied plus courtes que les autres, mais encore parce que celles qui font prises dans la tranche *a c e e* (*Fig. 2*), ne font presque entiérement que de l'aubier.

§. 9. *Comment on fend le douvain, le merrain ou traversin, c'est-à-dire, les douves ou douelles de fond, & celles de long pour les futailles.*

LA maniere de fendre les douves ou douelles pour les futailles, differe peu de celle que nous avons expliqué pour les lattes.

Il faut choisir du bois de belle fente qui ne soit point trop gras: il est nécessaire que les rondines soient d'autant plus grosses, qu'on a à faire des douves pour de plus grosses pieces, parce que celles qui font destinées pour de grosses futailles, font ordinairement plus larges que celles qu'on doit employer pour des barrils, & qu'on prend toujours la largeur des douves dans le même sens que les lattes de la *Figure 3*; il est évident que la largeur des lattes quarrées, étant de 15, 16 ou au plus 18 lignes, elles peuvent être prises dans un arbre moins gros, que les douves qui ont 4, 5 & même 6 & 7 pouces de largeur.

Les Tonneliers ne trouvent jamais le merrain trop large, parce qu'il avance d'autant plus leur ouvrage ; néanmoins plus les douves de long sont étroites, meilleures en sont les futailles ; & j'en ai vu de très-belles dont les douves n'avoient que 2 pouces, 2 pouces & demi ou 3 pouces de largeur.

J'ai dit qu'il falloit choisir pour le merrain des arbres de belle fente : on en sentira la nécessité, quand on fera attention que les futailles qui ne sont assemblées qu'à plat-joint, doivent contenir des liqueurs précieuses, assez exactement pour ne point courir risque qu'il s'en perde dans les transports : or des nœuds qui donneroient aux douves des contours irréguliers, ou qui occasionneroient un défaut de bois, ne conviendroient point à un assemblage exact à plat-joint, surtout pour des planches qui n'ont qu'une petite épaisseur.

Les futailles qui seroient faites avec du bois perméable aux liqueurs, occasionneroient un grand coulage ; c'est pour cela qu'on n'y emploie aucuns bois blancs, tels que Saule, Tremble, Peuplier, Tilleul, &c : on n'emploie communément pour les futailles qui doivent contenir du vin ou de l'eau-de-vie, que du Chêne.

Dans le Limousin, l'Angoumois, &c, on fait de très-bonnes futailles avec le jeune Châtaigner ; j'ai vu de grosses tonnes faites avec de l'Acacia ; enfin dans les Provinces méridionales du Royaume, on fait du merrain avec le Mûrier blanc.

On rebute le Chêne qui est trop gras, non-seulement parce que ce bois est perméable aux liqueurs, mais encore parce que comme il est fort cassant, quelque douve pourroit se rompre, lorsqu'on roule des pieces pleines sur un terrein dur où elles pourroient rencontrer un caillou.

Le bois de Chêne extrêmement gras, prend une couleur rousse bien différente du bon Chêne dont le bois est presque blanc ; c'est pourquoi il est défendu par les Statuts des Tonneliers d'Orléans, d'employer pour les futailles où l'on renferme des liqueurs, aucunes douves de bois rouge ou vergeté, excepté la douve du bondon qu'il leur est permis de mettre de ce bois.

Dans les Ports où l'on fait de grosses recettes de douvain, outre les marques extérieures qui font juger de la qualité du bois, on éprouve les douves en les frappant le plus fortement qu'il est possible sur l'angle d'une enclume ou d'une grosse pierre fort dure : alors si elles résistent à ce coup, ou si elles se rompent, on juge de la qualité de leur bois par les éclats qu'elles forment : si elles rompent net & sans éclats, c'est signe que le bois est gras ; & quand il est trop gras, on le rebute. Il est bon que ceux qui font exploiter des bois, soient avertis des défauts qui pourroient empêcher les Tonneliers d'acheter leur merrain, afin qu'ils évitent de laisser employer à cet usage certains bois qui n'y seroient pas propres.

On fait néanmoins à dessein du merrain & du traversin avec du Chêne rouge très-gras, avec du Hêtre, ou même avec des bois blancs ; mais ces douves ne font propres qu'à faire des tonnes pour le sucre, des barrils pour renfermer de la clincaillerie ou d'autres marchandises seches ; & pour ces objets, où l'exactitude n'est pas aussi nécessaire que quand il s'agit de contenir des liqueurs, on tient les douves fort minces.

Enfin, quand on a choisi le bois convenable à l'usage qu'on veut faire des futailles, on coupe les billes plus ou moins longues, suivant la grandeur des tonneaux qu'on se propose de construire. On fend d'abord les billes par quartiers, comme quand on veut faire de la latte ; mais comme il arrive souvent que les billes font trop courtes pour des échalas ou des lattes, dans les parties qu'on n'emploie pas en merrain, on fait enforte que le segment qu'on fait au-dessus de fg, (Fig. 3), emporte tout l'aubier, parce qu'il est important qu'il n'y en ait absolument point dans les douves. On leve ensuite une tranche semblable fg d e, à laquelle on donne la largeur que les douves doivent avoir ; enfin on divise cette tranche, suivant les lignes 1, 1, 2, 2, &c, en observant de donner aux douves une épaisseur proportionnée à leur longueur.

A l'égard des tranches h, i, k, l, on peut les couper de longueur, & les fendre pour en faire des gournables ou chevilles pour la construction des Vaisseaux, supposé toutefois que ce bois foit bien fain, & ne foit pas gras; car dans les recettes des gournables, les prépofés font très-difficiles fur la qualité du bois, & ils rebutent abfolument celui qui a quelque marque de retour.

Comme l'induftrie du Fendeur confifte à employer utile- ment tout fon bois; s'il ne peut pas trouver dans la tranche *d e a b*, (Fig. 3), des douves pour de groffes futailles, il effayera d'en débiter pour des barrils, ou des lattes voliches qu'on em- ploie fur les jointures des batteaux, ou pour des ouvrages de moindre conféquence; car ces fortes de billes font trop cour- tes pour les débiter en lattes propres aux Couvreurs.

Quand le douvain eft fendu, le Fendeur le dégauchit grof- fiérement avec le grand coutre à un bifeau: on le vend en cet état aux Tonneliers, qui le dreffent fur le plat avec la doloire, & fur le chant avec leur colombe; ces opérations font partie de l'art du Tonnelier dont il n'eft pas ici queftion.

§. 10. *Tarif de la longueur, largeur & épaiffeur du tra- verfin & du merrain pour quelques futailles de diffé- rentes grandeurs.*

Pieces de 4.	Longueur.	Largeur.	Epaiffeur.
Merrain. . . .	51 pouces.	6 pouces.	15 lignes.
Traverfin. . . .	38 pouces.	7 pouces.	18 lignes.
Pieces de 3.			
Merrain. . . .	48 pouces.	6 pouces.	15 lignes.
Traverfin. . . .	34 pouces.	7 pouces.	15 lignes.
Pieces de 2.			
Merrain. . . .	45 pouces.	6 pouces.	12 lignes.
Traverfin. . . .	30 pouces.	7 pouces.	14 lignes.
Demi-queue.			
Merrain. . . .	36 à 37 pouc.	5 à 6 pouces.	7 à 9 lignes.
Traverfin. . . .	24 à 25 pouc.	5 à 8 pouces.	7 à 9 lignes.

Les Fendeurs ont foin de mettre de côté les pieces les plus courtes ou celles qui font échancrées par les bouts, parce qu'elles peuvent être employées à faire des chanteaux ou *accoinsons* pour les fonds.

Comme les jauges varient selon les différentes Provinces, on doit proportionner la longueur des douves à celle des futailles, qui sont le plus en usage dans le pays où l'on en doit faire la consommation.

Quand les Tonneliers n'emploient que des douves étroites, leur ouvrage en est bien meilleur; mais aussi leur prix doit être moindre que celui des plus larges, parce qu'il en entre beaucoup plus que de celles-ci dans la construction d'une futaille.

A Orléans, les Tonneliers achetent ordinairement le merrain au millier, assorti & composé de 1400 douelles ou douves de long, & 700 de douves de fond, propres à faire des maîtresses pieces & des chanteaux.

Le merrain pour les demi-queues, jauge d'Orléans, a deux pieds 6 pouces de longueur, 5 à 6 pouces de largeur: le traversin a 2 pieds de longueur sur 6 à 7 pouces de largeur; l'épaisseur de toutes ces douves, tant de long que de fond, est de 5, 6 ou 7 lignes au sortir des mains du Fendeur.

Les Tonneliers ont grande attention de flairer les douves avant de les employer, pour s'assurer si elles n'ont aucune mauvaise odeur; car comme ils répondent du vin qui contracteroit un goût de fût dans les futailles qu'ils vendent, il leur est important d'éviter cette perte. Il m'est arrivé d'avoir fait remplir de bon vin, des tierçons que j'avois fait faire avec des douves puantes que les Tonneliers avoient rebutées; & ce vin n'y a pris aucun goût: il est cependant certain qu'il y a des futailles qui gâtent le vin; mais je puis assurer que ni les Fendeurs ni les Tonneliers n'ont point de méthode sûre pour les connoître parfaitement: ils rebutent absolument les douves faites avec du bois du pied des arbres où il s'est trouvé des fourmillieres, quoiqu'il ne soit pas certain qu'elles puissent gâter le vin.

§. 11. *Maniere de fendre les Cerches pour les Boiſſeliers.*

Les Cerches ſont des planches minces, de bois de fil, & fendues comme les douves : elles ſervent à faire les caiſſes des tambours, les bordures des tamis, les ſeilles, les minots, les boiſſeaux & d'autres meſures de toutes grandeurs juſqu'au de‑mi‑litron, qui eſt la plus petite meſure pour les grains.

Les cerches ſont toutes faites de bois de Chêne ; & l'on choiſit pour ces ouvrages les bois de la plus belle fente.

La cerche eſt plus avantageuſe au Marchand que le mer‑rain ; le merrain plus que la latte ; & la latte plus que les écha‑las.

Les Marchands vendent aux Boiſſeliers pour faire des ſeilles, des boiſſeaux, &c, des cerches de trois eſpeces : celles qui retiennent le nom de *cerches* pour le corps des ſeaux, ont de‑puis 10 pouces juſqu'à un pied, ou 13 pouces de largeur ſur 3 pieds, ou 3 pieds 6 pouces de longueur, & 3 à 4 lignes d'é‑paiſſeur, dreſſées à la plaine. Les cerches qu'on nomme *bor‑dures*, ſont de la même longueur & de la même épaiſſeur, mais elles n'ont que 4 à 5 ou 6 pouces de largeur. On en fournit en‑core qu'on nomme *garnitures* ou *Apreſt‑marchand* : celles‑ci ne différent des *bordures*, que parce qu'elles ont 6, 7 ou 9 pouces de largeur.

Les cerches pour les minots, ont quatre pieds & demi de longueur ſur 14, 15, 16 ou 17 pouces de largeur : les plus larges ſont réſervées pour les caiſſes de tambours : on vend en‑core aux Boiſſeliers des *enfonçures* ; ce ſont des planches fen‑dues : celles pour les ſeilles ont 10 à 12 pouces en quarré, & 5 à 6 lignes d'épaiſſeur : il s'en fait de plus grandes pour les minots.

Les Marchands ont coutume de livrer par *aſſortiment* aux Boiſſeliers les cerches & enfonçures : un aſſortiment eſt com‑poſé de huit bottes de grandes cerches ; chaque botte en con‑tient ſix, en tout 48 ; plus, 16 bottes de garnitures ou *Apreſt‑marchand* : ces bottes contiennent 12 cerches, en tout 192 :

les bottes de bordures contiennent plus de 12 cerches, & leur
nombre augmente à proportion qu'elles sont plus étroites; enfin pour compléter un pareil assortiment, on livre six fonds
pour chaque botte de grandes cerches, en tout 48.

Dans quelques endroits, une fourniture complette est com-
posée de 108 corps de seaux en 18 bottes; plus, 108 bordures
en 9 bottes, ou 216 bordures distribuées en 18 bottes & 108
fonds.

Une bille de belle fente, de 3 pieds 6 pouces de longueur
& de 4 pieds de diametre, peut fournir 200 cerches pour
corps de seaux; ce qu'on retranche du cœur avant de la fendre, fournit de bons échalas. On donne à peu-près 7 liv. aux
Fendeurs pour fendre un assortiment complet.

On pourroit imaginer que pour avoir des cerches d'un pied,
& de 14 pouces de largeur, il faudroit fendre l'arbre par son
diametre, & ensuite par des lignes paralleles pour fournir de
la garniture & de la bordure, mais cela n'est pas praticable;
il faut nécessairement carteler l'arbre, ainsi que nous l'avons
dit pour débiter la latte, & comme nous le ferons voir encore
dans le paragraphe suivant.

§. 12. *Ordre que suivent les Fendeurs dans leur travail.*

Un arbre supposé tel que celui de la Planche XXVII. (Fig.
6) & marqué *A*, ne pouvant être propre à faire une belle piece
de charpente à cause des branches *a*, *b*, *c*, & des nœuds qui
s'y rencontrent, on l'abandonne aux Fendeurs qui le scient par
billes, pour les débiter en ouvrages auxquels on les juge propres, relativement à leur grosseur & à la longueur qu'il est
possible de donner à chaque bille.

En supposant qu'un pareil arbre a 12 pieds de circonférence
par le pied; on commence par donner un trait de scie en *e*,
pour en séparer la culasse (Fig. 7.), qu'a fourni l'abattage.
On fend cette culasse en deux par la ligne *gg*; chaque
moitié encore en deux par les lignes *h, h*, ce qui donne des
quartiers comme la *Figure 8*; on ôte le bois du cœur de ces
quartiers,

quartiers, repréſenté par le triangle ponctué *kk* (*Fig.* 8) : on fend enſuite ces quartiers par les lignes *n* , *n* , *n* , (*Fig.* 9) ; enfin on refend ces tranches par planches de demi-pouce d'épaiſſeur, qui ſervent à faire des fonds de ſeaux. Comme les culaſſes ne peuvent pas fournir tous les fonds néceſſaires, on y ſupplée en coupant une rondelle entre les nœuds du corps de l'arbre ; comme par exemple en *a b* de la *Figure* 6 , lorſqu'on peut y en trouver une de 7, 8, 9 ou 10 pouces de longueur : quelques-uns de ces fonds ſont faits de deux pieces ; alors on les aſſujettit avec de petits gougeons de fer.

Lorſqu'on peut lever dans le même arbre, entre *a & e* (*Fig.* 6), une bille bien ſaine & ſans nœuds , de 3 pieds cinq à ſix pouces de longueur , on la deſtine à faire de la cerche pour les corps de ſeaux.

Suppoſons qu'une bille telle que celle de la *Figure* 10 , ſe trouve avoir 3 pieds 6 pouces de longueur , & 4 pieds de diametre : pour la débiter en cerches, l'Ouvrier qui doit la fendre en deux par la ligne ponctuée *r r*, place perpendiculairement le tranchant de la cognée ſur cette ligne ; & frappant ſur la tête de la cognée avec la mailloche *t* (*Fig.* 11) , il commence une petite fente vers chaque extrémité du diametre *rr* (*Fig.* 10).

Quand ces deux ouvertures ſont faites , il place dans chacune le tranchant d'un coin de bois de Charme , de Cormier ou de tout autre bois bien dur : ces coins *x* (*Fig.* 11) ſont fort longs, & ils ont peu d'épaiſſeur ; & par cette raiſon , la tête de la cognée ſuffit pour ouvrir une fente ; ſouvent même il n'eſt pas beſoin d'employer un troiſieme coin pour diviſer en deux une pareille bille ; néanmoins lorſque le Fendeur apperçoît quelques éclats qui tendent à interrompre le droit fil du bois , il introduit en cet endroit un troiſieme coin qui procure une ſéparation réguliere des deux moitiés : chaque moitié eſt fendue enſuite en deux par la ligne *yy* (*Fig.* 12) , & les quartiers de même en deux, par les lignes *z, z*, puis ces chanteaux, dont le Fendeur enleve le bois du cœur qui fait un triangle, comme *k k* (*Fig.* 13) , le ſont auſſi en cartelles par les lignes *&* , *&* ; & celles-ci ſont encore fendues en deux pour en former d'au-

D d d d

tres plus minces ; on porte celles-ci dans la loge où l'on travaille les cerches.

Mais en levant le triangle *k k*, il faut que le Fendeur prenne garde que la partie *m o, n o,* (*Fig. 14*), porte 11 à 12 pouces, qui est la largeur requise pour faire les cerches de seaux, dans un arbre de 4 pieds de diametre. Comme on se contente ordinairement de lever des cerches de 11 à 12 pouces de largeur, ce qui fait 22 à 24 pouces, le Fendeur peut emporter un prisme de 10 pouces de hauteur en *k k* (*Fig. 13*) ; & en ôtant, comme nous allons le dire, deux pouces de bois en *o*, il lui reste un madrier de 12 pouces de *m* en *o*, & de 3 pieds 5 à 6 pouces de *m* en *n* ; on porte ces madriers à la loge des Fendeurs où l'on acheve de fendre les cerches. En supposant qu'une tronce (*Fig. 10*), ait 4 pieds de diametre, c'est-à-dire, 144 pouces de circonférence, chaque tranche ou chaque seizieme de cette tronce (*Figure 14*), doit avoir 9 pouces d'épaisseur du côté de *o o*; mais elle n'aura au plus que 3 pouces du côté de *m n*. Comme dans chacune de ces seiziemes parties, on doit lever 12 cerches, il faut partager le côté *o* en 12 parties, & aussi le côté *m n* en 12 ; & quand les cerches seront fendues, elles auront 9 lignes d'épaisseur du côté de *o*, & seulement 3 lignes du côté de *m n*. Les Fendeurs, sans prendre aucune mesure, exécutent cependant ces divisions très-exactement : reprenons l'ordre de leur travail.

Le Fendeur ayant un genou en terre, & tenant de la main droite le coutre, emporte, en hachant, le secteur *o, q, o* (*Fig.14*) ; ainsi il équarrit la piece en emportant l'écorce avec une partie de l'aubier ; cela se fait avec un coutre à deux biseaux, dont la lame a un pied de longueur : il fend ensuite sur la fourche ou l'attelier (*Pl. XXV. fig. 1*), la tranche en 2 par la ligne *p q* (*Fig. 14*) ; il fend encore chaque moitié en 3, & chaque tiers en 2, ce qui fait les 12 cerches.

J'ai dit ci-dessus comment l'Ouvrier conduit la fente bien droite ; mais je dois faire remarquer ici que quand les arbres sont moins gros, comme les cartelles forment un coin plus aigu, il ne seroit pas possible de diviser le côté *n m* (*Fig. 14*), en

autant de cerches que le côté *o* ; par exemple, si l'arbre n'a-
voit que 36 pouces de diametre, c'est-à-dire, 108 pouces de
circonférence ; chaque cartelle d'un seizieme ne pourroit avoir
que 6 pouces & demi d'épaisseur du côté de *n*, pendant que
celle que l'on tireroit d'une rondelle de 4 pieds de diametre,
auroit 9 pouces ; & par conséquent si l'on vouloit conserver aux
cerches la même épaisseur du côté de *n*, on n'en pourroit tirer
que 8 au lieu de 12 ; cependant on pourroit refendre la
partie *o* en 12, puisque la partie *n* de la bille de quatre pieds de
diametre peut être divisée en cette quantité, quoiqu'elle n'ait
que 3 pouces au plus de largeur ; mais la cartelle d'une bille de
3 pieds de diametre, n'a que 18 pouces de largeur de *n* en *o*
(*Fig. 13*) : si en ôtant le cœur de cette cartelle, & en la pelant
de son écorce, on en tiroit un pied de bois, comme on fait
aux cartelles d'une bille de 4 pieds, cette cartelle ne se trouveroit plus avoir que 6 pouces de largeur, & elle ne pourroit
fournir que de la bordure. Pour tirer de ces cartelles des cerches pour les seaux, on se contente de n'enlever que 5 pouces ou 5 pouces & demi du cœur, & on ne retranche qu'un
pouce & demi du côté de l'écorce ; alors la largeur de cette
cartelle sera de 11 pouces, ce qui est suffisant pour faire des
corps de seaux ; mais aussi chaque cartelle n'aura que 2 pouces
ou 24 lignes d'épaisseur du côté de *n* (*Fig. 15*), ce qui ne peut
fournir que 8 ou 9 cerches ; & comme on perdroit du bois en
ne levant que 8 cerches du côté de *o*, on commence par faire
deux levées *r* & *s* (*Fig. 15*), dans la partie la plus épaisse,
avec lesquelles on fait des bordures ou de l'*apprêt-marchand* ;
reste la piece *o n*, qu'on fend en deux ; puis chacune de ces
moitiés encore en deux, & encore chacune de ces pieces en
deux, & on aura 8 cerches pour des corps de seaux ; ce qui
aura été retranché du cœur, fournira de très-bons échalas,
mais qui n'auront que 3 pieds 5 à 6 pouces de longueur ; en
tout cas on pourroit en faire des gournables.

Quand les billes n'ont que 2 pieds & demi de diametre, on
ne peut tirer que 4 cerches dans la partie *o n*, & de là la bordure dans les levées *r*, *s* ; si les troncs sont encore moins

groffes, on n'en tire que de l'*apprêt-marchand* & des bordures.

Lorfque les nœuds & les branches ne permettent de donner aux billes que 2 pieds & demi de longueur, on n'en tire que des cerches pour les quarts ou les littons, & de la bordure pour l'affortiment de ces ouvrages.

Il arrive quelquefois qu'une cerche fendue a trop d'épaiffeur, du côté de l'aubier ; alors le Fendeur prend le coutre à un bifeau, avec lequel il enleve un *bordillon*, qui eft une bordure mince & étroite qui fert à lier les bottes ; & fi le bois n'eft pas affez épais pour permetre de faire cette levée, il n'enleve feulement que quelques copeaux, ce qui épargne de la peine au Planeur.

Quand les billes font trop menues pour faire de la cerche, on les débite en merrain, en traverfin, en lattes, ou en échalas.

Les trois Ouvriers qui font ordinairement attachés à une loge, fe réuniffent pour mener le paffe-par-tout & couper les billes. Chacun fe diftribue & fe charge d'une partie de l'ouvrage: l'un cartelle & enleve le cœur du bois des billes ; l'autre écorce les cartelles & fend les cerches, les bordures & les fonds. Ces fonds fortent des mains du Fendeur dans l'état où ils doivent être pour être vendus ; mais les cerches doivent paffer par les mains du Planeur pour être mifes d'épaiffeur.

Le banc à dreffer (*Pl. XXVIII. fig. 1*), eft compofé d'une planche inclinée *a b*, de 4 pieds & demi de longueur, 8 *pouces* de largeur, un pouce & demi d'épaiffeur : près l'un de fes bords & environ à 2 pieds du bout antérieur *b*, cette planche eft percée en *g* d'un trou, pour recevoir la queue d'un mentonnet *h*; cette queue eft fermement affujettie dans la planche du deffous *c d* : la planche fupérieure *a b*, eft foutenue à 2 pieds du terrein par 2 pieds *i i*, qui entrent d'un bon demi-pied en terre, & la partie *c* du bas de cette même planche eft arrêtée par quelques piquets & chargée d'un gros tronc d'arbre *k*, qui augmente fa folidité ; la planche du deffous excede par le bout *d*, de 8 à 9 pouces l'à-plomb de la planche inclinée; elle a un mouvement de charniere en *a*, où elle eft retenue à l'aife par une cheville

clavetée ; de forte que quand le Planeur veut changer la situation de fa cerche, il éleve le mentonnet *h*, en foulevant le bout
d de la planche avec fon pied ; quand il a placé convenablement fur la planche fupérieure la cerche *l m*, il l'affujettit fermement en cette fituation, en appuyant fon pied fur l'extrémité *d* de la planche de deffous, qui lui fournit un levier affez
long pour preffer fortement le mentonnet *h* contre la cerche
l m : après quoi il enleve des copeaux avec fa plane, & il diminue l'épaiffeur qui eft toujours trop grande du côté de l'aubier ;
il retourne la cerche pour en faire autant à la partie qui étoit fous
le mentonnet. Quand ce côté de la cerche eft réduit à peu-près
à la même épaiffeur que le côté qui répondoit au cœur du bois,
le Planeur, pour s'affurer fi cette cerche eft de l'épaiffeur convenable dans toute fa longueur, la retire du banc ; il en pofe un
bout à terre, la fait ployer d'abord dans une partie, enfuite
dans une autre (*Fig.* 2) ; & après avoir reconnu par la roideur
de la cerche l'endroit où il y a trop de bois, il la remet fur la
planche *a b*, pour enlever ce furplus avec la plane ; il retire enfuite cette planche, la fait plier en aile de moulin pour voir fi
l'épaiffeur eft égale vers les deux bords ; la grande habitude
qu'il a contractée, lui facilite le moyen de la réduire en très-
peu de temps, à l'épaiffeur convenable dans toute fa longueur ;
après quoi, & afin qu'elle ne fe deffèche point, il la couvre
d'un tas de copeaux verds.

Le Fendeur & le Planeur continuent ainfi leur travail jufqu'au foir, & finiffent par rouler les cerches par bottes, comme nous allons l'expliquer.

Quand il eft queftion de rouler les cerches, le Fendeur &
le Planeur fe réuniffent pour travailler de concert à cette opération. D'abord ils piquent en terre deux barres de fer *A A*
(*Fig.* 3), qu'on nomme *chenets*, pointues par un bout, & per-
cées par en haut de plufieurs trous, dans lefquels ils ajuftent
les crochets *B B* avec des clavettes : ces crochets foutiennent
à différentes hauteurs, & fuivant la longueur des cerches, la
tringle de fer *C C*.

On place cet établiffement au-deffus du vent & vis-à-vis un

grand feu de copeaux D (Fig. 4) , auquel on présente les cerches E (Fig. 3 & 4).

Le bois qui est de bonne qualité , au lieu d'un œil rougeâtre
qu'il avoit , devient blanc lorsqu'il est chauffé : il n'en est pas
de même du bois roux ; celui-ci ne perd jamais cette couleur :
au reste , les cerches échauffées deviennent fort tendres & capables de se plier à volonté ; de temps en temps on les retire ;
on les retourne & on appuie le genou dessus (Fig. 2) , pour
connoître si elles ont acquis de la souplesse : pendant que le bois
chauffe , le Fendeur prend un battant ou une demi-bordure ou
bordurette (Fig. 5) , qui est une bordure manquée , étroite &
mince ; il fait un trou à chaque bout ; il la plie en rond ; il
passe dans les trous une laniere (Fig. 6) , qui est faite d'un
copeau de bois verd fort mince , levé avec la plane sur une
jeune branche de Charme ou de Chêne ; ensuite il fait tourner
chaque bout de cette laniere autour de la bordurette ; & pour
l'arrêter , il en passe l'extrémité entre la laniere & le bout de
la bordurette ; ensorte que plus les bouts de la bordurette font
d'effort pour s'écarter , plus le nœud se resserre ; ce nœud est
représenté en H (Fig. 8) : le diametre total du lien que forme
cette bordurette , est de 12 à 14 pouces.

On prépare aussi deux gardes ou battants I (Fig. 8) , qui consistent en deux petites planches minces que les Fendeurs ménagent en faisant les fonds des seaux : nous en expliquerons
bientôt l'usage.

Les cerches étant bien chaudes & suffisamment pliantes , le
Fendeur en tire trois du haloir ; il en pose une à terre , sur le
bout de laquelle il place un rouleau (Fig. 9) , qui a 3 pieds
4 pouces de longueur , 9 pouces & demi de diametre ; à un
des points de sa circonférence est une grande mortaise M
(Fig. 9 & 10) , longue d'un pied 4 pouces , & profonde de
2 pouces : la coupe de ce rouleau est représentée dans la figure 10 , & fait voir la forme de cette mortaise : le Fendeur y
engage le bout de la cerche (Fig. 11) ; & en tournant le rouleau , il fait prendre à cette cerche la courbure qui convient
pour la mettre en botte ; sur le champ il la déroule , & en met

une autre à la place pour lui faire prendre le même pli. Quand ces trois cerches ont été roulées l'une après l'autre, il engage de nouveau l'extrémité de l'une d'elles dans la même mortaise ; & lorsqu'il en a plié ou roulé environ 6 pouces, il pose une seconde cerche sur celle-là ; il tourne un peu le rouleau, & place encore une troisieme cerche sur la seconde (*Fig. 11*). Comme il faut plus de force pour plier ces trois cerches, le Fendeur & le Planeur se réunissent pour mener ensemble le rouleau ; ils ont soin que ces trois cerches soient roulées & bien serrées ; ensuite un troisieme Ouvrier souleve le rouleau par un bout, un autre retire ces trois cerches & les place dans le lien (*Fig. 7*) ; comme ce lien a un peu plus de diametre que ces trois cerches roulées, elles s'y déroulent un peu, de maniere que les bouts de la cerche extérieure ne se joignent pas : ces bouts ne manqueroient pas de se rompre vers les bords, s'ils n'étoient simplement réunis que par la bordurette, parce que ce bois est de fil, & que cette cerche fait effort pour se redresser ; pour empêcher cela, on met sous le lien, les gardes I, I (*Fig. 8*) qui sont, comme je l'ai dit plus haut, deux petits bouts de planches minces : ces gardes appuyant sur toute la largeur des cerches, empêchent qu'elles ne se fendent.

L'Ouvrier n'a encore mis dans le lien que 3 cerches, & il en faut 6 pour faire la botte. Il tire du haloir trois autres cerches, les roule séparément, & ensuite toutes trois à la fois, ainsi que les premieres, & il les place à force dans le vuide de la botte (*Fig. 7*), qui se trouve alors complette (*Fig. 12*) : on les empile six à six les unes sur les autres, afin que les Marchands voyent plus aisément si les cerches ont la largeur qu'ils desirent.

Nous avons dit qu'on tiroit les cerches qu'on nomme *aprêt-marchand*, autrement les bordures, de billes plus menues, ou dans des levées qu'on fait au bord des cartelles, & j'en ai établi la largeur : on met celles-ci par bottes comme les cerches de seaux, avec cette différence qu'il en entre 12 dans chaque botte, & que comme elles sont étroites, on n'y met point de garde, parce qu'il n'y a point à craindre qu'elles se fendent ; on n'emploie point aussi de demi-bordures pour les lier ; on se contente de percer les deux bouts de la bordure extérieure FF (*Fig. 7.*), & d'y mettre une seule laniere *H*.

Les cerches pour les quarts & les litrons, se font comme les autres, excepté qu'on les leve dans des billes plus courtes, & dans des arbres moins gros.

ARTICLE VII. *Des ouvrages de Raclerie.*

ON fait dans les forêts avec du Hêtre, quantité de petits ouvrages que l'on nomme *Raclerie*. Ils s'exécutent la plupart de la même maniere que la fente des cerches, par des Ouvriers à qui on vend le bois en grume, & qui le travaillent également dans les forêts : nous allons entrer dans les détails qui leur sont particuliers.

§. I. *Des Cerches pour Clayettes, Chaserets, Clisses ou Eclisses.*

TOUTES ces dénominations sont synonymes, & signifient des cerches étroites & fort minces, dans lesquelles on dresse les fromages.

On fait quelquefois ces sortes de petites cerches minces avec du bois de Chêne ; mais le plus ordinairement on y emploie le Hêtre, parce que ce bois peut être réduit à une moindre épaisseur, & qu'il convient mieux pour les fromages ; c'est aussi par cette raison que l'on y destine les pieces de bois qui sont de la plus belle fente. Indépendamment de tout cela, l'exploitation la plus avantageuse pour les Marchands, est toujours celle qui peut fournir les pieces les plus délicates.

Les cerches pour les clayettes doivent avoir 3 pieds à 3 pieds & demi de longueur ; il suffit que celles pour les caserettes aient deux pieds ; la largeur des unes & des autres est de 3 pouces, 3 pouces, & demi ou 4 pouces.

En conséquence, 1°. quand on peut lever entre deux nœuds ou entre deux branches, une bille de 3 ou 3 pieds & demi de longueur, on la destine pour en faire des clayettes ou éclisses :

si la

fi la bille ne peut être que de 2 pieds, on se contente d'en faire
des chaserets (*Fig. 16*); 2°, comme la largeur des clayettes &
des chaserets n'est que de 3 à 4 pouces, on les peut prendre
dans des arbres plus menus que les cerches pour les seaux,
dont la largeur doit être d'un pied, ou de 6 pouces pour l'*Apprêt-marchand*.

Si l'on fait ces sortes d'ouvrages avec du bois de Chêne, il
faut retrancher au moins une partie de l'aubier : dans le Hêtre,
la portion de l'arbre qui est la plus précieuse, est le bois qui se
trouve immédiatement sous l'écorce; c'est cette partie qui se
fend le mieux, & que les Fendeurs conservent avec le plus de
soin. Ces Ouvriers commencent par scier les tronçons d'une longueur convenable pour les clayettes ou les chaserets; ainsi en
supposant une bille de 24 pouces de diametre & de 3 pieds de
longueur, ils la fendent d'abord en deux, puis par quartiers,
puis par demi-quartiers; ils emportent 8 pouces du bois du
cœur, dont il seroit cependant possible de tirer de menus ouvrages; mais le plus souvent on en fait du bois à brûler : la
tranche se refend en deux, puis encore en deux, comme pour
les cerches à seaux, excepté qu'on ne donne à celles-ci qu'une
ligne ou une ligne & demie d'épaisseur. On achève de mettre
les clayettes d'épaisseur avec la plane, sur le chevalet que nous
avons décrit en parlant des cerches à seaux : on chauffe ces
feuilles comme les cerches à seaux; mais comme elles sont
plus minces, & par conséquent plus aisées à plier, on n'emploie
point de rouleau, mais on les roule sur le moulinet (*Pl. XVIII.
Fig. 14*). C'est une espece d'attelier qui consiste en une fourche
semblable à celle de l'attelier des Fendeurs, mais beaucoup plus
légere; les deux branches n'ont gueres que trois pouces de diametre, & elles sont assez resserrées pour qu'il n'y ait de l'une à
l'autre branche, au bout où elles s'écartent le plus, que 6 pouces de distance. On soutient cette espece de fourche à quatre
pieds de hauteur sur des fourchets enfoncés en terre; & le
tout est assez solidement établi, pour qu'en passant une cerche
toute chaude, successivement dans toute sa longueur, entre
les deux branches du moulinet, & en appuyant dessus, on

E e e e

la force de prendre une courbure qui la difpofe à être mife
en botte: ayant percé une de ces cerches (*Fig. 15*), pour arrêter les deux bouts par un lien, un Ouvrier prend les cerches
qui ont été pliées au moulinet 3 à 3, & en les pliant, il les force
d'entrer dans celle qui fert de lien ; & quand il en a mis ainfi
fucceffivement 12 les unes dans les autres, la botte (*Fig. 13*),
fe trouve compofée de 13 écliffes, y compris celle qui fert
de lien : le Marchand paye le Fendeur à raifon de 10 fous du
cent, & il les vend à la groffe, qui eft compofée de 160 bottes,
36 ou 38 livres.

Ces écliffes fe vendent auffi à des Vanniers qui les garnif-
fent d'ofier pour faire des chaferets (*Fig. 16 & 17*), ou ils
les vendent tout garnis d'ofier aux Boiffeliers : comme il y a
des Provinces où l'on dreffe les fromages fur des clayons (*Fig.
18*), en ce cas on ne garnit point d'ofier les cerches. Les Pay-
fans dreffent leurs fromages dans des écliffes qu'ils retiennent
avec un lien de ficelle ou d'ofier ; dans d'autres endroits
on dreffe les fromages dans des chaferets, dont le fond
eft garni d'ofier (*Fig. 16 & 17*).

§. 2. *Lattes pour les fourreaux d'épée.*

LES lattes pour les fourreaux de fabre & d'épée, font de
vraies lattes de Hêtre qui ont 3 pieds 4 pouces de longueur,
3 pouces & demi de largeur par un bout, & 2 pouces & demi
par l'autre : on les fait les plus minces qu'il eft poffible : les
habiles Ouvriers en font qui n'ont qu'une ligne & demie d'é-
paiffeur ; mais, pour l'ordinaire, leur épaiffeur eft de deux
lignes.

On deftine à ces ouvrages des billes de 14 pouces de diametre ou environ. On fend ces billes par quartiers, enfuite par
demi-quartiers, & l'on a foin de réferver du côté de l'écorce,
une tranche de 3 pouces & demi d'épaiffeur ; le cœur de la
bille fe met avec le bois à brûler ; enfuite le Fendeur réduit
avec le coutre un des bouts de la tranche à deux pouces &
demi environ d'épaiffeur.

Il fend la tranche ainſi préparée en deux comme pour la latte ; chaque morceau encore en deux, & il continue ainſi juſqu'à ce que ces lattes n'aient au plus que deux lignes d'épaiſſeur. Comme la façon ſe paye au cent à l'Ouvrier, & que le Marchand les vend au compte ; il eſt évident qu'on tire d'autant plus de profit d'un arbre, qu'on fend les lattes plus minces.

Le Fendeur remet les lattes au Planeur qui les dreſſe ſur le chevalet, & les réduit à moins d'une demi-ligne d'épaiſſeur. Le Fendeur fait une table de ſon moulinet, en poſant ſur les branches de la fourche une planche épaiſſe ; c'eſt ſur cette planche qu'il poſe les cerches pour clayettes & chaſerets lorſqu'il les met en botte ; c'eſt auſſi ſur cette planche que celui qui fait les lattes pour fourreaux d'épée, les poſe, pour les mettre en botte de 25, liées de trois lanieres.

Les Ouvriers ne rejettent pas les lattes rompues ; ils les mettent au milieu des bottes, où elles ſont retenues par celles qui ſont entieres ; de ſorte qu'il y a telles bottes où il ne ſe trouve de lattes entieres que celles qui font la couverture.

Le Marchand donne aux Ouvriers 10 ſous du cent de lattes ; & il les vend à la groſſe de 3000 feuilles ou lattes, ſur le pied de 36 ou 38 liv.

§. 3. *Pieces pour les Rouets.*

LES Fendeurs débitent encore des pieces qu'on vend aux Tourneurs pour faire des rouets. L'ouvrage des Fendeurs pour cet objet, eſt de débiter les planches qui forment le banc ou table du rouet, & les cerches qui font la jante de la roue.

On ſcie les billes pour faire ces cerches à 6 pieds de longueur ; & comme il ſuffit qu'elles aient 4 pouces de largeur, on les prend dans des arbres de 18 à 20 pouces de diametre : en les écœurant, on obſerve de n'en ôter que le ſuperflu, & que la tranche pour les cerches, puiſſe porter 4 pouces de large : on refend cette tranche en deux, & ainſi juſqu'à ce qu'on ait réduit les cerches à deux lignes ou deux lignes & demie d'épaiffeur dans le plus mince; on les dreffe enfuite à la plane fur le chevalet, on les chauffe, & on les difpofe fur le moulinet à prendre la courbure qu'elles doivent avoir, fans lefecours du rouleau, parce que, comme les bottes ont un grand diametre, il faut peu de force pour plier ces cerches, qui d'ailleurs font minces: en cet état, on en forme des bottes de 12 cerches.

A l'égard des bancs, comme ils doivent avoir deux pieds & demi de longueur & 9 à 10 pouces de largeur, & 10 à 11 lignes d'épaiffeur, on les prend dans des billes plus courtes & plus groffes.

Les Marchands vendent ces fortes de cerches environ 25 fous la botte, formée de 12 pieces; & les planches pour le banc ou table, fur le pied de 8 livres le cent.

§. 4. *Des Layettes.*

Les Ouvriers qui s'occupent à faire des *Layettes*, s'établiffent ordinairement aux bords des forêts de Hêtres; c'eft-là qu'ils font les boîtes à perruque, des coffrets qu'on nomme *layettes*, parce qu'ils fervent à renfermer les layettes des enfants: les boîtes pour mettre des confitures feches, & pour une infinité d'autres ufages. Ces ouvrages fe vendent tout affemblés aux Layetiers de Paris par affortiment de fix, qui, diminuant toujours de grandeur, s'emboîtent les uns dans les autres. Ces boîtes ne font affemblées qu'avec des clous de fil d'archal ou de laiton, ainfi que les charnieres & les crochets qui les ferment. Nous ne nous étendrons pas davantage fur cet art qui fe pratique plus fouvent dans les Villes que dans les forêts. Mais les planches que les Layetiers y emploient & qu'on nomme *hauffes* ou *goberges*, font fendues au coutre dans les forêts, ou on les dreffe auffi à la plane, précifément comme la cerche de feau; elles ont ordinairement 3 pieds & demi de longueur, 4 à 6 pouces de largeur, & doivent avoir, dreffées & blanchies, 3 lignes à 3 lignes & demie d'épaiffeur; celles qui n'ont que 2 lignes ou 2 lignes & demie, ne font employées que pour les petites boîtes: les hauffes fe vendent par bottes.

§. 5. *Des Copeaux pour les Gaîniers, & ceux dont on fait les Rapés.*

Il n'y a aucun ouvrage de fente auffi délicat à faire que les copeaux ; mais il n'y a point auffi d'exploitation plus avanta-geufe pour le Marchand. Ainfi, quand on peut efpérer d'avoir un grand débit du copeau, on deftine à cet ufage les bois pro-pres à la plus belle fente.

Comme le copeau doit être très-mince, on le vend toujours très-cher, relativement au bois qu'il confomme : fi un Hêtre pouvoit être entiérement débité en copeaux, il produiroit une fomme confidérable, quoiqu'il coûte beaucoup de main-d'œu-vre, & qu'on perde beaucoup de bois. On coupe les billes à 3 pieds & demi de longueur ; on les cartelle & on les écœure pour en former des parallélipipedes *a b* affez réguliers (*Pl. XXIX. fig. 1*); on abat dans toute la longueur les angles *a* & *b*, pour qu'ils fe tiennent plus folidement fur l'établi, comme on voit en *k* (*Fig. 4*); enfin, par le moyen d'une machine dont nous allons donner la defcription, on leve les copeaux fur celle des faces, qui répond de l'écorce au cœur de l'arbre ; de forte qu'à l'épaiffeur près, les copeaux font fendus comme les clayettes & tous les autres ouvrages de fente, c'eft-à-dire, du centre à la circonférence.

Comme la feuille de copeau eft trop mince pour pouvoir être enlevée avec le coutre, on emploie un gros rabot qui la leve avec précifion & avec promptitude. On penfe bien qu'il faudroit que l'Ouvrier eût des bras prodigieufement vigou-reux pour faire agir un rabot capable d'enlever les feuilles de copeaux d'un quart de ligne d'épaiffeur, de 3 pieds & demi de longueur, & de 6, 12, ou quelquefois 14 pouces de largeur ; auffi emploie-t-on la machine repréfentée (*Pl. XXIX. fig. 2 & 3*), qui multiplie la force : quatre hommes font employés à la faire mouvoir. Voici la defcription de la machine que j'ai vu fervir à cet ufage : on auroit pu y retrancher une lanterne & une roue fans perdre de force.

A (Fig. 2 & 3), est une lanterne qui porte onze fuseaux ; *B* hérisson qui a 12 dents ; *C*, une autre lanterne à 8 fuseaux & qui est enarbrée avec le hérisson *B* : *D*, hérisson qui porte 17 alluchons ; *E*, une bobine que l'on voit ponctuée à la Figure 2 ; elle est enarbrée avec le hérisson *D* : tout ce rouage est porté par deux jumelles parallèles *L L* : *K* est la pièce de Hêtre qui doit être réduite en copeaux : elle est reçue & solidement affermie entre deux autres jumelles *M M* (Fig. 2, 3 & 4) : *G* est le rabot qui doit lever les copeaux : les jumelles *LL*, & *MM*, sont soutenues par des montants *O O*, assemblés dans deux forts patins *N N* : *HH* est la corde qui communique le mouvement du rouage au rabot : *I*, est un rouleau qu'on peut hausser & baisser pour maintenir la corde à la hauteur convenable. Le gros & fort rabot *G* détache les copeaux de la pièce de bois *K* : un homme monté sur un gradin, saisit la poignée *P* du rabot, qu'il dirige dans sa marche, & qu'il retire en arrière quand le copeau est levé ; & deux autres hommes sont appliqués aux manivelles *F*, qui obligent la corde *H* de se rouler sur la bobine *E*. Par cette machine, la force des hommes est multipliée ; mais il seroit aisé de l'augmenter encore davantage : on pourroit aussi la simplifier en supprimant la roue *B* & la lanterne *A*. On met ordinairement en *Q* une bobine semblable à *E*, parce que celle-ci étant établie plus bas, on roule la corde sur la bobine la plus élevée, quand le bloc de bois *K* a beaucoup d'épaisseur ; & l'on transporte la corde sur la bobine placée plus bas, quand, après avoir levé beaucoup de copeaux, le bloc est devenu plus mince, afin que la tirée de la corde soit toujours à peu-près horisontale & parallèle au plan supérieur de ce bloc : on conçoit que cela est nécessaire pour que le rabot soit bien mené. Pour faciliter encore la direction de la corde, on la fait passer sur le rouleau *I*, qui est reçu entre deux montants, & qu'on peut élever ou baisser à volonté.

Il est clair que quand on fait agir les manivelles, la corde *H*, se roulant sur une des bobines, le rabot est tiré sur le bloc, & en détache un large copeau ; & quand le fer ou lame du rabot est parvenu au bord opposé du bloc, après en avoir détaché un copeau, les Ouvriers appliqués aux manivelles, les tournent en sens contraire, pendant que celui qui est à la conduite de la poignée P du rabot, le rappelle en arriere pour le mettre en état de reprendre un autre copeau. Il est inutile de dire qu'il faut avoir des rabots de différentes grandeurs, suivant qu'on veut enlever des copeaux plus ou moins larges, comme depuis 6 jusqu'à 14 pouces.

Nous avons dit ci-devant, qu'il falloit quatre hommes pour servir cette machine; & cependant on n'en a vu jusqu'à présent que trois occupés; savoir un qui conduit le rabot, & deux qui tournent les manivelles: le quatrieme est chargé de ramasser & arranger les copeaux.

Ces quatre Ouvriers travaillant ensemble font 800 feuilles de copeaux par jour; on leur paye 4 sous de la botte, formée de 50 feuilles; & elle se vend environ 16 sous.

Quand celui qui ramasse les feuilles de copeaux, en a rassemblé 50, il les porte sous une presse (*Fig. 5*), formée de deux fortes membrures *a b, c d*, qui peuvent être rapprochées l'une de l'autre par deux vis *e f*, au moyen des leviers de fer *g h*. Il arrange les feuilles entre ces plateaux, dont la longueur doit être proportionnée à celle des copeaux; & après les avoir serrés entre ces plateaux avec les vis, il coupe avec une plane tout ce qui déborde, à peu-près comme les Relieurs rognent les feuilles des livres: au sortir de la presse, il lie chaque botte avec trois liens; c'est en cet état qu'on vend les copeaux.

On vend à bas prix ceux qui sont rompus aux Marchands de vin qui en font des rapés pour éclaircir leurs vins: on prétend que les copeaux de Hêtre leur donnent de la qualité. Ces copeaux se rassemblent en bottes de la même maniere qu'on le voit représenté par la Figure 6. Comme les Marchands trouvent un débit assez avantageux du bois à brûler, les Ouvriers ne ménagent point les bois qu'ils fendent pour les cerches & autres ouvrages de cette espece; celui qu'ils enlevent du cœur des pieces & qui pourroit servir à faire des lattes pour les fourreaux d'épées, est jetté au bois de corde: il est vrai que la partie de l'arbre qui se fend le mieux est toujours celle qui eſt plus voiſine de l'écorce, & qu'on ne pourroit pas faire d'auſſi belle fente du bois du cœur; mais il y a des cas où les Ouvriers devroient être plus économes du bois. Par exemple, pour aſſujettir le bloc, deſtiné à faire des copeaux, ſur les pieces qui le ſoutiennent, ils entaillent le deſſous en chanfrain, comme on le voit en K (*Fig. 4*); & cette partie ne peut plus ſervir à faire du copeau. Il ne ſeroit pas difficile d'imaginer un moyen ſimple d'aſſujettir ce bloc d'une autre façon, ſans en rabattre les angles inférieurs, & par conſéquent on tireroit un plus grand nombre de copeaux de cette piece de bois.

Les Gaîniers emploient beaucoup de copeaux; les Miroitiers en font auſſi uſage pour garantir le tein des glaces.

§. 6. *Des Panneaux ou Battans de Soufflets.*

COMME on fait des ſoufflets de différentes grandeurs, on coupe les billes de 12, 14 & 18 pouces de longueur.

On fend ces billes par quartiers qu'on écorce ſouvent fort peu, afin de ménager la largeur qui eſt néceſſaire pour *les* grands ſoufflets; car on ne choiſit ni le plus gros ni le plus beau bois pour cette ſorte d'ouvrage, qui a encore l'avantage de n'exiger que des billes aſſez courtes.

Le Fendeur emporte avec ſon coutre le bois qu'il y a de trop du côté de l'écorce, pour en former des eſpeces de planches (*Fig. 7*), qui ſoient à peu-près d'égale épaiſſeur du côté de l'écorce & du côté du cœur.

Un Ouvrier ébauche le ſoufflet avec une hache bien tranchante, & emporte les angles *a*, *b*, *c*, *d*; & comme le tuyau du ſoufflet doit être placé du côté de *e*, il laiſſe les levées *a*, *b*, plus épaiſſes que celles *c*, *d*, ce qui commence déja à donner une loſange qui fait la forme alongée au corps du ſoufflet.

Le ſoufflet dégroſſi paſſe au Planeur qui, ſur une ſellette ſemblable à celle dont ſe ſervent les Planeurs de cerches, réduit cette loſange à l'épaiſſeur qu'elle doit avoir; ſavoir 14 à 15 lignes du côté de *e*, & 10 à 11 lignes du côté de *f*.

Il eſt bon de remarquer que ſur la ſellette à planer, il y a une
planche

planche à laquelle eſt faite une entaille ou mortaiſe qui en tra-
verſe l'épaiſſeur auprès de la ſerre; c'eſt ſur cette planche que
l'on poſe verticalement le panneau que l'on veut planer ſur ſon
épaiſſeur.

Quand le Planeur a mis d'épaiſſeur le panneau de ſoufflet; il
le rend à celui qui l'a ébauché; celui-ci le préſente ſur un patron,
& trace avec de la pierre noire la figure exacte que ce panneau
doit avoir (*voy. Fig. 8*), & ſur le champ il emporte avec ſa
hache tout le bois qui excede le trait de la pierre noire ; &
avec autant de promptitude que d'adreſſe, il forme la poignée
g (*Fig. 8*), ainſi que tout le contour du ſoufflet juſqu'à *f*, avec
aſſez de préciſion, pour que le Planeur, qui reprend enſuite ce
panneau, n'ait plus qu'un coup à donner ſur le tranchant, pour
perfectionner le contour, qui ſe trouve déja bien régulier au
ſortir des mains du premier Ouvrier.

On ſait que les ſoufflets ſont formés de deux panneaux, dont
celui de deſſous porte la ſoupape & la tuyere *a b c d* (*Fig. 9*) ;
le panneau ſupérieur *e f g h*, eſt plus court, parce que la
portion *e h c d*, qui porte la tuyere, appartient à celui de deſſous. Autrefois on travailloit à part ces deux panneaux, on
conſommoit plus de bois, & les Boiſſeliers étoient alors em-
barraſſés à trouver des panneaux qui puſſent s'ajuſter l'un à l'autre. On a remédié à ces petits inconvénients, en levant les
deux panneaux dans la même piece ; ainſi, après qu'elle a été
formée, comme *a b c d e* (*Fig. 9*), on paſſe un trait de ſcie par la
ligne ponctuée depuis *a*, juſqu'à *h*, & pour cela, on aſſujettit
pluſieurs panneaux enſemble, comme dans la *Fig. 9* ; dans une
encoche, qui eſt une piece de bois *A B* (*Fig. 10*), de 12 à 15
pouces de diametre, & d'environ 28 à 30 pouces de longueur :
cette piece eſt ſoutenue à 4 pieds & demi du terrein par quatre
forts pieds *c, c, c, c*, qui entrent en terre de quelques pouces ;
& pour augmenter la ſolidité de cette eſpece d'établi, on charge
les pieds de derriere avec des bûches *D*, qui ſervent outre
cela de degrés au Scieur pour s'élever au-deſſus de l'*encoche*.

Le devant de cette piece de bois eſt creuſé d'une grande
mortaiſe longue de 9 pouces de *E* en *F*, large de 3 pouces,

F f f f

& profonde de 4 pouces : c'est dans cette mortaise que l'Ouvrier met six soufflets à la fois par le bout de la tuyere ; il les y
assujétit avec des coins assez fermement, pour qu'un compa-
gnon qui pose un de ses pieds sur le billot, & l'autre sur les soufflets, puisse conjointement avec un second Ouvrier placé dans
une fosse au-devant de l'encoche, passer tous deux le trait
de scie entre chaque panneau pour les séparer. Il est essentiel
que ces soufflets soient fixés dans l'encoche, de maniere que
leurs surfaces soient exactement verticales ; afin que tous les
panneaux soient d'égale épaisseur ; il faut encore que les Ouvriers appuient bien légérement la scie, quand ils refendent
les poignées pour ne les pas rompre ; mais quand ils sont à la
partie évasée du soufflet, ils menent la scie à grands traits pour
avancer la besogne : lorsque le feuillet de la scie est parvenu
à la mortaise de l'encoche, l'ouvrage est fini, parce qu'il n'y
a que la partie du panneau *e h d c* (*Fig. 9*), qui s'y trouve en-
gagée, & celle-là ne doit point être séparée.

Ce sont les Boisseliers à qui l'on vend ces panneaux ainsi
préparés, qui achevent de les séparer, & ils n'ont plus que le
trait de scie *e h* (*Fig. 9*) à y donner. Ce sont aussi les mêmes
Boisseliers qui font faire par les Tourneurs quelques moulures
sur les panneaux des soufflets qu'ils veulent enjoliver.

§. 7. *Des Battoirs à lessive.*

LES battoirs à lessive sont faits par les mêmes Ouvriers qui
font les soufflets. On scie les billes dont on les tire, à 12 ou
13 pouces de longueur ; la partie évasée du battoir doit avoir
12 pouces de large, & l'épaisseur, vers le manche, doit être
d'environ 15 lignes. Quand la bille a été débitée en planches,
on les dresse à la plane ; puis on y présente un patron dont on
trace le contour avec de la pierre noire ; ensuite un Ouvrier
emporte avec la hache tout ce qui est hors du trait, & le Planeur acheve l'ouvrage. (*Voyez Pl. XXX. fig. 4.*)

On enfume ces battoirs de la même maniere que les sabots.

§. 8. Des Ecopes.

POUR faire les *Ecopes* (*Pl. XXX. fig.* 5 & 6) dont se servent les Bateliers, pour vuider l'eau qui entre dans leurs bateaux, on coupe les billes de bois à 4 pieds de longueur, parce que le manche *a b*, a 2 pieds & demi de longueur, & la cuiller *b c*, 18 pouces. On ne fend chaque bille qu'en quatre, de sorte que chaque quartier *d d d d* (*Fig.* 7), doit faire une écope.

On dégrossit avec la hache, la cuiller & le manche de l'écope ; on creuse la cuiller avec un *aceau* très-courbe & qui a le tranchant assez large (*Fig.* 8), & on finit de creuser la cuiller avec un autre outil (*Fig.* 9), qu'on nomme *tie*, qui est une acette peu recourbée, mais dont la lame n'a que 2 pouces de largeur ; cet instrument qui est très-tranchant, mené à petits coups, perfectionne l'intérieur de la cuiller ; enfin, on met l'écope sur la sellette, où le Planeur en perfectionne l'extérieur.

§. 9. Des Pelles à four & autres.

COMME les pelles des Boulangers doivent avoir des pales de 18 à 20 pouces de longueur sur 11 à 12 pouces de largeur, on est obligé d'y employer de gros arbres qui aient au moins 4 pieds de diametre ; & quand le manche est de la même piece que la pale (*Fig.* 10), comme ce manche doit avoir 7 pieds de longueur, il faut des billes de 8 pieds 7 à 8 pouces de longueur, ce qui consomme beaucoup de gros bois. On équarrit l'arbre, on le fend par quartiers & on l'écorce ; chaque quartier est refendu en deux autres quartiers ; chacun de ces demi-quartiers l'est encore en deux, & ainsi jusqu'à ce qu'ils soient réduits en planches d'environ quatre pouces d'épaisseur qui doivent fournir deux pelles. On trace une pelle sur une face de la planche ainsi réduite (*Fig.* 10) ; on emporte avec la hache tout le bois superflu ; on refend avec le coutre cette planche qui donne par ce moyen deux pelles, que l'on acheve de perfectionner sur le chevalet avec la plane.

F f f f ij

On fait des pelles dont la pale eſt longue & étroite pour enfourner les pains longs, & pour certains uſages des Pâtiſſiers, (*Fig. 11*).

On conſomme néceſſairement beaucoup de bois pour les pelles, parce que leur manche eſt pris dans une tranche qui eſt de toute la largeur de la pale ; il eſt ſenſible que ſi l'on enlevoit à la ſcie les côtés *A* & *B* (*Fig. 10*), on pourroit employer ce bois à faire des petits ouvrages de fente ; mais ce n'eſt pas l'uſage.

J'ai vu des pelles dont le manche étoit rapporté (*Fig. 12*); elles ſont un peu plus lourdes, & ne ſont pas ſi ſolides que celles d'une ſeule piece ; mais auſſi elles dépenſent beaucoup moins de bois ; & comme le manche en eſt plus arrondi, il y a des Boulangers qui les préferent aux autres.

Les pelles à fumier (*Fig. 13*), & celles pour remuer les grains (*Fig. 14*), ſe font comme celles à four ; mais comme le manche de celles à fumier n'a que 2 pieds 6 pouces de longueur, & la pale, quatorze pouces de longueur ſur 10 à 11 pouces de largeur, & que le manche des pelles à grain, ainſi que la pale eſt de même longueur ſur 8 à 9 pouces de largeur, on coupe les billes plus courtes, & on y emploie des arbres moins gros. Il y a encore des pelles pour charger les terres & les gravois, qui ne different de celles à fumier, que parce que la pale en eſt plus petite. Les pelles à fumier & à gravois ſont plus épaiſſes en bois que celles à grain, & elles ſont peu creuſées dans leur face ſupérieure ; au lieu que les pelles à grain ſont minces & légeres, mais plus creuſées, ce qui exige qu'on tienne les tranches de bois un peu plus épaiſſes, afin d'y former des bords. Au reſte, quand les tranches ont été fendues & dreſſées à la plane, on y trace la figure de la pelle ; on emporte tout le bois ſuperflu avec la hache ; on forme le manche & le dos de la pale avec la plane ſur le chevalet, & on creuſe le dedans de la pale des unes & des autres avec l'aceau & la tie ; & l'on finit par les enfumer comme les ſabots.

§. 10. *Travail de l'Ouvrier Arçonneur, des Atelles de colliers de chevaux, &c.*

Les Marchands de bois font faire quelquefois par leurs Ouvriers exploitants des atelles de colliers, des bâts, des arçons de felle ; mais plus ordinairement, ce font des Ouvriers particuliers que l'on nomme *Arçonneurs* *, & qui viennent s'établir aux bords des forêts, qui travaillent ces fortes d'ouvrages pour leur propre compte, & qui en achetent le bois des Marchands.

Il faut que le bois, pour être propre à ces ufages, foit fans nœuds, & qu'il puiffe fe fendre aifément ; néanmoins il n'eft pas auffi important qu'il foit de belle fente, que pour quantité d'autres ouvrages de raclerie, parce que l'*Arçonneur* exécute une partie de fon travail avec la fcie.

Il commence par fcier fes billes à la longueur de 3 pieds 6 pouces, s'il fe propofe de faire les plus grandes atelles ; car pour les petites atelles, ces billes doivent être plus courtes, & il fe conforme à cet égard à l'ufage des pays ; car il y en a où les atelles portent de grandes oreilles, & d'autres où elles font terminées par un petit crochet. Après que la bille a été fendue en quartiers & en demi-quartiers, l'Arçonneur pofe une atelle fur une de fes faces, pour en tracer le contour avec la pierre noire (*Pl. XXX. fig. 1*) ; enfuite il retranche le cœur *A* de ce quartier, & ébauche l'ouvrage avec une hache ; il s'aide auffi de l'aceau ; & quand la cartelle a reçu le contour de l'atelle (*Fig. 2*), il refend à la fcie la piece de bois en autant d'atelles de 10 à 11 lignes d'épaiffeur qu'elle en peut fournir. L'Arçonneur affujettit perpendiculairement fur un chevalet (*Fig. 3*), les cartelles dégroffies, pour les refendre horifontalement avec une fcie de long, comme font les Ebéniftes, mais il eft feul à mener cette fcie : voici comment il affujettit les cartelles.

Cette pratique eft cependant affez mal imaginée. Le chevalet *A B* (*Fig. 3*), confifte en un foliveau de 5 pieds de longueur, de 6, 8 ou 10 pouces de largeur, & de 8 à 9 pouces

* Dans les forêts, on appelle ces Ouvriers *Arcoleurs.*

d'épaisseur ; il est soutenu comme un banc ordinaire, par quatre pieds solides *C*, qui l'élevent de deux pieds & demi au-deſſus du terrein.

Au milieu est une coche ou entaille *DE*, de 4 à 5 pouces de profondeur. L'Ouvrier place verticalement les cartelles dans cette coche, où il la ſerre fortement avec des coins. Comme la piece a 3 pieds & demi de longueur, & qu'elle n'est retenue ici que par une de ſes extrémités, dans une coche qui n'a que 4 à 5 pouces de profondeur, la ſcie appliquée en *F*, a une grande puiſſance pour la déranger ; ce qui oblige l'Ouvrier de l'aſſujettir par un, deux ou trois arcboutants *G*, dont il retient ceux des côtés ſur le chevalet avec des taſſeaux, & un troi-ſieme qu'il appuie contre un arbre ou un mur à l'aide d'une entaille.

Si on ſe repréſente l'attitude de l'Ouvrier, tenant horizon-talement une ſcie à refendre, on concevra qu'il doit être bien gêné en commençant chaque trait de ſcie à la hauteur de cinq pieds : pour plus de facilité, il incline la cartelle en arriere; & à meſure qu'il avance les traits de ſcie, il en change la po-ſition, ſelon ſa commodité.

Quand les atelles ont été refendues, on les finit avec la hache & l'aceau ; chaque atelle ſe travaille en particulier : on finit par les enfumer, & on les vend par paquets aux Bour-reliers.

§. 11. *Maniere de faire les Bâts.*

L'ARÇONNEUR ſe ſert pour faire les bâts du même chevalet (*Pl. XXX. fig. 3*) ; d'un grand couteau tout de fer (*Pl. XXXI. fig. 1*), & qui est fort tranchant du côté de *a*; d'un fort ciſeau en bec-d'âne (*Fig. 2*), & de la tie (*Pl. XXX. fig. 9*). Il tra-vaille ſur un établi à peu-près ſemblable à celui du Menuiſier; ſes outils ſont pendus à des râteliers attachés au fond de ſa loge, ou à la muraille s'il travaille chez lui.

Il emploie de gros corps d'arbres qu'il refend en *cartelles*, comme pour faire les atelles ; mais il faut ici que les cartelles aient au moins 28 à 30 pouces de face, ſuivant la grandeur des bâts ; car ceux des Mulets doivent être beaucoup plus grands que ceux qu'on fait pour les ânes.

Un bât est formé de deux pieces cintrées *a*, *b* (*Pl. XXXI. fig. 3*), que l'on nomme *courbes* (*Fig. 4*); celle du devant *a*, est plus relevée que celle de l'arriere *b* : ces deux courbes sont liées par deux pieces ou especes de planches *c*, presque plattes (*Fig. 3 & 5*); on les nomme *les lobes*. Comme les fils du bois traversent les courbes, quand on les évuide, on coupe les fibres par le travers.

Quand la cartelle a été fendue à une épaisseur convenable pour en pouvoir tirer plusieurs courbes les unes sur les autres, comme pour les atelles ; l'Ouvrier en trace tous les contours avec un patron (*Fig. 4*) ; puis il emporte avec la hache & la tie, tout le bois qui excede le trait de la pierre noire ; ensuite il assujettit la cartelle sur le chevalet (*Pl. XXX. fig. 3*), avec des coins ; il sépare autant de courbes qu'il en peut prendre dans l'épaisseur de sa piece de bois, & emploie pour cela la scie à refendre, de la même maniere que l'Arçonneur, & ainsi que nous l'avons expliqué dans le paragraphe précédent.

Les courbes sciées doivent être épaisses ; ce qui est nécessaire pour qu'on puisse les finir avec la plane, la tie, & même quelquefois avec une rape à bois. Les *lobes* se prennent, ainsi que les courbes, dans des cartelles d'environ 3 pieds & demi de longueur, que l'on divise ordinairement en trois ; de sorte que suivant la grandeur des bâts, chaque partie doit avoir 15 à 17 pouces de long. La cartelle n'a besoin que d'être équarrie; & comme elle est ordinairement assez épaisse pour en fournir plusieurs, on la refend si le bois est de belle fente, ou on la sépare à la scie, comme les courbes ; ensuite, avec l'acette & la tie, on la creuse un peu sur une de ses faces, & on donne un peu de convexité à la face opposée ; enfin l'Arçonneur creuse sur la face supérieure deux rainures *d*, *d* (*Fig. 5*), plus larges au fond qu'à l'entrée, pour recevoir les languettes *e*, *e*, des courbes (*Fig. 4*), qui étant plus épaisses au bord *e* qu'au fond, forment un assemblage à queue d'aronde : comme les languettes de ces courbes entrent dans les rainures des lobes, la courbe de l'avant se trouve liée avec la courbe de l'arriere, ce qui fait le bât monté. Ces rainures & ces languettes se font avec le couteau (*Fig. 1*), & le bec-d'âne (*Fig. 2*). Ce travail produit beaucoup de copeaux qui ne servent qu'à brûler.

Quelquefois, pour ménager le bois, on fait les courbes de deux pieces *e* , *e* (*Fig. 4 & 6*), qui s'assemblent à mi-bois, & qui sont jointes avec de la colle forte : les Bourreliers les fortifient encore avec une petite bande de fer. On enfume les courbes , les lobes & les atelles , comme nous l'expliquerons dans la suite.

§. 12. *Du travail des Arçons pour les selles.*

L'ÉTABLI de ces Ouvriers consiste en une forte table ronde qu'ils appuient contre un mur quand ils travaillent chez eux, ou contre les poteaux de leur loge lorsqu'ils travaillent dans la forêt ; souvent un billot solide leur suffit.

Leurs outils sont une hache , un aceau & une tie dont le fer est creusé comme une gouge : ils manient ces instruments avec beaucoup d'adresse lorsqu'ils creusent les parties qui doivent être concaves , & qui, au sortir de l'aceau & de la tie creuse, se trouvent coupeés fort uniment , proprement & réguliérement ; ils font encore grand usage de rapes à bois.

Il y a des arçons de quantité de formes différentes ; celle que nous prendrons ici pour exemple (*Fig. 7*), se nomme *arçon de cavalerie.* Le dos de cet arçon est formé de trois pieces , savoir le pontet *a* , & les deux bouts *b* , *b* : le devant est également formé de trois pieces ; savoir , le devant d'arçon *c* , & les deux pointes *d* , *d* ; le devant est joint à l'arriere par les deux panneaux *e* , *e*. L'Ouvrier trace toutes ces pieces sur des patrons de cuir ou de carton ; il les ébauche avec la hache , les perfectionne avec l'aceau & la tie ; puis il les assemble toutes à mi-bois, & les joint avec de la colle forte ; enfin il les finit avec la rape à bois.

L'arçon de femme , (*Fig. 8*), outre les pieces que je viens de nommer, & qui sont indiquées par les mêmes lettres , a de plus un dos *f*.

Quoique

Quoique les Arçonneurs ne consomment pas beaucoup de bois, ils ne s'embarrassent point, pour le ménager, d'entretailler les pieces les unes dans les autres. Ils prennent une bille de Hêtre qu'ils refendent & qu'ils coupent de la longueur qui leur convient; ils travaillent chaque piece en particulier, & abattent tout le bois superflu avec la hache & l'aceau. Quoique toutes les pieces soient jointes les unes avec les autres à mi-bois, savoir, les pointes avec le pontet (*Figure* 7), & que l'union de ces pieces exige de la précision, néanmoins ils ne travaillent chacune de ces pieces qu'avec l'aceau & la rape, qu'ils savent manier avec beaucoup d'adresse; ils se conduisent par leurs patrons, qu'ils présentent fréquemment sur les pieces qui doivent s'assembler à mi-bois: on enfume ces pieces.

§. 13. *Du travail des Tourneurs.*

Il y a encore des Tourneurs qui s'établissent dans les forêts où l'on exploite beaucoup de Hêtre: ces Ouvriers font avec ce bois des moules à suif, des sébilles de toutes grandeurs, des fonds & des dessus de lanternes d'écurie, des rouets de poulie, des égrugeoirs, &c.

En détaillant le travail des moules à suif & des sébilles, il sera facile de comprendre comment se font les autres ouvrages.

Le Tourneur établit son tour d'une façon très-grossiere sous une loge. Il enfonce en terre, & il assujettit solidement avec des coins, deux poteaux, *A, B* (*Pl. XXXI. fig. 9*), qu'il lie ensemble par les deux traverses *C, C*; le poteau *B*, porte une pointe & sert de poupée; en conséquence il n'y a que la poupée *D* qui soit mobile: *E*, est une piece de fer qui est représentée séparément en *E* (*Fig. 16*), & qui est attachée par un bout sur la poupée *D*, & appuyée par l'autre bout sur une des traverses *F*, qui servent à donner de la solidité au tour; car ces pieces *F*, sont appuyées sur les poteaux de la loge: *G*, est la perche à ressort à laquelle est attachée la corde *H*, qui, après avoir fait deux révolutions sur le mandrin ou la *Clouiere I*, va s'attacher à l'extrémité de la marche ou pédale L : la hauteur des poteaux A, B, eft de 3 pieds 8 pouces ; la diftance entre eux eft de 3 pieds ; la poupée D, a 8 pouces à peu-près de hauteur, & il y a ordinairement 1 pied 6 ou 8 pouces de la poupée D, au poteau B : M eft un billot fur lequel l'Ouvrier ébauche & dégroffit fon ouvrage.

Il commence par fendre en deux une rondine (*Figure 10*), qui eft d'un pied & demi de hauteur, & dont chaque moitié doit fervir à faire un moule à fuif ou une fébille ; il trace à volonté un cercle fur la face plate du morceau fendu (*Fig. 11*) ; il en abat les angles avec fa hache, & en très-peu de temps il ébauche très-adroitement fon morceau de bois, & lui donne une figure très-approchante du dehors d'un moule à fuif, d'une fébille ou de tel autre ouvrage qu'il fe propofe de tourner.

Il pofe le moule ébauché fur le billot M ; il place pardeffus un mandrin I (*Fig. 12*), qui eft garni à un de fes bouts de pointes de clous, & qui pour cette raifon eft nommé *Clouiere* (*Fig. 13*) ; il frappe pour faire entrer les pointes dans fa piece de bois, qu'il met enfuite fur le tour, de façon que la pointe de la poupée D (*Fig. 9*), entre dans le morceau de bois qu'on travaille, & la pointe du poteau B, dans la clouiere, autour de laquelle s'enveloppe la corde H, ou plutôt la courroie ; car c'eft prefque toujours de cette derniere, dont fe fervent ces Ouvriers, au lieu que les Tourneurs ordinaires emploient une corde de boyau.

La poupée étant bien affujettie par fon coin, l'Ouvrier pofe le pied fur la marche pour faire aller le tour ; & en appuyant une main fur la piece qu'il tourne, il juge au tact fi elle eft bien ou mal centrée : fi le centre eft trop haut ou trop bas, il frappe fur fa piece avec fa mailloche pour qu'elle tourne plus rond ; enfuite l'Ouvrier appuyant fon dos fur une planche K, placée derriere lui, & inclinée comme un pupitre, il prend en main un cifeau A, qu'on nomme *plane* (*Fig. 16*), parce qu'il a le tranchant droit ; il l'appuie fur le fupport E (*Fig. 9 & 16*), & il travaille la furface extérieure du moule.

Quand ce moule eft travaillé par dehors, il l'ôte du tour, &

il le retourne de façon que la pointe de la poupée *D*, entre
dans la clouiere, & la pointe du poteau *B* dans le moule ; après
quoi, avec l'outil *B* (*Fig.* 16), il commence à le creuser en
faisant une rainure entre le noyau & le moule ; il approfondit
ensuite cette rainure avec les outils *C, D, F, G* (*Fig.* 16),
dont les crochets augmentent toujours de grandeur, de sorte
que le dernier *G*, porte 7 pouces : quand il juge qu'il approche
de l'épaisseur que doit avoir le moule vers son fond, il gratte
l'extérieur du moule avec son ongle, & il juge par le son que
le bois rend, s'il y reste assez de bois. Comme la rainure est
assez large pour que l'Ouvrier ait la liberté d'incliner son outil, il creuse le noyau en dessous avec ses crochets ; mais à
la profondeur seulement de 3 à 4 pouces, ce qui suffit pour
qu'il puisse le détacher du fond du moule ; il se sert pour cela
de deux ciseaux courbes (*Fig.* 14), qui n'ont que 4 pouces de
longueur ; il enfonce un de ces ciseaux dans la rainure à différents points, & en le frappant avec un marteau dans le sens
des fibres du bois, il détache aisément & proprement ce noyau.

Quand le noyau est détaché, l'Ouvrier retouche l'intérieur
du moule (cette opération se réserve pour la fin de la journée);
il reprend chaque moule l'un après l'autre sur le tour ; il emploie une clouiere (*Figure* 13), plus longue & moins grosse
que celle dont il s'étoit servi en premier lieu ; il en fait entrer
les clous dans le fond intérieur du moule ; il remet cette
piece sur le tour, & travaille l'intérieur avec les crochets ; &
comme il ne reste plus qu'à perfectionner l'endroit du fond
où étoit attachée la clouiere, il se sert, pour finir cette partie,
d'un petit aceau recourbé, ou d'une tie, & quelquefois même
il se contente de gratter cet endroit. Les moules finis d'être
travaillés, sont mis en tas & recouverts de copeaux pour empêcher qu'ils ne se fendent au hâle jusqu'au Samedi, jour où
on les enfume.

Les noyaux que l'on a enlevés des moules, passent à d'autres
Ouvriers qui en font des sébilles, que l'on travaille précisément comme les moules à suif.

Si l'on ne veut pas employer les noyaux qui sortent de ces

sébilles pour en faire de plus petites, on les réserve pour en faire du charbon. La façon des grandes & des petites sébilles se paye un même prix l'une dans l'autre.

A chaque coup de pied que donne le Tourneur, les moules à suif font un tour & demi : l'Ouvrier paroît travailler lentement ; mais ses copeaux sont bien formés, & l'ouvrage avance. Ce sont ces mêmes Tourneurs qui fabriquent & qui réparent toutes les pieces de leur tour, ainsi que leurs outils pour lesquels ils emploient ordinairement de vieilles limes.

Ces Tourneurs font encore avec du Hêtre, de l'Orme & du Frêne, les rouets de poulies.

§. 14. *Des Poulies & des Cuillers à pot, des Egru-geoirs, &c.*

Pour faire les rouets de poulie, on cartelle des tronces de Hêtre, de Frêne ou d'Orme, sciés selon la longueur que doit avoir le diametre des poulies ; on trace sur les planches fendues dans ces cartelles, le contour du rouet de poulie ; on l'ébauche avec la hache, après quoi on la fixe sur le tour avec la clouiere, ou mandrin à pointes : enfin on les finit & on y forme la gorge par les mêmes procédés que nous avons décrits dans le paragraphe précédent.

Les cuillers à pot & les égrugeoirs font toujours faits de bois blanc ; on les tourne à peu-près comme les sébilles.

§. 15. *Remarques générales.*

Dans certaines forêts, il est d'usage d'abandonner les copeaux aux Ouvriers qui en font leur profit ; dans d'autres endroits il leur est seulement permis pour leur usage, d'en brûler dans leurs loges. Les Marchands qui exploitent du charbon, réservent les gros copeaux pour mettre au centre de leurs fourneaux, ou bien ils les vendent par tas ramassés de l'étendue d'une corde, aux Paysans des environs, ou par charretées.

Les Ouvriers qui travaillent dans les forêts, établissent tous leurs atteliers fous des loges faites avec des fourches enfoncées en terre, des traverfes qui fervent de fablieres & de filieres, par-deffus lefquelles ils mettent des copeaux, des rames & du ge-nêt en affez grande quantité, pour qu'ils puiffent être garantis de la pluie ; ils ménagent une place découverte auprès de leur loge, où ils chauffent les bois qui doivent être pliés, tels que les cerches ; c'eft auffi dans cet endroit qu'ils enfument leurs ou-vrages : fouvent ils conftruifent une autre loge en pain de fucre près de la premiere, & femblable à celle des Sabotiers (*Pl. XXIV. fig. 8*), au milieu de laquelle il y a toujours du feu allumé, & où ils couchent & font bouillir leur marmite.

§. 16. *Maniere d'enfumer les ouvrages de Raclerie.*

QUOIQUE j'aie dit ci-devant comment on enfume les fabots, je reviens cependant ici à parler encore de cette opération, parce que les Ouvriers qui travaillent la raclerie, s'y prennent un peu différemment. Ici, comme pour les fabots, on enfume l'ouvrage auprès de la loge : c'eft ordinairement le Samedi au foir & après le foleil couché, qu'on enfume tout ce qui a été travaillé pendant le cours de la femaine ; & l'on choifit le foir préférablement au plein jour, parce qu'on peut mieux remar-quer le progrès du feu, & le gouverner en conféquence.

Il y a des ouvrages, tels que les moules à fuif & les fébilles, qu'on n'enfume que par le dehors ; d'autres, comme les bat-toirs de leffive, les pelles, &c, s'enfument des deux côtés.

Pour cette opération, on place fur le chan une groffe piece de bois équarrie *A B* (*Pl. XXXI. fig.* 17.), de 9 pieds de longueur, & de 2 pieds d'épaiffeur ; on pofe fur cette piece les deux madriers *D E*, *F G*, de forte que les bouts *D* & *F* pofent à terre, & les bouts *E G*, fur le bloc de bois. Ces ma-driers ont 7 à 8 pieds de longueur, & ils doivent être affez forts pour fupporter les pieces dont on les chargera ; enfin on place fur ces madriers à différentes hauteurs plufieurs fortes perches *H*, *I*, *K*, *L*, fur lefquelles on arrange les pieces qui doivent être enfumées, la face tournée vers le bas.

Quand toutes les perches font garnies, on allume au-deffous de petits copeaux humides qui rendent beaucoup de fumée & donnent peu de flamme : lorfqu'on eft obligé de fe fervir de copeaux fecs, on les mêle de gazons afin d'empêcher qu'ils ne brûlent avec trop d'ardeur. L'Ouvrier qui conduit le feu doit y veiller avec une attention continuelle, non-feulement pour que le feu ne prenne pas à l'ouvrage, mais encore pour que les pieces ne prennent pas trop de couleur, & qu'elles ne foient point noircies.

Quand les premieres pieces ont été convenablement enfumées, on en remet d'autres, & on retourne celles qui demandent à être enfumées des deux côtés.

On enfume ces ouvrages, non-feulement pour leur faire prendre une couleur qu'on trouve plus agréable que la couleur naturelle du bois, mais encore pour empêcher que les pieces ne fe fendent : malgré cette précaution, il arrive ordinairement que fur 2000 moules à fuif confervés pendant un an dans un magafin au frais, il s'en trouve 2 à 3 cents de fendus. Les bâts, les atelles & les pelles fe mettent plufieurs à la fois les unes fur les autres pour être enfumées : on n'enfume point les cuillers à pot.

ARTICLE VIII. *Du toifé des Bois en grume.*

ON vend une grande quantité de bois en grume ; favoir, aux Charpentiers pour faire des pilots ; aux Charrons pour la plus grande partie de leurs ouvrages ; à l'Artillerie pour les affûts ; aux Fendeurs ; aux Tourneurs, & à ceux qui font des ouvrages de raclerie. Affez fouvent ces bois en grume ne fe toifent point : les Charrons achetent les moyeux de roues à la paire ; les pieces pour limons, & les brancards à la piece ; les menus bois à la toife de longueur, les gros compenfant les menus. Chaque forêt a fes ufages différemment établis, & fi bien connus des vendeurs & des acquéreurs, que les uns & les autres n'ont point de fraude à craindre. Par exemple, les bois en grume de la forêt de Compiegne fe vendent à la fomme

qui eſt de huit ſolives ; mais lorſque ces pieces ſont bien équarries, elles ne produiſent que cinq ſolives ; de ſorte qu'il faut
environ vingt ſommes pour faire un cent de ſolives. Le plus
ſûr, tant pour l'acquéreur que pour le vendeur, eſt de toiſer
les bois en grume, non pas ronds comme des cylindres, ainſi que
l'on compte les mâts, mais comme s'ils avoient été équarris ;
parce qu'il ne feroit pas juſte de payer l'écorce & l'aubier,
autant que le bon bois. Il eſt vrai que l'acheteur y perd les copeaux ; mais auſſi il épargne les frais de l'équarriſſage. L'acheteur eſt encore favoriſé en ne comptant pas les pieces équarries à vive-arrête ni réduites au quarré ; il examine ſi ces pieces
diminuent réguliérement de groſſeur, depuis le point de l'abattage juſqu'au menu bout, ſans qu'il y ait de défournis conſidérables ; pour cet effet il prend avec une chaînette le pourtour
ou la circonférence au milieu de la piece ; il ſouſtrait de cette
longueur la dixieme partie, & il diviſe le reſtant en quatre, ce
qui lui donne l'équarriſſage.

Si la piece étoit mal faite, plus groſſe au milieu que vers les
extrémités, à raiſon des loupes, des nœuds trop conſidérables,
&c ; il prendra la circonférence aux deux extrémités, &
même en trois endroits différents ; & joignant ces ſommes, il
les diviſera par deux ou par trois, ce qui lui donnera la groſſeur
moyenne, ſelon laquelle il operera comme nous l'avons dit ;
puis connoiſſant l'équarriſſage des pieces, il les réduira en ſolives ou en pieds-cubes, ainſi qu'il le jugera à propos.

Exemple : un arbre de belle taille aura 10 pieds de circonférence au milieu ; ſi l'on retranche un dixieme, reſte 9 pieds,
qui étant diviſés par quatre, donnent pour l'équarriſſage de
la piece, 2 pieds 4 pouces. Cette regle eſt aſſez équitable
pour le Chêne ; mais comme le Hêtre a une écorce fort mince,
& qu'il n'a point d'aubier, il paroît juſte de ne diminuer qu'un
vingtieme.

Comme les Voituriers ſont chargés de voiturer l'écorce &
l'aubier, on leur paye leur voiture ſans aucune diminution ;
ainſi un arbre qui porte dix pieds de circonférence au milieu,
eſt payé au Voiturier comme s'il portoit 2 pieds 6 pouces

d'équarriſſage. Nous paſſons légérement ſur ces toiſés ; par-ce que nous aurons occaſion d'en parler plus amplement dans la ſuite.

Si cependant on veut toiſer les bois en grume avec plus de préciſion, on pourra ſuivre une méthode qui eſt en uſage en Flandre & qui m'a été communiquée par M. Fougeroux de Blaveau, Ingénieur du Roi : je joints ici ſon Mémoire tel qu'il me l'a envoyé.

Article IX. *Méthode pour meſurer les Bois en grume, telle qu'elle ſe pratique dans les forêts de Flandre.*

On meſure les bois ronds propres à la charpente, ſoit ſur pied, ſoit abattus, ſoit en faiſceaux.

Le cent de faiſceaux de bois en grume, produit ordinaire-ment en bois équarri, 300 pieds de gîte.

Le pied de gîte a 16 pouces quarrés de baſe, & un pied de hau-teur, & eſt par conſéquent la neuvieme partie du pied-cube; ainſi le cent de faiſceaux produit le tiers de 100 pieds-cubes, ou bien 33 $\frac{1}{3}$ pieds-cubes, ou bien 3 faiſceaux font un pied-cube *.

Le faiſceau eſt toujours de 30 pouces de hauteur; ſa baſe doit contenir en bois équarri 19,2 pouces, pour que ſon cube ſoit égal à 576 pouces-cubes, ou au tiers d'un pied-cube; ce qui donne une piece de bois de 4,38 pouces de côté. Mais comme une piece de cette meſure doit être priſe dans une piece de bois rond, il faut chercher quelle peut être la circon-férence du cercle qui peut produire une piece de bois équarri de 4,38 pouces; & cette circonférence ſera la longueur du premier faiſceau.

Pour cela on cherchera le diametre du cercle dont le côté du quarré inſcrit, ſeroit de 4,38 pouces, qu'on trouvera de 61,9 pouces, & la circonférence de 19,45; ainſi on pourra dire qu'une piece de bois rond, dont la circonférence a été trouvée de 19,45, donnera une piece de bois équarri de 4,38 de côté, ou une ſurface de 19 pouces 2 lignes, ou un faiſceau multiplié

---

* On s'eſt ſervi de décimales dans tous les calculs qui ne ſont pas définitifs.

par

par 30 pouces. Cette longueur de 19,45 est donc la mesure de la circonférence d'un arbre qui produit un faisceau ; cette quantité revient à 19 pouces 5 lignes, un peu plus ; mais comme il se perd toujours une certaine quantité de bois en équarrissant, la pratique a démontré qu'il falloit lui donner 19 pouces 6 lignes.

Ainsi 19 pouces 6 lignes est la longueur du premier faisceau ; maintenant, si l'on veut avoir la longueur du second faisceau, ou la circonférence du cercle, dont la surface seroit double, laquelle par conséquent multipliée par 30 pouces, donneroit deux faisceaux; les surfaces étant comme le quarré des circonférences ou des diametres, on aura : La surface qui produit un faisceau, est à une surface double ou 1 est à 2, comme le quarré de la circonférence qui produit un faisceau, est au quarré de la circonférence qui produit deux faisceaux ; & extrayant la racine quarrée de ce nombre, on aura la circonférence du cercle qui produira une piece de bois équarrie, dont la surface multipliée par une longueur de 30 pouces, donnera deux faisceaux.

Ainsi la proportion sera $1 : 2 :: (19,5)^2$ 2 ou 380,25 : $x^2 =$ 760,50, dont la racine quarrée est 27,57, qui sera la longueur que doit avoir la seconde mesure ou second faisceau. Par une semblable proportion, on aura la longueur du troisieme faisceau, de 33,7, ainsi des autres. On pourroit, selon cette méthode, graduer une regle, sur laquelle on rapporteroit, par le moyen d'une ficelle, la circonférence de l'arbre, pour connoître combien elle contiendroit de faisceaux ; mais les Ouvriers se servent d'une méthode graphique pour diviser leur regle, qui est fort juste.

Ils élevent une perpendiculaire à l'extrémité d'une ligne, (*Pl. XXXII. fig. 1 & 2*), & portent sur chacune de ces deux lignes, 19 pouces & demi que nous avons trouvé être la longueur du premier faisceau, & tirent la diagonale, qui est la circonférence du cercle, dont la surface est double de celle de 19 pouces & demi ; laquelle diagonale est de 27,57, comme nous l'avons trouvée par le calcul, & par conséquent la longueur du second faisceau. Ils portent ensuite cette diagonale *a b*, sur un

H h h h

des côtés, comme de *c* en *d*, & tirent la nouvelle diagonale *db*, qui eſt la circonférence du cercle, dont ſa ſurface eſt triple, ou la longueur du troiſieme faiſceau : portant enſuite cette nouvelle diagonale de *c* en *f*, ils tirent la nouvelle diagonale *fb*, qui fait la quatrieme meſure ; par ce moyen ils graduent leur regle *C G*, juſqu'à la groſſeur des plus gros arbres, & mettent à côté des diviſions, les chifres 1, 2, &c, qui indiquent le nombre de faiſceaux toujours meſurés de la partie *c* inférieure de la regle.

DÉMONSTRATION.

La démonſtration de cette méthode eſt évidente ; car l'angle *a c b* étant droit, la diagonale *a b* eſt la racine quarrée de la ſomme de deux quarrés *a c*, *c b*, ou d'une ſurface double de celle d'un faiſceau ; & par conſéquent le côté homologue de cette ſurface.

La diagonale *d b*, eſt la racine quarrée de la ſomme des deux quarrés des côtés *d c*, & *b c* ; mais le quarré du côté *d c* eſt double de celui du côté *c b*, donc la diagonale *d b* eſt le côté homologue d'une ſurface triple de celle qui auroit la ligne *b c* pour côté, & par conſéquent la longueur du troiſieme faiſceau, & ainſi des autres ; & comme les ſurfaces des cercles ſont entr'elles comme le quarré de leurs circonférences, la ſurface du cercle qui aura deux faiſceaux de circonférence, ſera double de celle du cercle qui n'aura qu'un faiſceau de circonférence ; puiſque le quarré qui a deux faiſceaux pour côté, eſt double de celui qui n'a qu'un faiſceau pour côté, ainſi des autres.

OPÉRATION.

On meſure avec une ficelle la groſſeur d'un arbre au milieu du tronc ; on rapporte cette ficelle ſur la regle, & l'on voit ſi elle contient 1 ou 2 faiſceaux ; on multiplie enſuite ce nombre de faiſceaux, par le nombre de 30 pouces que contient la longueur de l'arbre, & l'on a tout de ſuite la quantité de faiſceaux, & par conféquent de pieds de gîte, en multipliant le nombre de faifceaux par 3, ou de pieds-cubes, en divifant le nombre de faifceaux par 3.

On pourroit s'éviter une opération, en divifant un parchemin en faifceaux en place d'une regle ; par ce moyen on auroit tout de fuite le nombre de faifceaux de la circonférence.

Comme les Marchands, lorfqu'ils vont faire l'examen d'un bois fur pied, font bien aifes, avant d'en faire le marché, de favoir le produit qu'ils pourront en retirer, fur-tout des arbres un peu confidérables, ils ont befoin d'une pratique fimple pour en connoître la hauteur ; chacun s'en fait une à fa mode. Celle que nous avons indiquée dans le Chapitre II du Livre III de cet ouvrage, eft une des plus fimples & des plus exactes. Voyez *page 259.*

La hauteur de l'arbre étant connue, ils en prennent la groffeur à 4 ou 5 pieds de terre, & ont, par la méthode ci-deffus détaillée, le nombre de faifceaux ou de pieds-cubes contenus dans l'arbre, qui peut être employé en charpente.

REMARQUES.

COMME la mefure en pieds de gîte & en faifceaux, n'eft pas ufitée en France, on peut fe fervir de la même méthode pour réduire tout de fuite les bois ronds, en pieds-cubes ou folives ; il fuffit fimplement, partant du même principe, de changer la divifion de la regle ou du parchemin avec lequel on mefure la circonférence.

Pour cela, on remarquera :

1°, Que la folive eft égale à 3 pieds-cubes.

2°, Que la folive fe divife en 6 pieds de folives, dont chacun vaut un demi-pied cube.

Ainfi toute mefure qui donnera des folives, ou pieds de folives, fe réduira aifément en pieds-cubes, & réciproquement.

La folive fe repréfente ordinairement par une piece de bois de 6 pouces d'équarriffage & de 12 pieds de longueur ; une pareille piece contient une folive ou 3 pieds-cubes ; c'eft dans

cette forme que je la confidérerai pour fervir de bafe à ma mefure, pour la réduction des bois ronds en pieds-cubes ou folives.

Ma premiere mefure fera la circonférence du cercle qui
étant équarri, porte une piece de bois de 6 pouces quarré:
cette piece, fur un pied de longueur, donnera un quart de
pied-cube ou un douzieme de folive; ainfi il en faudra 4
pieds de long pour produire un pied-cube, & 12 pieds pour
faire une folive.

Cette circonférence étant la premiere mefure, ou *faifceau*,
les autres en feront multiples; c'eft-à-dire, circonférences de
furfaces multiples : ainfi, pour avoir le cube de l'arbre propofé; après avoir mefuré fur la regle, ou avec le parchemin, le
nombre de mefures que contient fa circonférence, on multipliera le nombre trouvé par le quart du nombre de pieds contenu dans la longueur, fi c'eft en pieds-cubes qu'on veut
avoir le réfultat; ou par la douzieme partie, fi c'eft en folives
qu'on veut avoir le folide de la piece.

EXEMPLE.

Soit une piece de 3 mefures un quatrieme de circonférence
& de 24 pieds de longueur, dont on veut avoir le cube, en
pieds & en folives.

OPÉRATION.

1°, Si c'eft en pieds-cubes, on multipliera 3 faifceaux ou me-
fures $\frac{1}{4}$, par le quart de 24 pieds ou 6 pieds 3$^{mef.}$ $\frac{1}{4}$ ou $\frac{3}{12}$.

$$\text{par} \dots \dots 6^{pieds.}$$

$$18$$
$$1 - 6$$

Et on aura . . . . 19$^{pieds.}$ 6 pouces pour
le toifé de l'arbre en pieds-cubes.

2°, Si l'on veut avoir le cube de la piece en folives, on mul-

tipliera les 3 mesures un quart de la circonférence , par le douzieme de la longueur ou de vingt-quatre pieds, & on aura . . . . $3^{\text{mes.}}\frac{1}{4}$
$$\text{multiplié par . . . } 2^{\text{pieds.}}$$

Ce qui donnera . . . , ... 6 solives trois pieds pour le toisé de l'arbre en solives , ce qui revient au même que par l'opération précédente, puisque 6 solives 3 pieds font 19 pieds-cubes & demi ou 6 pouces.

Méthode pour graduer la regle , ou le parchemin.

On cherchera la circonférence d'une piece qui puisse fournir 6 pouces d'équarrissage , & on trouvera cette circonférence de 26 pouces 8 lignes ; mais on prendra 27 pouces à cause du déchet pour l'écorce ; & cette longueur de 27 pouces sera la premiere mesure dont on se servira pour graduer la regle ou le parchemin, par la même méthode expliquée ci-dessus. Pour y parvenir, on élevera une perpendiculaire AC, (*Pl. XXXII. fig.* 2), à l'extrémité d'une ligne AD ; du point A, on portera les 27 pouces que nous avons trouvés pour la longueur de la premiere mesure , sur les lignes AC, AD, aux points B & E, & AE sera la longueur de la premiere mesure : pour avoir la seconde mesure, on tirera la diagonale BE, qu'on portera de A en F, & AF sera la longueur de la seconde mesure : pour avoir la troisieme mesure, on tirera une nouvelle diagonale BF, qu'on portera de A en G ; & AG sera la troisieme mesure. On continu a de la même façon de graduer la regle ou le parchemin AD, jusqu'à la longueur de la circonférence des plus gros arbres que l'on peut avoir à mesurer.

Mais comme il peut y avoir des arbres à mesurer qui aient une plus petite circonférence que 27 pouces ; ou qu'il peut arriver que dans de plus gros arbres , la longueur des circonférences ne soit pas une mesure juste de faisceaux , alors il sera avantageux d'avoir des subdivisions du premier faisceau , ou d'un faisceau à l'autre. Pour avoir ces subdivisions , on menera au-deſſus de la baſe AB de 27 pouces, qui a ſervi pour le tracé des meſures, une parallele ab, qui lui ſoit égale, afin de ne pas embrouiller la figure ; ſur cette ligne, comme diametre, on décrira un demi-cercle ; puis on la diviſera en autant de parties que l'on veut avoir de diviſions dans le faiſceau ou meſure : le mieux ſeroit de la diviſer en douze parties, afin que la diviſion de la meſure fût correſpondante à celle du pied. De toutes les diviſions faites ſur le diametre, on élevera des ordonnées vers la circonférence : d'une des extrémités a du diametre, on tirera des cordes à tous les points où la circonférence eſt rencontrée par les ordonnées, & on les rapportera par des arcs de cercle ſur le diametre ab, & par des paralleles ſur la baſe AB, qui lui eſt égale, puis par des arcs ſur le côté AC deſtiné à la diviſion de la regle ; & ces cordes ainſi rapportées, ſeront les diviſions de la premiere meſure, correſpondantes à celles que l'on aura faites ſur le diametre ab ; c'eſt-à-dire, que $A\frac{1}{4}$ ſera la circonférence du cercle qui portera l'équarriſſage d'une piece égale en ſuperficie, au quart de celle qui a la meſure entiere pour circonférence circonſcrite, ou 6 pouces de côté : $A\frac{1}{2}$ ſera la meſure de l'arbre qui portera l'équarriſſage d'une piece égale à la moitié de la ſuperficie de celle de 6 pouces de côté, ou de 18 pouces quarrés, ainſi de $A\frac{3}{4}$.

Nota. Qu'au lieu de $\frac{1}{4}$, $\frac{1}{2}$, $\frac{3}{4}$, on pourroit mettre 3, 6, 9 parties, en ſuppoſant la meſure diviſée en 12.

Ainſi le premier faiſceau ſera diviſé en autant de parties que l'on aura diviſé de fois le diametre ab dans la figure 2, Pl. XXXII, en 8 parties ; mais le mieux ſeroit de le diviſer en 6 ou en 12.

Préſentement, pour avoir les diviſions intermédiaires, entre 1 & 2 faiſceaux ou meſures, on tirera des diagonales du point E de la premiere meſure, aux diviſions $\frac{1}{4}$, $\frac{1}{2}$, $\frac{3}{4}$ de la baſe AB ; & les diſtances $F\frac{1}{4}$, $E\frac{1}{2}$, $E\frac{3}{4}$, rapportées le long de la ligne AC, partant toujours du point A, donneront les points intermédiaires $\frac{1}{4}$, $\frac{1}{2}$, $\frac{3}{4}$, entre 1 & 2 meſures ou faiſceaux : on en fera autant pour avoir les meſures intermédiaires entre les autres faiſceaux.

Pour éviter les erreurs, il faut se souvenir :

1°, Que pour réduire une piece en pieds-cubes, il faut multiplier le nombre de mesures & de parties de mesures de la circonférence, par le $\frac{1}{4}$ de la longueur de la piece mesurée en pieds.

2°, Que pour réduire une piece en solives, il faut multiplier le nombre de mesures & parties de mesures de la circonférence, par le $\frac{1}{12}$ de la longueur de la piece mesurée en pieds.

EXPLICATION des Planches & des Figures du Livre IV.

PLANCHE XIV,

Relative à la formation des Fentes.

LA FIGURE 1 représente un cylindre de bois : a, d, d, d, les cercles annuels ; $b\,b$, un barreau levé dans le diametre de ce cylindre ; $c\,c$, barreau levé suivant la direction des fibres longitudinales ; e, e, direction des fibres longitudinales ; f, f, rayons qu'on apperçoit sur l'aire de la coupe d'un morceau de bois.

Figure 2, cylindre de glaise.

Figure 3, tranche très-mince levée sur l'aire d'un cylindre de glaise : $a f$, diametre de cette tranche : a, b, c, d, différentes couches de terre que l'on suppose être de densités inégales : $a, 1, 2, 3, 4, m, f$, &c, la circonférence de cette tranche, pendant qu'elle est humide : $e\,e\,e$, point où se réduit cette circonférence quand la glaise est devenue seche.

PLANCHE XV.

La FIGURE 1 représente une tranche fort mince d'un cylindre de bois : les couches 1, 2, 3, 4, 5, 6, &c, sont supposées être de densités inégales : s, lignes courbes $d\,ef$, & $a\,b$, re-

préfentent la forme que doit prendre une fente par la contraction des couches 1, 2, 3, &c.

La Figure 2 fait voir un rayon femblable à *a b* (*Fig. 1*), &
fait entendre ce qui doit réfulter de la contraction des rayons.

La Figure 3 fert à faire connoître ce qui doit réfulter de
la contraction des rayons & des couches ligneufes.

PLANCHE *XVI*, *relative à la pefanteur du bois de différents
points du corps d'un arbre*, & *à la forme de certaines fentes.*

LA FIGURE *1* fert à démontrer la différence de denfité du
bois du cœur d'avec celui de la circonférence.

Par la *Figure* 2, on voit la différence de denfité du bois du
pied d'un arbre d'avec celui de la cîme.

La Figure 3, fait voir comment les couches ligneufes fe
féparent les unes des autres dans les *bois roulis* lorfqu'ils fe
deffechent.

La Figure 4, fait comprendre pourquoi les bois fe fendent
plus aifément dans la direction du centre à la circonférence
que dans toute autre.

Figure 5, arbre en retour *cadranné* dans le cœur.

Figure 6, arbre auquel on a donné un trait de fcie de *a* en *b*,
pour prévenir qu'il ne s'y forme point trop de fentes.

PLANCHE *XVII. Elle fait voir comment le bois fe contracte
en fe féchant*, & *ce qui en réfulte.*

FIGURE *1*, piece de bois dont les parties numérotées 1 &
3, font reftées en grume, & celles numérotées 2 & 4, ont été
équarries.

Figure 2, exemple des fentes qui fe forment entre l'écorce
& le centre de l'arbre.

Figure 3, fentes qui s'étendent de la circonférence vers le
centre.

La Figure 4 fait voir la quantité de fentes qui fe forment
fur une piece de bois qui a été équarrie auffi-tôt qu'elle a été
abattue

abattue, & qu'on a laissé se dessécher trop promptement ; il faut remarquer que le bois qui en a été retranché, a empêché que les fentes ne soient aussi grandes que dans les pieces en grume.

Figure 5, corps d'arbre refendu en deux par la ligne *a b*.

Figure 6, autre corps d'arbre refendu en quatre par les lignes *c d*, & *e f*.

La *Figure 7* démontre ce qui résulte du rapprochement des fibres de la *figure 5*.

Par la *Figure 8*, on peut voir ce qui résulte de la contraction des fibres de la *figure 6*.

PLANCHE *XVIII. Cette Planche fait voir différentes aires de coupes de pieces de bois faites en différents points, & les fentes qui en résultent.*

On voit par la *Figure 1*, que dans une piece de bois quarré *a c e f*, refendue à la scie par une ligne *d h*, les faces qui répondent au cœur deviennent convexes, & les faces opposées concaves.

Par la *Figure 2*, on voit ce qui arrive à une piece ronde, sciée par une ligne *a b*, soit à la partie *f* dans laquelle le bois du cœur est compris, soit à la partie *g* qui ne contient pas de bois du cœur.

Les *Figures 3, 4, 5* & *7*, font voir que les pieces de bois où il se trouve du bois du cœur de l'arbre, sont plus sujettes à se fendre que celles où il ne se trouve pas de ce bois.

La *Figure 6* représente un tuyau de bois, & fait voir qu'il est peu sujet à se fendre.

PLANCHE *XIX. Cette Planche fait voir qu'une piece de bois dans laquelle le cœur d'un arbre est compris, est plus exposée aux fentes que lorsque cette partie n'y est pas renfermée.*

FIGURE 1, surface d'un cube de bois qui étant encore verd, avoit la forme que désignent les lettres *A, B, C, D*, & qui étant devenu sec a pris celle de *a b c d* : on voit en *K* où se trouve le cœur de l'arbre, qu'il s'y eft formé de grandes fentes L, L, &c.

Figure 2, autre cube qui avoit, étant verd, la forme *E F G H*, & que la fécherelle a réduit à celle de *e f g h* : le cœur du bois *K* qui fe trouve hors de la piece, eft très-peu fendu : ces deux Figures ont été deffinées très-exactement d'après nature.

PLANCHE *XX. Cette Planche démontre ce qui arrive aux planches fciées dans des arbres encore verds.*

FIGURE *I*, corps d'arbre refendu en planches encore tout verd : ces planches devenues feches & pofées les unes fur les autres, ne peuvent fe toucher aux points *m*, *n*, *o*, *p*, *q*, & ont peu de fentes.

Par la *Figure* 2, on voit que la Planche *a a*, *b b*, ne s'eft point bombée comme celle de la *figure I*, & que les ouvertures *a, a* & *b, b*, font produites par la contraction des parties extérieures de l'arbre *c c*.

PLANCHE *XXI. On voit par les Figures, que les planches fe courbent à raifon du racourciffement des fibres longitudinales du bois.*

FIGURE *I*, tronc d'un jeune arbre fendu en quatre parties, par les lignes *a b* & *c d*.

La *Figure* 2 fait voir que chaque partie de cet arbre s'eft courbée du côté de l'écorce.

La *Figure* 3 montre comment les fibres longitudinales fe racourciffent à mefure que les arbres fe deffechent.

Figure 4, piece de bois quarré refendue en deux parties *a, a.*

On voit par la *figure* 6, que les bouts d'une piece refendue s'écartent en *a a* : cet écartement a été exprimé trop confidérable dans cette gravure.

Figure 7, arbre fendu en trois parties, lefquelles s'écartent les unes des autres en forme de lardoire.

Figures 8 & 9, corps d'arbres refendus en planches.

La *Figure IX* fert à démontrer pourquoi il y a des planches qui fe tourmentent, & d'autres qui ne fe courbent point, & encore pourquoi les unes fe fendent, & d'autres ne fe fendent pas.

Les *Figures 10, 11 & 12* fervent à rendre raifon de ces faits.

PLANCHE XXII. *Cette Planche eft relative aux tentatives faites pour empêcher les bois de fe fendre.*

Les *Figures 1, 2 & 3*, font voir dans quelles circonftances les fentes portent le plus de préjudice, & comment on pourroit en grande partie le prévenir.

Figure 4, numéros 1, 2, 3, 4, portions de cônes & de pyramides tronquées, qui contiennent le cœur du bois des pieces : aux numéros 5, 6, 7, 8, le cœur eft hors des pieces : ces pieces, quoique cerclées & bien ferrées, fe font néanmoins fendues.

PLANCHE XXIII, *relative aux bois qui fe livrent en grume pour le fervice de l'Artillerie.*

FIGURE 1, flafque d'un affût marin.
Figure 2, fond d'un affût marin.
Figure 3, effieu d'un affût marin.
Figure 4, roue d'un affût marin.
Figure 5, flafque d'un affût de campagne.
Figure 6, moyeu de la roue d'un affût de campagne.
Figure 7, jante d'un affût de campagne.
Figure 8, rais d'une roue d'affût.
Figure 9, effieu d'un affût de campagne.
Figure 10, moitié de la limoniere de l'avant-train d'un affût.
Figure 11, piece qui porte la cheville ouvriere aux avant-trains des affûts.

PLANCHE XXIV. *Détail du travail des Sabotiers.*

Figure 1, chevre fur laquelle les Sabotiers coupent le bois.
Figure 2, paffe-par-tout ou fcie dont ils fe fervent.

Figure 3, *h*, maſſe des Sabotiers; *i*, ciſeau qui ſert quelque-fois à fendre; *k*, coutre, inſtrument bien plus commode pour fendre; *m*, rondine qui doit être fendue; *g*, coin de fer qui ſert à fendre les groſſes rondines.

Figure 4, quartier d'une rondine propre à faire un ſabot.

Figure 5, *A*, billot: *a*, ſerpe pour ébaucher les ſabots.

Figure 5 * 6, herminette avec laquelle on forme l'entrée & le talon d'un ſabot.

Figure 6*, *E*, rondine propre à faire un ſabot; *F*, la même rondine ſur laquelle eſt ponctuée la figure d'un ſabot.

Figure 6 * *, (vers le bord oppoſé de la planche) ſabot *H* qui n'eſt qu'ébauché; & au - deſſous de la *figure* 6, *G*, ſabot paré & fini en dehors.

Figure 7, piece de bois entaillée, dans laquelle on aſſujettit avec des coins une paire de ſabots qui doit être évidée.

Figure 8, loge des Sabotiers: on voit dans cette loge la même piece en place.

Figure 9, vrille *K*, avec laquelle on commence à percer les ſabots: *h*, *i*, *l*, cuillers de différentes grandeurs pour les creu-ſer.

Figure 10, crochet ou *rouette*, pour polir & effacer les ſil-lons que les cuillers ont pu faire au-dedans du ſabot.

Figure 11, plane ou paroir pour finir les ſabots en dehors.

Figure 12, *a*, coupe d'un ſabot, ſuivant ſa longueur, pour en faire voir l'épaiſſeur: *b*, ſabot garni de ſon *emblai*: *c*, *d*, ſabots en uſage dans le Limoſin; ils ont une grande entrée & ſont garnis d'une courroie: *e*, ſabot garni d'un *miton* de peau de mouton; *f*, petit fer dont on arme quelquefois le deſſous du ta-lon; *g*, autre petit fer qui s'attache ſous le fort du pied.

Figure 13, *A*, Ouvrier qui ébauche un ſabot: *B*, autre Ou-vrier qui perce; *C*, autre qui creuſe: *D*, autre qui pare & finit le ſabot.

Figure 14, *A*, forme de ſoulier pleine: *B*, forme briſée; *C*, ſemelle de galoche; *D*, talon pour homme; *E*, talon pour femme.

PLANCHE *XXV. Outils à l'usage du Fendeur.*

FIGURE 1, attelier du Fendeur : *A B C*, grande piece fourchue ; *D E F*, pieds qui la soutiennent ; *G H*, pieces de bois enfoncées en terre pour donner de la solidité à l'attelier : *I*, mailloche pour frapper sur le coutre : *O N*, piece disposée pour être fendue avec le coutre *P* : *K L*, piece en partie fendue : *M*, le coutre : *Q*, coin qui entretient l'ouverture de la fente.

Les *Figures* 2, 3, 4 & 5 font voir comment le Fendeur peut conduire la fente bien droite.

Figure 6, coutre à deux biseaux servant à fendre : *e*, coupe de ce coutre.

Figure 7, grand coutre à un biseau ; *e*, coupe de ce coutre : il sert à parer les pieces de bois, comme on peut le voir dans la *figure* 8.

Figure 9, grande cognée.

Figure 10, grand coin de bois.

Figure 11, *A*, scie dentelée ou passe-par-tout : *B B*, scie avec une denture ordinaire.

Figure 12, masse.

PLANCHE *XXVI. Travail du Fendeur.*

FIGURE 1, *A*, grosse tronce noueuse, qu'on veut fendre avec de la poudre : *a*, trou de tarriere rempli de poudre à canon, & fermé d'une cheville frappée à force : *b*, lance à feu pour allumer la poudre.

Figure 1 *, *B*, la même piece de bois éclatée en trois parties par l'effet de la poudre à canon.

Figure 2, Apprentif-Ouvrier occupé à fendre des chevilles de poinçon entre ses jambes.

Figure 3, cet Apprentif commence par fendre la bille en deux par la ligne 1, 1, puis par les lignes 2, 2, puis par celles 3, 3, &c.

Figure 4, ensuite il fend ces mêmes tranches, par les lignes 5, 6, 6, 7, 7 & 4, 4.

Figure 5, bille deſtinée à être fendue pour en faire des fu-
ſées pour les entre-voux des planchers.

Figure 6, paliſſon ou petite planche ſervant aux entre-voux
des Fermes.

Figure 7, barre pour les fonds des futailles.

Figure 8, chevre ſervant d'attelier pour fendre les barres &
les paliſſons.

Figure 9, bille ſciée de longueur pour faire des échalas de
vigne : les lignes ponctuées *A B*, *C D*, *E F*, *G H*, indiquent
comment on doit diviſer cette piece par quartiers.

La *Figure* 10 indique comment on doit fendre le quartier
A E C, pour en tirer ſix ou ſept échalas : les autres quartiers ſe
fendent de même.

Figure 11, un échalas.

La *Figure* 12 fait voir comment on arrange les échalas entre
quatre piquets pour en former des bottes.

Figure 13, une botte d'échalas liée avec des harts.

PLANCHE *XXVII*. *Travail du Fendeur de Lattes & de Cerches.*

La *Figure* 1 fait voir comment le Fendeur cartelle les pieces,
toujours du centre à la circonférence *E A*, *E G*, *E H*, *E I.*

La *Figure* 2 repréſente un de ces quartiers qu'il fend d'abord
par les lignes *a c*, *e e*, *d d*, *f f*; enſuite, & pour lever les lattes, par les lignes 1, 1, 2, 2, 3, 3, &c.

La *Figure* 3 indique la même opération pour la latte voliche.

Figure 4, petit attelier où l'on forme les bottes.

Figure 5, botte liée.

Figure 6, arbre abattu, & tel qu'on le délivre aux Fendeurs,
qui y donnent un trait de ſcie en *e* pour retrancher la culaſſe.

Figure 7, la même culaſſe qui doit être cartelée par les lignes
g g, *h h*, &c.

Figure 8, cartelle dont on doit retrancher le bois du cœur,
ſelon la ligne ponctuée *k k.*

Figure 9, la même cartelle *écœurée*, & qui doit être refendue, ſuivant la direction des lignes ponctuées *n n*, pour en faire
des fonds de ſeaux.

Figure 10, tronce de bois deſtinée à faire des cerches pour des corps de ſeaux. Elle ſe fend d'abord par la ligne *r r*. La fente ſe commence avec le tranchant de la cognée, ſur la tête de laquelle on frappe avec la maſſe *t* (*fig.* 11), & cette premiere fente s'acheve avec les coins *x*.

La *Figure* 12 fait voir comment on cartelle chaque moitié de la tronce (*fig.* 10), d'abord par la ligne *y y*, enſuite par les lignes *z* , *z* , enfin par les lignes *&* , *&*.

La *figure* 13 indique la partie du bois du cœur qui doit être enlevée d'une cartelle, ſelon la ligne ponctuée *k k*.

La *Figure* 14 fait voir comment on écorce cette même cartelle, dont on enleve la portion *o q o*.

Figure 15, portions de bois *r s*, qui s'enlevent par le Fendeur, & dont il fait des bordures ou de *l'Aprêt-marchand*.

PLANCHE XXVIII. *Suite du travail du Fendeur.*

FIGURE 1, ſelle à planer, avec l'Ouvrier en attitude, pour dreſſer les cerches avec la plane.

Figure 2, Ouvrier qui plie les cerches en différents ſens, pour connoître ſi elles ſont par-tout d'égale épaiſſeur.

Figure 3, cerches préſentées au feu, appuyées ſur une barre de fer, ſoutenue par deux chenets.

Figure 4, profil d'une cerche *E*, & des chenets qui la ſoutiennent vis-à-vis le feu.

Figure 5, bordure préparée pour lier les bottes.

Figure 6, laniere de bois qui attache la bordure des bottes,

Figure 7, bordure garnie de cette laniere.

Figure 8, petites planches qui ſervent de *gardes* pour empêcher que les bords de la bordure ne ſe fendent.

Figure 9, rouleau ſervant à plier les cerches.

Figure 10, coupe de ce rouleau.

La *Figure* 11 fait voir la diſpoſition de trois cerches qui doivent être roulées.

Figure 12, botte de cerches : *a a* bordure qui aſſujettit cette botte; *b*, laniere qui lie la bordure; *c c*, gardes; *d*, cerches.

Figure 13 , botte d'éclisses.

Figure 14 , moulinet qui sert à plier les éclisses & les cerches de rouet, pour les disposer à être mises en bottes.

Figure 15 , éclisse liée, préparée à recevoir celles qui doivent former une botte.

Figure 16 , chaseret garni d'osier, le fond mis en bas.

Figure 17 , chaseret garni d'osier, le fond mis en en haut.

Figure 18 , éclisse à fromage posée sur un clayon, ou tournette d'osier.

PLANCHE XXIX. *Maniere de faire des Copeaux & des Panneaux de soufflets.*

FIGURE I , piece parallélipipede de Hêtre, ébauchée pour en faire des copeaux.

Figure 2 , machine pour former les copeaux , vue en élévation.

Figure 3 , la même machine vue en plan. *A, B, C, D*, rouages qui augmentent la force des Ouvriers qui font tourner les manivelles; *F H*, corde qui communique le mouvement des rouages au rabot *G* : *I*, rouleau qui se hausse , ou qui se baisse , pour que la tirée de la corde soit horizontale : *K* , piece de bois sur laquelle on leve les copeaux : le graveur a fait cette piece trop forte par proportion avec le rabot : *L L* , *M M*, *N N*, bâti de forte charpente.

Figure 4 , coupe transversale de la même machine , par le milieu du rabot : *M M* , bâti de charpente : *K* , piece de bois sur laquelle on leve les copeaux : *G* , corps du rabot , au-dessus duquel paroît le fer taillant de ce rabot.

Figure 5 , presse où l'on dresse & où l'on rogne les copeaux.

Figure 6 , copeaux tels qu'on les vend en paquet.

Figure 7 , cartelle de Hêtre , destinée à faire des panneaux de soufflets.

Figure 8 , panneau de soufflet grossiérement ébauché.

Figure 9 , le même panneau fini & plané.

Figure 10 , encoche , ou établi dans lequel on assujettit les panneaux

panneaux de foufflets, pour les féparer chacun en deux parties, dont celle du deffous doit être la plus longue.

EXPLICATION de la Planche XXX, qui contient en détail,
la façon de faire les Ecopes, les Pelles à four, à bled & à fumier,
les Battoirs de leffive, & les Attelles de collier de Chevaux &
de Mulets.

FIGURE 1, cartelle deftinée à faire des attelles.
Figure 2, la même cartelle figurée en attelles, & qu'il n'eft
plus queftion que de féparer par des traits de fcie pour en
avoir plufieurs femblables à B.
Figure 3, encoche où l'on affujettit les attelles de la figure 2,
pour les féparer enfuite par un trait de fcie.
Figure 4, battoir pour la leffive.
Figure 5, écope vue de côté.
Figure 6, écope vue par-deffus.
Figure 7, coupe d'un rondin dans lequel on doit lever quatre
écopes.
Figure 8, aceau.
Figure 9, tie.
Figure 10, piece de bois préparée pour faire des pelles à
four.
Figure 11, pelle à four pour les Pâtiffiers.
Figure 12, pelle à four pour les Boulangers.
Figure 13, pelle à fumier.
Figure 14, pelle pour remuer les grains.

EXPLICATION de la Planche XXXI, qui expofe le travail
de l'Arçonneur; & celui des Tourneurs qui font les Sébilles & les
Moules à fuif.

FIGURE 1, cifeau de fer.
Figure 2, bec d'âne.
Figure 3, bât de mulet, monté,
Figure 4, courbe d'un bât.

Kkkk

Figure 5, lobe d'un bât.

Figure 6, moitié d'une courbe faite de deux pieces.

Figure 7, arçon de Cavalerie : *a*, le pontet : *b*, *b*, les deux bouts : *c*, le devant d'arçon : *d*, *d*, les pointes : *e*, *e*, les panneaux.

Figure 8, arçon de femme garni de son dossier *f*.

Figure 9, tour tel qu'on l'établit dans les forêts pour tourner les moules à suif, les sébilles, les rouets de poulies, &c : *A,B*, deux forts poteaux : *C*, *C*, deux pieces horizontales qui les assemblent : *D*, poupée mobile : *E*, crosse ou support : *F*, pieces servant à donner de la solidité aux poteaux *A, B*, & qui servent outre cela à appuyer le support, & à porter la planche inclinée *K*, sur laquelle s'appuie l'Ouvrier quand il travaille : *G*, perche à ressort : *H*, corde : *I*, mandrin : *L*, pédale : *M*, billot sur lequel on ébauche les pieces.

Figure 10, rondine qui doit être fendue en deux pour faire deux moules à suif.

Figure 11, moitié de rondine sur laquelle est tracé un moule.

Figure 12, sébille travaillée, posée sur sa clouiere ou mandrin à pointes *I*.

Figure 13, clouiere.

Figure 14, ciseaux courbes qui servent à détacher le noyau de bois que l'Ouvrier enleve de l'intérieur du moule qu'il tourne.

Figure 15, moule à suif sortant des mains du Tourneur.

Figure 16, outils du Tourneur.

Figure 17, disposition du chevalet pour enfumer les pieces travaillées.

PLANCHE XXXII.

Les *FIGURES* de cette Planche servent à l'explication de la méthode qui se pratique en Flandre pour toiser les bois ronds.

Fin du quatrieme Livre.

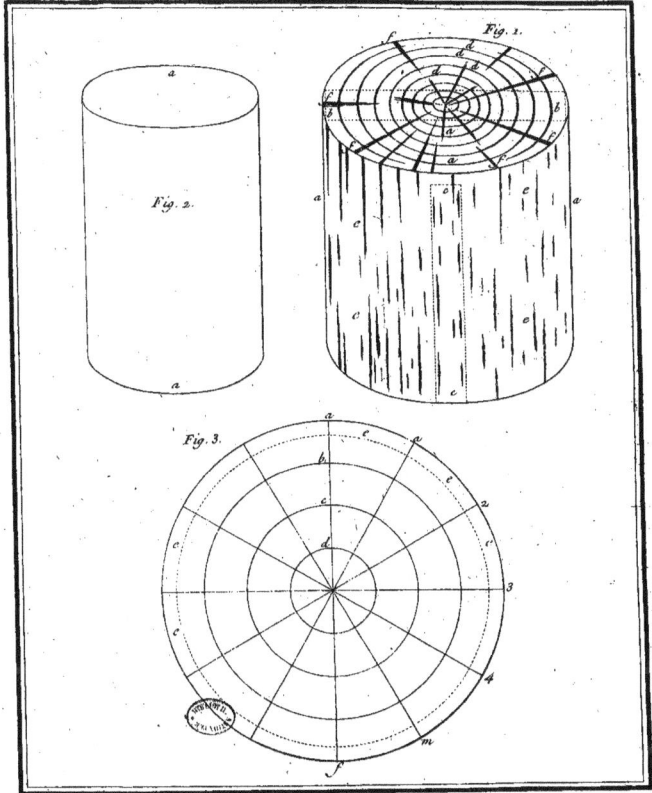

Fig. 1.

Fig. 2.

Fig. 3.

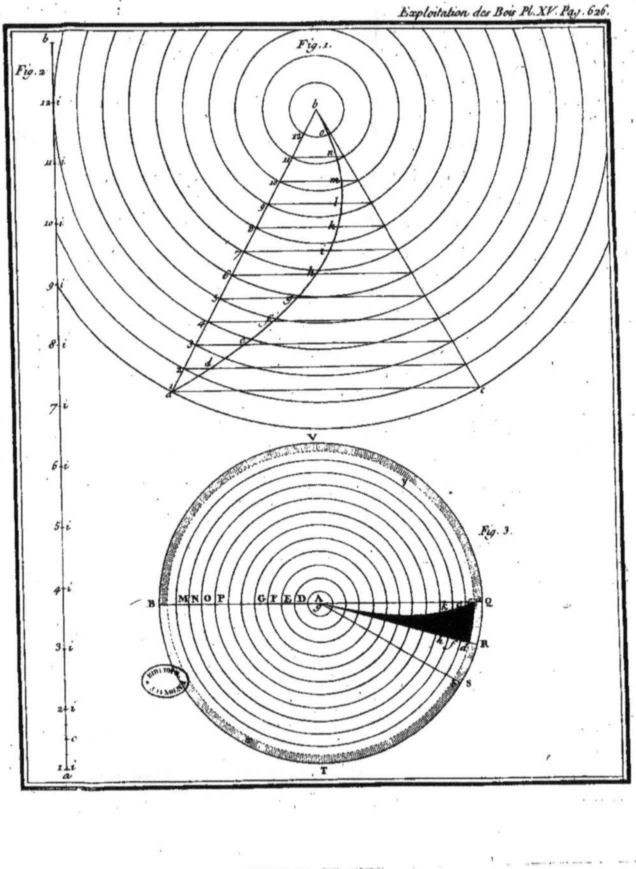

Fig. 1.

Fig. 2

Fig. 3.

V

B M N O P G F E D A E F G Q R S

T

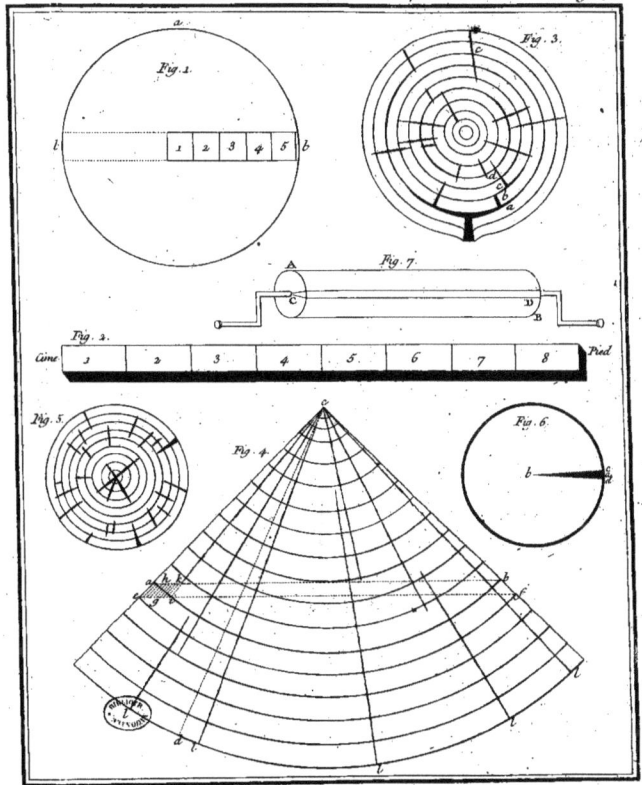

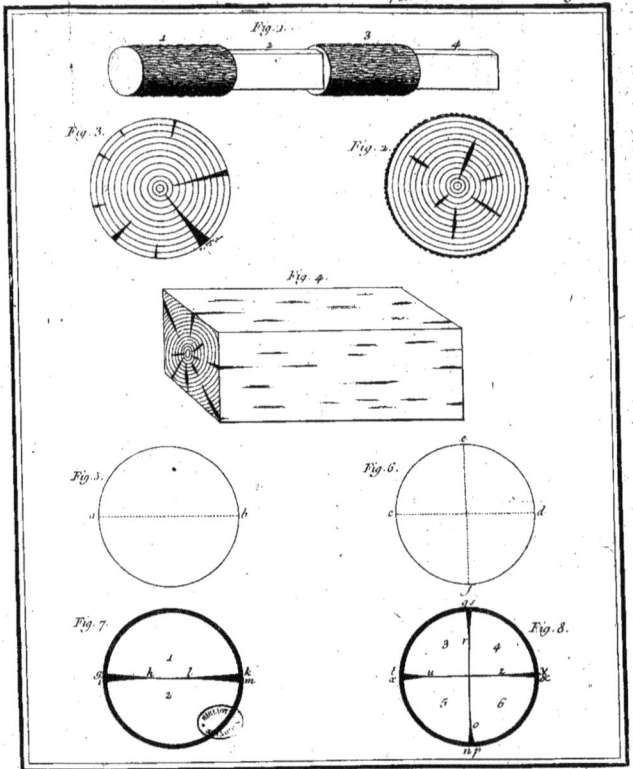

Fig. 1.

Fig. 3.

Fig. 2.

Fig. 4.

Fig. 5.

Fig. 6.

Fig. 7.

Fig. 8.

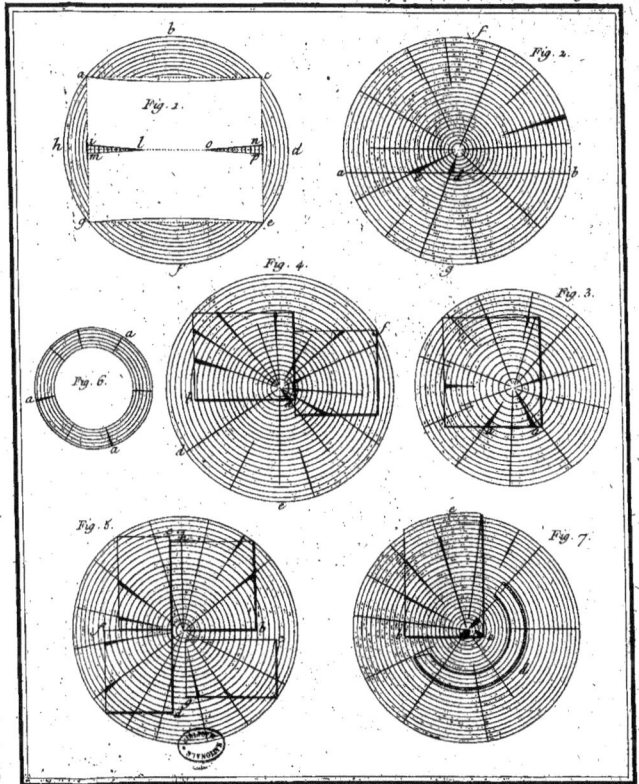

Fig. 1.

Fig. 2.

Fig. 4.

Fig. 3.

Fig. 6.

Fig. 5.

Fig. 7.

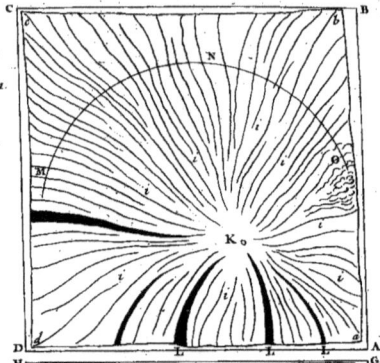

Fig. 1.

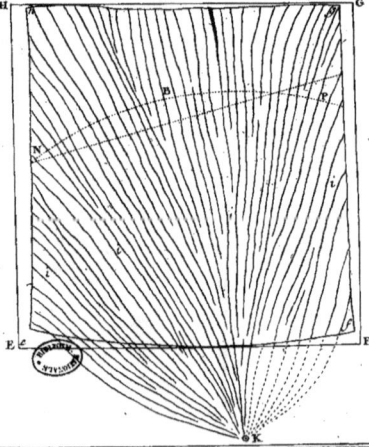

Fig. 2.

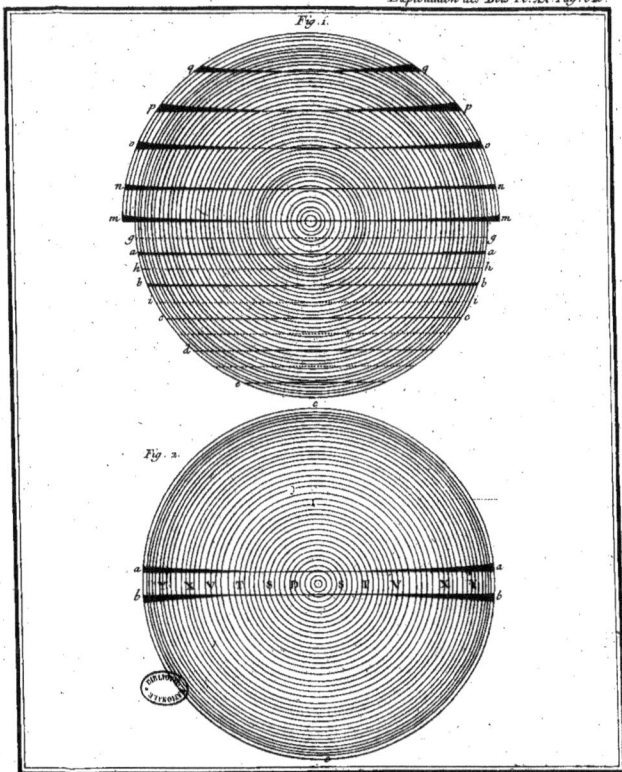

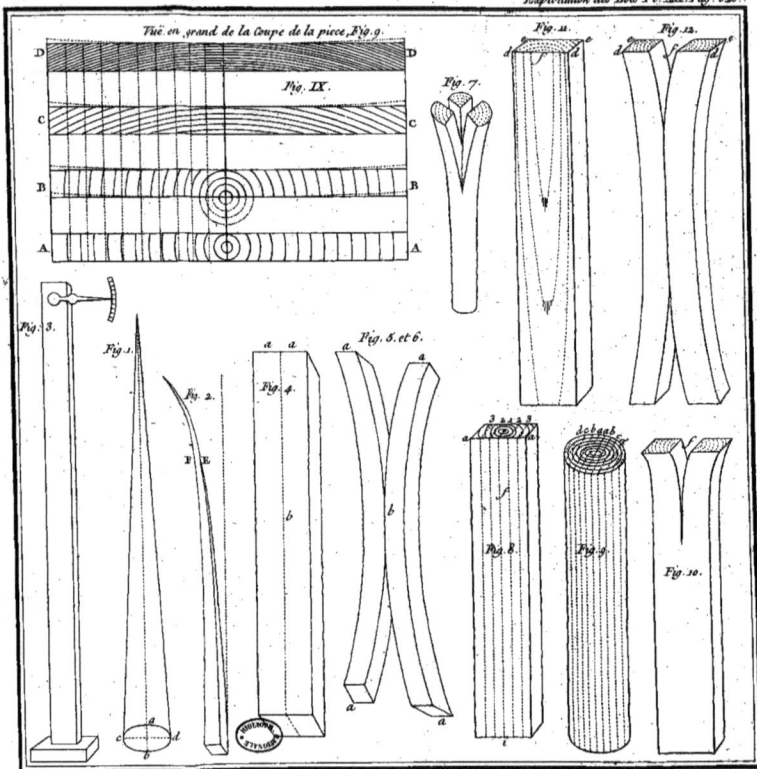

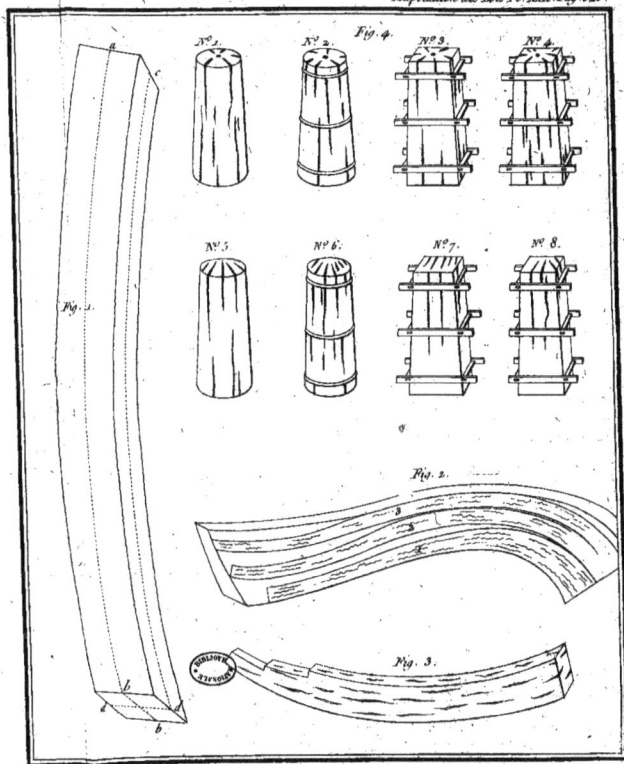

Exploitation des Bois. Pl. XXIII. Pag. 626.

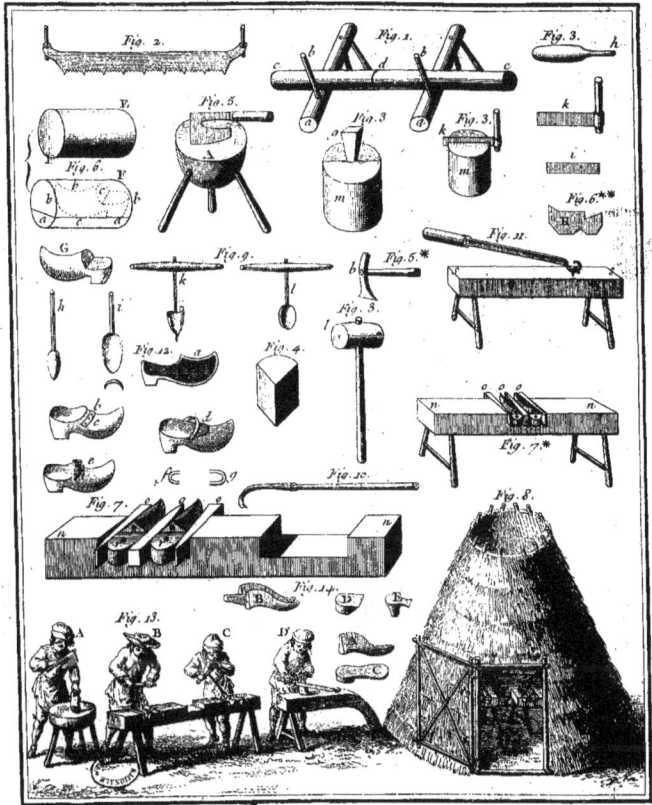

Fig. 2.
Fig. 1.
Fig. 3.
Fig. 5.
Fig. 3.
Fig. 3.
Fig. 6.
Fig. 6.**
Fig. 11.
Fig. 9.
Fig. 5.*
Fig. 3.
Fig. 12.
Fig. 4.
Fig. 7.*
Fig. 7.
Fig. 10.
Fig. 8.
Fig. 14.
Fig. 13.

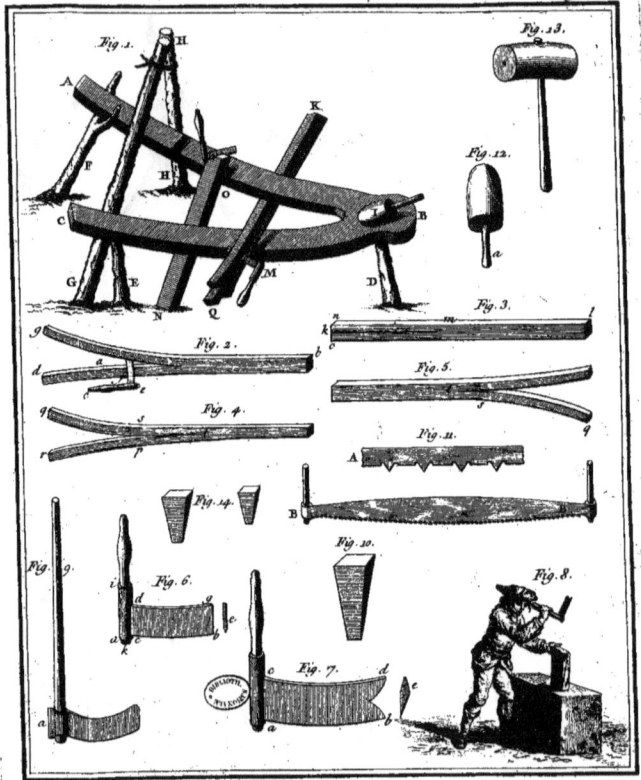

Fig. 9.

Fig. 10.

Fig. 12.

Fig. 13.

Fig. 1.

Fig. 4.

Fig. 3.

Fig. 5.

Fig. 2.

Fig. 6.

Fig. 8.

Fig. 7.

Fig. 14.

Fig. 11.

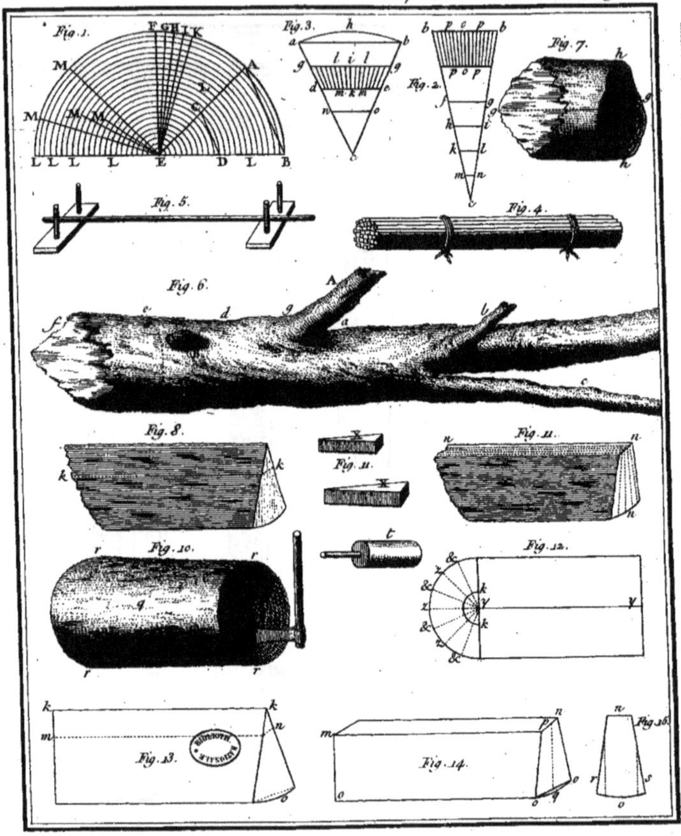
Fig. 1.
Fig. 3.
Fig. 2.
Fig. 7.
Fig. 5.
Fig. 4.
Fig. 6.
Fig. 8.
Fig. 11.
Fig. 11.
Fig. 10.
Fig. 12.
Fig. 13.
Fig. 14.
Fig. 15.

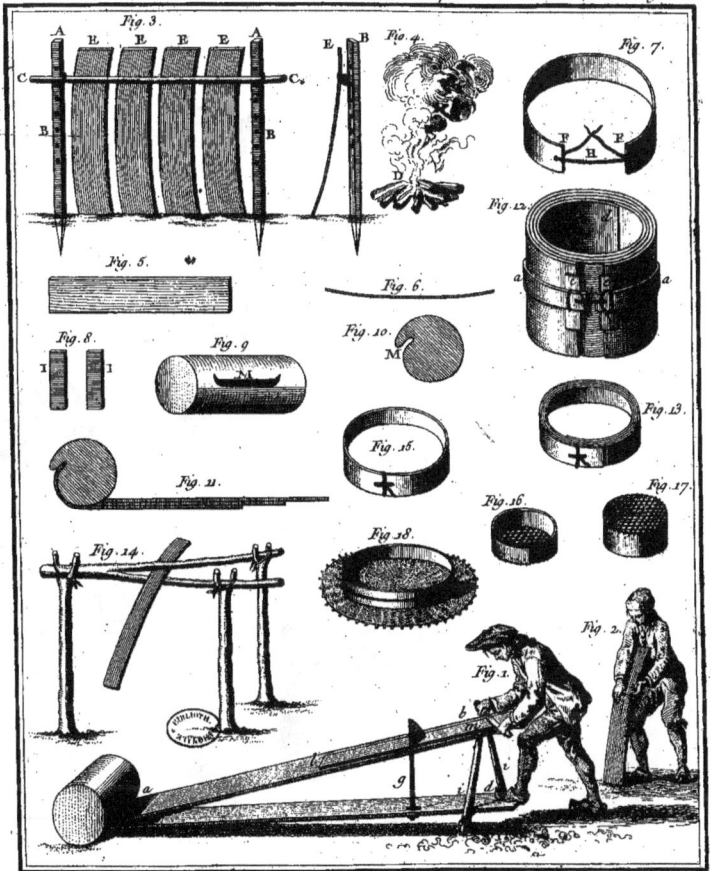

Fig. 3.
Fig. 4.
Fig. 7.
Fig. 12.
Fig. 5.
Fig. 6.
Fig. 8.
Fig. 9.
Fig. 10.
Fig. 13.
Fig. 15.
Fig. 11.
Fig. 16.
Fig. 17.
Fig. 14.
Fig. 18.
Fig. 2.
Fig. 1.

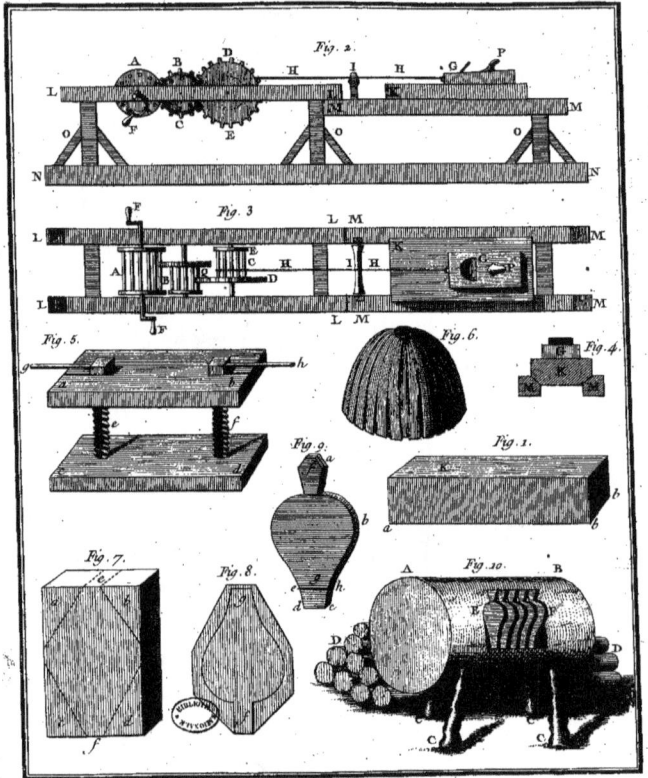

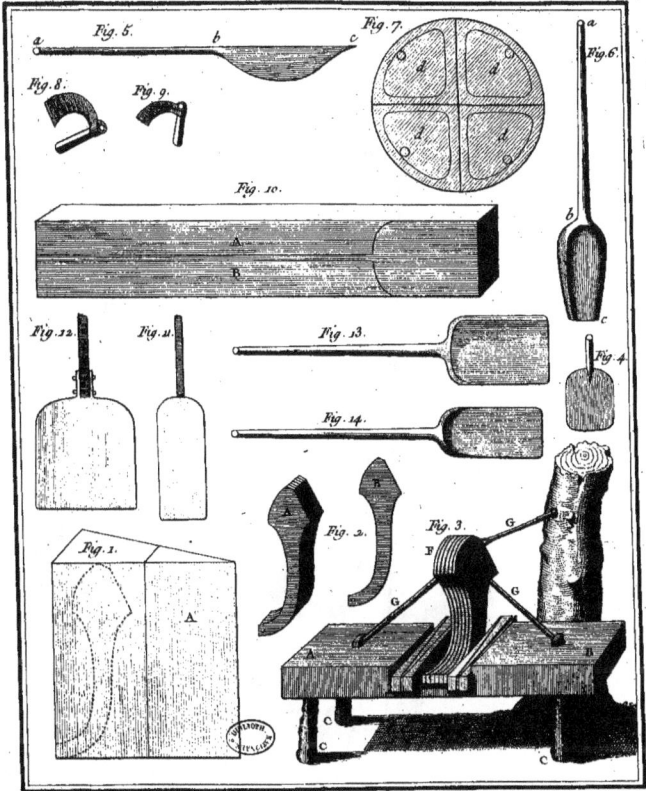

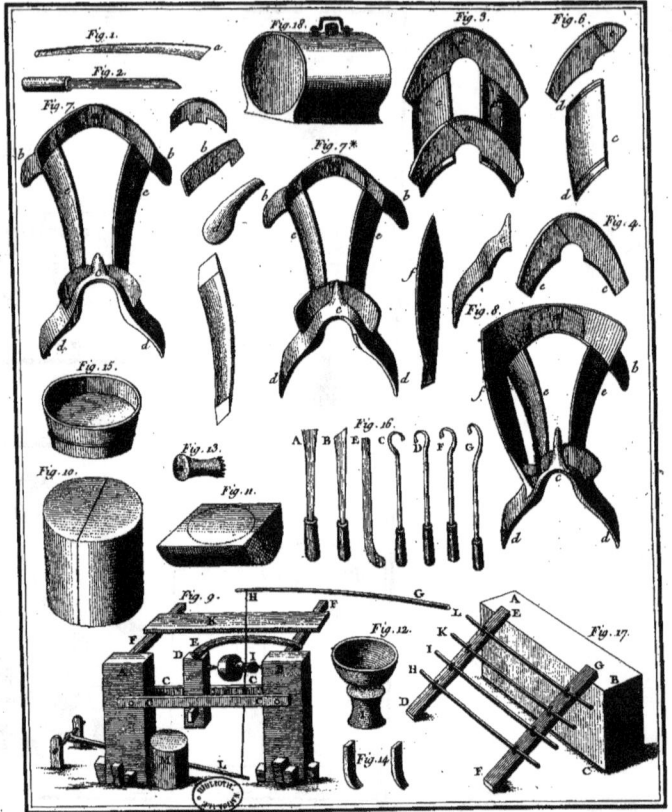

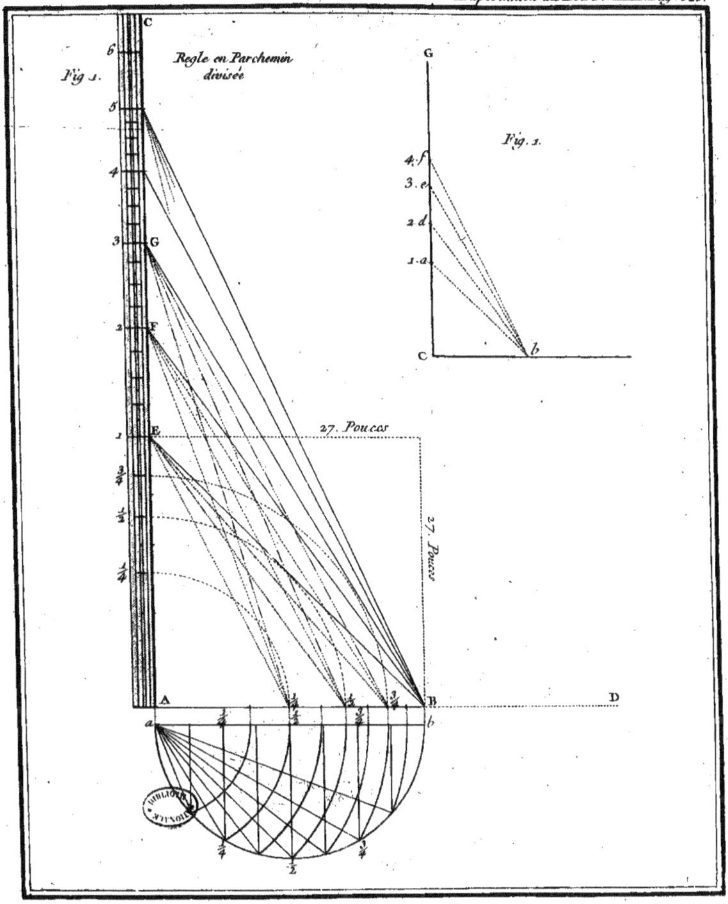

Fig. 1.

Regle en Parchemin divisée

Fig. 2.

27. *Pouces*

37. *Pouces*

6
5
4
3
2
1
3/4
1/2
1/4

C
G
F
E
A
B
D

G
4. f
3. e
2 d
1. a
C
b

1/4
1/2
3/4

a
b

1/4
1/2
3/4

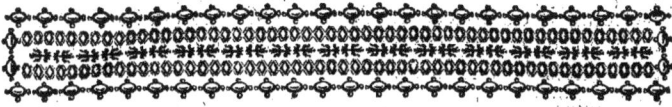

LIVRE CINQUIEME.

De l'exploitation des Bois quarrés.

COMME les ouvrages de Charpenterie, tant pour les Bâtiments civils, que pour les Vaisseaux, consomment beaucoup
de bois quarrés, on doit, quand on exploite une forêt, mettre
à part toutes les belles & grandes pieces pour les équarrir. Ce
n'est cependant pas toujours la pratique des Marchands de bois:
quand ils apperçoivent qu'ils trouveront un débit plus avantageux du bois de fente, ils font débiter en billons les plus
belles pieces, & ils les réduisent, pour ainsi dire, en copeaux
pour en faire de la latte, du merrain, & sur-tout de la cerche.
Comme toutes ces choses & autres peuvent se trouver dans
des arbres de moyenne grosseur, & qu'on peut y employer des
bois qui commencent à être gras; on sacrifie rarement de beaux
& grands arbres pour ces sortes d'ouvrages : mais je suis
toujours fâché de voir couper par morceaux les plus belles
pieces pour les débiter en cerches ; car si l'on se rappelle ce
que nous avons dit sur l'art du Fendeur, on comprend qu'on
ne peut lever de belles & grandes cerches que dans de fort
gros arbres, sains, exempts de nœuds, & dont le bois n'est
point fort gras. Il feroit à desirer qu'on ne fît de la cerche
qu'avec les billes courtes qui peuvent se prendre entre deux
nœuds ; si ces pieces viciées ne fournissoient pas autant de
cerches qu'on en consomme, il n'y auroit pas grand mal,
puisqu'il est possible de faire de petits seaux assez légers avec
du merrain de bois blanc cerclé de fer très-mince : la ra-
reté des beaux bois de charpente devroit déterminer les

K k k k ij

Marchands de bois à prendre ce parti, excepté dans les cas où la difficulté des chemins les obligeroit de réduire les bois par petites pieces, pour pouvoir être enlevées à dos de bêtes de somme.

Je suppose que les Bûcherons ont abattu les arbres ainsi que nous l'avons expliqué ; qu'ils les ont ébranchés ; qu'ils ont converti en bois de corde les branches qui ne sont propres qu'à cet usage ; qu'ils ont fait des fagots & des bourrées avec les rames ; & qu'enfin le menu bois a été converti en charbon. Je suppose encore qu'on a délivré aux Fendeurs les bois qui sont propres à faire de la fente & de la raclerie ; enfin qu'on a vendu aux Charrons & aux Fournisseurs de l'Artillerie , les pieces qui se vendent en grume ; & aux Charpentiers celles qui sont propres à faire des pilots. Après l'enlevement de tous ces bois, il ne doit plus rester dans la vente que les pieces qui doivent être équarries ; alors les Marchands doivent connoître à peu-près ce qu'ils pourront avoir de bois quarré, suivant les regles d'approximation que nous allons rapporter.

§. I. De la réduction des bois ronds en bois quarrés.

Si la circonférence d'un arbre est moindre que deux toises, on défalque la neuvieme partie , & on divise le restant en quatre, ce qui donne son équarrissage. Par exemple, si la circonférence est de 12 pieds, ou 144 pouces, cette somme étant divisée par 9, il vient 16 au quotient ; lesquels soustraits de 144, il reste 128 , qui divisés par 4, feront connoître que la piece aura 23 pouces d'équarrissage.

Si l'arbre avoit 3 ou 3 toises & demie de circonférence , il faudroit soustraire sept parties : s'il avoit 4 ou 4 toises & demie, on ôteroit 7 parties , & du restant, une vingtieme partie : s'il avoit 6 ou 6 toises & demie , on ôteroit la cinquième partie, & du restant, la vingtieme partie : s'il avoit 7 ou 7 toises & demie, on ôteroit la quatrieme partie, & du reste, la seizieme. Si l'arbre avoit 9 toises , on ôteroit la quatrieme partie , & du reste, la sixieme. Les soustractions étant faites , on divise la fomme reftante par quatre , pour avoir la valeur de chaque face.

Par ces approximations , les Marchands pourront faire un inventaire fuffifamment exact des bois quarrés qu'ils pourront tirer des arbres de leurs ventes , afin de fe rendre compte à eux-mêmes.

§. 2. *Diftinction des bois droits & des bois courbes.*

LES bois droits font les plus précieux pour le fciage & pour les charpentes des bâtiments civils ; car je comprends dans ce que j'appelle *bois droits ,* des pieces qui n'ont qu'un peu de courbure, & que les Charpentiers favent employer pour faire des jambes de force , & plufieurs autres pieces qui n'exigent abfolument pas que les bois foient parfaitement droits. Mais les bois fort courbes font très-recherchés pour différents ouvrages , comme pour les roues des moulins , les ceintres des voûtes , pour la conftruction des bateaux , & fur-tout pour celle des Vaiffeaux ; car on peut dire que la Marine emploie toute forte de bois droits ou courbes , pourvu qu'ils foient de bonne qualité & d'un échantillon convenable ; les courbes mêmes font fouvent plus précieufes que les pieces droites. Il eft donc à propos d'expliquer comment on doit équarrir toutes fortes de pieces de bois droits ou courbes , & détailler comment les *Chabins,* (c'eft ainfi qu'on nomme les Ouvriers la plupart Auvergnats , chargés d'équarrir les bois), doivent s'y prendre pour tirer tout le parti poffible des bois qu'ils doivent travailler. Je vais d'abord parler des bois qui font droits & alignés fur toutes leurs faces.

CHAPITRE PREMIER.

Méthode pour équarrir les Bois droits.

On peut dire en général que les pieces de bois droites ne peuvent jamais être trop longues, à moins que la grosseur de la tête ne differe trop de celle du pied. Ainsi, avant de rogner ces pieces, il faut les bien examiner & tâcher de leur faire porter le plus de longueur qu'il est possible suivant une ligne droite, & sans trop trancher le fil du bois ; si la piece est un tant soit peu courbe dans un sens, il vaut presque toujours mieux suivre cette courbure que de l'affamer vers la partie convexe.

Pour ménager toute la longueur que l'arbre peut porter, il faut, avant de le couper de longueur, le faire rouler sur le terrein, en examiner avec soin tous les côtés, & voir celui qui s'aligne le plus droit, afin de juger par le coup d'œil, jusqu'où cette ligne peut s'étendre ; quand on a décidé cette longueur, on fait couper l'arbre à la scie par l'extrémité d'en haut qui est le plus menu de la piece.

On fait ensuite tourner l'arbre sur chacune de ses faces avec le secours des leviers, jusqu'à ce qu'on ait trouvé le côté qui s'alignera le mieux dans toute sa longueur ; puis on le cale solidement, & on l'appuie fermement pour qu'il ne puisse changer de situation.

On prend ensuite le diametre du petit bout avec une regle divisée en pouces ; la moitié de la moyenne proportionnelle du tiers & du quart, indiquera de combien de pouces il faut charger la ligne sur le corps d'arbre que l'on a dessein d'équarrir, d'abord sur deux faces opposées : donnons un exemple.

Je suppose un arbre d'environ 30 pieds de longueur, & qui ait au petit bout *A B* (*Pl. XXXIV fig.* 1), où il a été rogné, 24 pouces de diametre, franc d'écorce ; il faut prendre le tiers de ce diametre, qui est 8 pouces ; puis prendre le quart qui est

6 pouces ; lefquels, ajoutés aux huit précédents, feront 14 pouces, dont la moitié eft 7 ; c'eft la quantité de bois qu'il faut retrancher de cet arbre, moitié du côté *A*, & moitié du côté *B*, pour fon premier équarriffage, ou pour le parage des deux premieres faces : on divifera donc 7 pouces en deux, & ce fera 3 pouces & demi de bois qu'il faudra retrancher, ce qui indique de quelle quantité il faut charger la ligne *e h* & *f g*, fur chaque côté de l'arbre ; après quoi il ne reftera plus à cette piece, quand elle fera travaillée fur ces deux faces oppofées, que 17 pouces vers la tête, au lieu de 24 qu'elle avoit en grume. A l'égard du pied, on doit avoir attention de lui laiffer 2 à 3 pouces de plus qu'au petit bout : ce furcroît de dimenfion fert à redreffer les pieces quand elles fe font déjettées ; d'ailleurs, il arrive fouvent que dans un bâtiment, une piece de charpente eft plus chargée à un de fes bouts qu'à l'autre, ou qu'elle doit être foutenue du côté du petit bout par une cloifon ; dans ces cas, on place le gros bout vers le côté qui doit fupporter une plus grande charge.

Les deux coups de lignes *e h* & *f g*, étant jettés fur toute la longueur de la piece, & tracés bien à plomb fur les bouts, doivent être exactement fuivies par l'Ouvrier dans toute leur longueur.

Pour bien dreffer ces deux premieres faces, l'Ouvrier commence par faire de diftance en diftance des entailles *d d* (*Planch. XXXIII. fig.* 2), qu'il approfondit jufqu'aux lignes *c c*, & enfuite il enleve le bois *f f* qui fe trouve compris entre ces entailles, ayant attention de ne point entrer plus profondément dans la piece que les lignes *c, c*, & de conduire ces faces bien à plomb ; c'eft pour cette raifon qu'il faut que les pieces foient folidement calées ; au refte, c'eft le coup d'œil qui doit guider l'Ouvrier pour former ces faces bien à plomb.

Le premier parage étant fait fur les deux faces oppofées, on renverfe la piece fur le côté qui eft le moins à vive-arrête, comme on le voit repréfenté (*Pl. XXXIII. fig.* 2). L'Ouvrier examine avec attention le contour que fa piece doit avoir ; il la cale de façon que les faces travaillées foient bien de niveau, c'eft-à-dire, bien paralleles à l'horizon, afin que les quatre faces fe coupent exactement à angle droit.

Si la piece n'a aucune courbure, on jette un coup de ligne fur les faces qui ont été parées en premier lieu, & l'on fait enforte qu'elles n'avivent pas trop la piece, mais qu'il paroiffe des défournis & un peu d'aubier aux angles, pour faire voir au Marchand que la piece n'a pas été trop frappée fur fes quatre faces.

Les lignes *c*, *c* (*Fig.* 2) étant jettées, & les entailles *dd* étant faites de diftance en diftance, on emporte les entre-deux *ff*, comme nous l'avons déja dit, en prenant foin que la cognée n'entre point trop dans la piece, & que les faces foient bien perpendiculaires à l'horizon ; car quand un mauvais Ouvrier ne conduit pas fes faces à plomb, les Charpentiers font obligés d'ôter beaucoup de bois lorfqu'ils les travaillent pour les mettre en œuvre, ce qui les affoiblit. Au refte, il eft facile de s'appercevoir de ce défaut, en préfentant une équerre fur les angles de la piece équarrie.

Il arrive quelquefois qu'on a befoin que certaines pieces foient beaucoup plus groffes par un bout que par l'autre ; par exemple, pour faire des meches de cabeftans (*Fig.* 3), des arbres tournants de moulin (*Fig.* 4. *A*), des jumelles de preffoir (*Fig.* 5), &c ; dans ce cas, on fait enforte que les lignes *c*, *c* (*Fig.* 2) fe rapprochent vers le petit bout, ou bien on fait une retraite vers *a* (*Fig.* 3), & l'on équarrit féparément la partie *b a*, & la partie *c a*.

D'autres fois on équarrit *méplat* une piece, comme on en peut voir la coupe *a b c d* (*Pl. XXXIV. fig.* 2) : on verra dans la fuite qu'il y a des circonftances où cette façon d'équarrir eft très-avantageufe ; par exemple, pour les bordages & les précintes ; comme il faut que ces pieces foient à vive-arrête, il faut que les plançons qui doivent fournir ces pieces n'aient point de défourni, ce qui fait qu'il eft fouvent avantageux de les débiter méplat. Il y a à la vérité un peu à perdre fur le *cubage* ; car en fuppofant que la piece quarrée *e f g h* (*Pl. XXXIV. fig.* 1), ait 16 fur 16, la furface de fa coupe fera de 256 ; au lieu

lieu que la piece méplate *a b c d* (*Fig.* 6), ayant 19. fur 13 , la furface de fa coupe ne fera que de 247; ce qui fait 9 pouces de moins , qui fe multiplient dans toute la longueur; mais auffi on a moins de défournis , & les bordages font plus larges ; d'ailleurs , on peut lever à la fcie, aux côtés en *I K* , deux bordages , & deux croûtes *L M* , qui payeront bien leur façon ; enfin fi cette piece étoit chargée dans le fens *LM* , elle feroit plus forte , même que la piece *e f g h* (*Fig.* 1). Nous aurons occafion de parler ailleurs plus en détail de cette façon de débiter les bois.

ARTICLE. *Façon d'équarrir les Bois courbes.*

CES fortes d'arbres exigent plus d'attention de la part des Ouvriers que les bois droits ; mais comme ils font très-précieux pour la Marine , ils méritent qu'on prenne à leur égard ces foins particuliers.

A moins que ces bois n'aient une courbure très - confidérable , on doit chercher à leur en donner plus qu'ils n'en ont naturellement, ayant cependant attention d'éviter de trop trancher les fibres du bois.

Pour y parvenir , après avoir paré la piece (*Pl. XXXIII. fig.* 13) fur fon droit , & lui avoir formé deux faces oppofées , comme je le dirai bien-tôt , on trace fur cette piece un trait *e f g* du côté qui eft convexe; on charge la ligne fur les bouts *e* & *g* , & l'on fait enforte que fon milieu *f* approche le plus qu'il eft poffible de l'écorce, comme on le voit dans cette figure. Pour tracer réguliérement ce trait, on pique dans la piece en différents endroits , des pointes de fer fur lefquelles on couche le cordeau , ou , encore mieux , on fe fert d'une regle très-mince & flexible qu'on fait porter fur toutes ces pointes ; puis on trace avec de la craie la ligne *h f i* , & l'on fait enforte de lui donner la courbure la plus réguliere qu'il eft poffible.

Lorfque la courbure extérieure & convexe eft bien formée , elle fert à tracer la courbure concave ou intérieure *a d b*; on

LIII

a foin qu'il refte des défournis en *a* & en *b*, & que la piece foit plus frappée en *d*.

A l'égard du parage de ces pieces fur le plat, j'ai déja dit qu'il fe faifoit comme aux pieces droites ; on les frappe feulement davantage comme quand on veut équarrir méplat, afin de leur donner plus de largeur pour que les Charpentiers puiffent y promener leurs gabaris, & augmenter ou diminuer la courbure fuivant que les circonftances l'exigent. Ainfi on peut donner comme un principe général de l'exploitation des bois courbes, qu'il faut beaucoup les frapper fur le plat, & ôter très-peu de bois aux furfaces courbes ; c'eft pour cela qu'on eft dans l'ufage de commencer par travailler les deux furfaces droites ; les courbes en deviennent plus aifées à travailler, & l'on y emporte peu de bois : on laiffe, par exemple, tout le bois *g b* & *e a* (*Fig.* 13).

Les pieces qui ne peuvent s'aligner droites dans aucun fens ne font pas d'une grande utilité, ni pour la charpente, ni pour la conftruction des vaiffeaux : on verra néanmoins que ces courbures fur deux fens, quand elles ne font pas confidérables, ne doivent point faire rejetter les groffes pieces ; qu'on les débite en plançons pour les bordages ; & que cette courbure en deux fens devient très-précieufe, quand elle peut fervir à faire des *barres d'arcaffe* ou des *liffes d'ourdi.*

Quoique les Ouvriers qui débitent les bois dans les forêts, foient fuppofés favoir à peu-près quelle peut être la deftination des pieces qu'ils travaillent ; ce font cependant les Charpentiers qui affignent leur véritable deftination ; ainfi il ne faut regarder ce que nous allons dire fur les dimenfions des pieces que comme des à-peu-près.

CHAPITRE II.

Dimenſions des Pieces qu'on débite pour les Bâtiments civils.

On doit ménager aux pieces toute la longueur qu'elles peuvent porter ; cependant voici les longueurs qu'on a coutume dans les forêts, de donner aux pieces qu'on deſtine à la charpente, 6, 9, 12, 15, 18, 21, 24, 27 & 30 pieds, & ainſi en augmentant de 3 en 3 pieds ; rarement en fait-on au-deſſus de 24 ; de même qu'on ne débite point de bois quarré au-deſſous de 6 pieds.

A l'égard de leur équarriſſage, ceux qui n'ont que 3 pouces & demi ou 4 pouces, ſont réſervés pour les chevrons de rem-pliſſage, & jambettes ou aiſſeliers ; on fait auſſi des *jambettes* & des *aiſſeliers* de 4 & 6, ou de 5 & 7, pour les chevrons de ferme qui portent ce même équarriſſage : ainſi que leurs *contrefiches* : on fait encore des *coyaux* & des *empanons* avec des bois de 4 pouces d'équarriſſage. Les bois qui en ont 5 & 6, s'emploient pour les *entraits*, les ſablieres des petits bâtiments & les cloiſons.

Les plates-formes ont aſſez ſouvent 4 & 6 juſqu'à 4 & 12 pouces ; les bois qui portent 7 & 8 pouces, ſont d'un grand uſage : on les emploie pour les *faîtes* & *ſous-faîtes* des grands bâtiments, *chevrons de crouppe*, leurs *entraits, pannes* & *ſablieres, arrêtieres, liens, jambettes, coyaux, liernes,* &c.

Suivant la grandeur des appartements, on emploie des *ſoli-ves, ſoliveaux* & *chevêtres*, tantôt de 4 & 6, tantôt de 5 & 7, ou même de 10 & 11 pouces, lorſqu'on y emploie de fortes ſolives & qu'on ſupprime les poutres.

On donne aux *poutres* depuis 15 pouces juſqu'à 24, ſuivant leur portée & la charge qu'elles doivent ſoutenir.

A l'égard des *limons* d'eſcaliers, leur force & leur longueur varient beaucoup : les Charpentiers les prennent dans les pieces qui approchent le plus des dimensions qu'ils jugent convenables.

Je ne parle point non plus des bois courbes qu'on emploie pour les ceintres, les plafonds, &c, parce que leur courbure varie beaucoup : à l'égard des plafonds, on les forme presque toujours de pieces presque droites, que l'on taille selon les courbes requises.

Il ne faut pas croire que les bois dont je viens de donner les dimensions, soient toujours employés aux usages indiqués : un chantier qu'on garniroit de pieces de chacune de ces dimensions, seroit réputé bien assorti pour les bâtiments civils.

ARTICLE I. *Des principales Pieces pour les Pressoirs.*

DANS les bois qui se trouvent à portée des vignobles, où des endroits où l'on fait du cidre, on fera bien de conserver les principales pieces qui peuvent servir aux pressoirs.

Les anciens pressoirs étoient presque tous à arbre ou à levier; mais comme il est difficile de trouver des pieces de 42 ou 46 pouces d'équarrissage, & de 25 à 28 pieds de longueur, presque tous les pressoirs qu'on fait maintenant, sont à roue ou à étau; ainsi nous ne parlerons ici que de ceux-là. Voici quelles en sont les pieces les plus précieuses; car les autres se peuvent prendre dans les assortiments ordinaires de bois quarrés.

Les jumelles (*Pl. XXXIII. fig. 5*), doivent être de Chêne & pivotées, parce que le bas *A* doit avoir au moins deux pieds d'équarrissage : le corps *B*, dans une longueur de 10 pieds, porte 14 à 15 pouces d'équarrissage; & au-dessus il doit y avoir une tête *C*, de 3 à 4 pieds de longueur, & de 18 à 19 pouces de grosseur. On n'équarrit pas cette partie à vive-arrête, non plus que la culasse *A*, afin de ménager la grosseur de la piece, & souvent on profite d'un fourchet pour former cette tête : la longueur totale des jumelles doit être de 18 à 20 pieds.

Il faut des pieces de 13 à 14 pieds de longueur, & de 12 à

14 pouces d'équarriffage, pour faire les *fous-arbres* & *les portes-may* : on prend les pieces de *may* dans des bois quarrés de 10 pieds de longueur fur 10 pouces d'équarriffage.

L'écrou eft fait d'une piece d'Orme, & doit être d'une groffeur confidérable ; il doit avoir 13 à 14 pieds de longueur, 28 à 30 pouces de largeur, & 24 pouces d'épaiffeur.

Les meilleures vis fe font de Noyer ; on en fait auffi de Cormier & d'Orme : elles doivent avoir 6 pieds de longueur, 16 pouces d'équarriffage vers la culaffe, & 12 pouces au moins à l'extrémité oppofée.

Les chanteaux de la roue ont 5 pieds de longueur, 5 pouces d'épaiffeur, & 18 pouces de largeur : on les prend, autant qu'il eft poffible, dans des pieces un peu courbes, pour éviter la perte du bois en les ceintrant.

Les autres pieces fe trouvent dans les affortiments de bois de charpente.

ARTICLE II. *Des Pieces les plus confidérables pour la conftruction des Moulins à chandelier.*

LES deux pieces de croifée qui portent le pied du bourdon, doivent avoir 22 pieds de longueur, 16 pouces d'équarriffage, les quatre liens, même équarriffage, & 12 pieds de longueur.

Le *bourdon* qu'on nomme en quelques endroits l'*attache*, 20 pieds de longueur, 24 pouces d'équarriffage dans toute fa longueur.

Le *couillard* eft formé de quatre pieces, de 18 pouces de largeur, 8 pouces d'épaiffeur, trois pieds de longueur.

Les deux pieces de *charti*, 18 pieds de longueur & 14 pouces d'équarriffage.

Le *fommier* qui pofe fur le bout d'en haut du bourdon, 12 pieds de longueur, 24 pouces de largeur, & 18 pouces d'épaiffeur.

Les deux *pannes meulieres*, 18 pieds de longueur, & 8 pouces d'équarriffage.

L'*arbre tournant*, 20 pieds de longueur, 24 pouces d'équarriſſage par la tête, 9 pouces au petit bout, quatre chanteaux de bois d'Orme pour le rouet, chacun de 7 pieds de longueur, 2 pieds de largeur, 4 pouces d'épaiſſeur.

Les quatre *parements* qui portent les dents ſont faits de bois d'Orme, ils doivent avoir chacun 8 pieds de longueur, 9 pouces de largeur, & 5 pouces d'épaiſſeur.

Les *plateaux* pour la *lanterne*, 2 pieds de longueur ſur pareille largeur, & 5 pouces d'épaiſſeur.

La *priſon*, 8 pieds de longueur, 12 pouces de largeur, 8 pouces d'épaiſſeur.

Deux *ventrieres* de 16 pieds de longueur, 12 pouces de largeur, 10 pouces d'épaiſſeur chacun.

Le *joug* qui porte l'arbre, 12 pieds de longueur, 12 pouces d'équarriſſage.

Le *pâlier*, 8 pieds de longueur, 10 pouces d'équarriſſage.

Les quatre *poteaux-corniers*, 18 pieds de longueur, 9 pouces d'équarriſſage.

Les deux ſeaux, 12 pieds de longueur, 10 pouces d'équarriſſage.

La *queue*, 25 pieds de longueur, 15 pouces d'équarriſſage au gros bout, 8 pouces à l'autre : elle doit être un peu courbe.

Deux *corps de verge* de 25 pieds chacun de longueur, 10 pouces de largeur par un bout ſur 8 d'épaiſſeur ; à l'autre bout 4 pouces d'équarriſſage.

Tous les autres bois ſont du colombage de 5 & 6, ou 6 & 7 pouces ; comme ils ſe trouvent communément dans les Chantiers, il ſeroit ſuperflu de les détailler : j'en dis autant des *planches voliches* & des *bardeaux*.

Il y a des moulins à vent qui exigent de plus fortes pieces que celles dont nous venons de parler : il y en a auſſi de plus petits. C'eſt par cette raiſon que nous nous ſommes bornés à donner ſeulement les dimenſions des pieces d'un moulin de grandeur moyenne.

A l'égard des moulins à eau, leur grandeur varie encore plus que celle des moulins à vent : au reſte, les rouets & les lanternes font les mêmes ; la roue à *aubes* qui eft quelquefois fort grande, eft faite de pieces courbes de Chêne, qui fe trouvent difficilement.

L'arbre-tournant a 18, 20, 22 pieds de longueur fur 15, 18, 20 pouces d'équarriffage.

ARTICLE III. *Des principales Pieces pour la conf-truction des Bateaux de riviere.*

COMME il y a bien des fortes de bateaux pour la navigation des rivieres, il faudroit un traité particulier pour pouvoir entrer dans l'énumération de toutes les pieces dont ils font formés ; je me borne feulement ici à faire remarquer que prefque tous les bois qui fervent à leur conftruction, doivent être fort longs, & qu'ils exigent de groffes pieces très-rares à trouver, principalement des *femelles* & des *ailes :* les planches de bordage & de fond doivent être fort longues & épaiffes : les *liures* qui font des pieces courbes fervant à élever les bords des bateaux, les *clans*, les *crouchaux*, les *chefs*, *plats-bords*, *maffes de gouvernail*, toutes ces pieces & plufieurs autres fe trouvent difficilement même dans les grandes forêts. Ainfi quand on exploite des bois à portée des grandes rivieres navigables, il faut avoir l'état des dimenfions des pieces les plus rares, parce qu'on eft affuré de les vendre avantageufement.

Je me propofe de parler plus en détail de l'échantillon des bois propres à la conftruction des Vaiffeaux ; mais je le ferai précéder de quelques réflexions générales : quoiqu'elles regardent principalement les exploitations qu'on fait pour la Marine, elles auront cependant leur application & leur utilité pour tous les bois de gros échantillon.

CHAPITRE III.

Des Bois pour la Marine.

ARTICLE I. *Réflexions générales sur les Bois qu'on exploite pour la Marine.*

ON diſtingue les bois de Chêne qui ſervent à la conſtruction des Vaiſſeaux en *bois droits*, ou plus exactement en *bois longs*; parce qu'une partie des bois que l'on comprend dans cette claſſe, ſont un peu courbes ; & en *courbans*, ou *bois courbes*, ou *bois tords*, ou *bois de gabari :* ces termes ſont tous ſynonymes.

La claſſe des *bois longs* comprend les pieces dont on fait les *quilles*, les *baux*, les *barreaux*, les *étambots*, les *ſerre-bauquieres*, les *iloirs*, les *bordages*, les *vaignes*, &c.

Les bois de gabari ſont toutes les pieces propres à faire les *étraves*, les *contre-étraves*, les *porques*, les *courbes d'étambot*, d'*arcaſſe* & autres, les *varangues de fond* & *acculées* ; celles de *porques*, les *guirlandes*, les *membres*, comme *genoux- de - fond*, premiere, ſeconde & troiſieme *alonges*; les *alonges- de - revers*, celles d'*écubier* ; les *pieces de tour*, *pointes de précintes*, &c.

Toutes les pieces de *gabari* doivent être droites ſur deux faces oppoſées ; il n'y a que leur différente courbure qui faſſe connoître les uſages auxquels elles peuvent être employées.

Les *bois longs* qu'on livre dans les Ports, ſont, à deux ou trois pouces près, équarris à vive-arrête.

Quelquefois les bois de gabari qu'on tire des forêts de Provence pour le Port de Toulon, ont été gabariés dans les forêts mêmes ; mais cela ne s'eſt pratiqué que quand ils étoient deſtinés en particulier à une conſtruction ordonnée.

Lorſqu'on a ſuivi cette pratique, on ne leur donnoit, en les façonnant dans la forêt, que l'épaiſſeur néceſſaire ; & ſur la largeur

geur on faifoit feulement excéder l'équarriffage d'un ou de deux pouces, de forte que chaque piece avoit fa deftination déterminée & fixe.

Mais quand on exploitoit des bois pour les radoubs, on fe contentoit de fuivre la figure propre à chaque arbre, & on les équarriffoit, à deux ou trois pouces près de la vive-arrête, de forte qu'on ne donnoit à ces pieces aucune deftination déterminée.

Les bois de gabari qu'on tire de différentes Provinces pour les Ports de Breft & de Rochefort, font tous travaillés comme ceux de Provence pour les radoubs, ou pour l'approvifionne-ment général de l'Arcenal; ces pieces ne font pas entiérement équarries à vive-arrête, & on ne leur donne aucune deftination marquée; leurs dimenfions & leur courbure font telles, que chaque arbre a pu les donner; on a feulement foin que ces bois aient deux ou trois pouces de plus fur la largeur que fur leur épaiffeur; cependant il y a prefque toujours du bois à retran-cher fur l'épaiffeur.

Affez communément les Anglois ne donnent aucune façon aux bois avant de les tranfporter dans les Ports; ils en retran-chent feulement les branches inutiles & l'écorce, & fouvent ils les livrent dans les Arcenaux avec deux & même plufieurs groffes branches.

Les Hollandois tiennent le milieu entre ces pratiques; ils font équarrir groffiérement le bois dans les forêts; je dis grof-fiérement, parce que tous les bois qui viennent dans leurs Ports ont des défournis, & leurs dimenfions excedent affez confidérablement les pieces de conftruction.

Chacune de ces pratiques a fes avantages & fes inconvé-nients. Il y a très-peu de déchet fur les bois longs qui ont été équarris dans les forêts à peu-près à vive-arrête: outre que leur tranfport occafionne moins de frais, on ne paye point, lors de la réception, le bois qu'il faudra retrancher par la fuite; on épargne outre cela fur la main-d'œuvre qui eft confidérable, & cependant néceffaire pour réduire ces pieces à leurs dimen-fions. D'autre part, quand les bois n'ont été que médiocrement travaillés, on a l'avantage d'en pouvoir changer la deftination,

& l'on eft en état de fatisfaire aux befoins actuels, parce qu'on peut, à la faveur de leur plus grande groffeur, & en ména- geant les parties des pieces qui ne font point *flacheufes*, faire, foit un bau ou un demi-bau avec un plançon à peu-près droit, ou bien trouver une précinte dans telle piece qui auroit été équarrie à vive-arrête, mais qui ne porteroit que la largeur or- dinaire des bordages.

Il eft vrai que fi l'on avoit une parfaite intelligence de toutes les parties de l'exploitation, on pourroit faire cette économie dans les forêts mêmes, en y faifant refendre les arbres en pré- cintes, iloirs, bordages, &c : par ce moyen on préviendroit que les bois ne fe fendiffent, & en même-temps on rendroit leur tranfport plus facile ; on ne peut difconvenir qu'il y auroit encore une grande économie à gabarier dans les forêts les bois deftinés à faire des membres, parce qu'il ne fe trouveroit pref- que point de déchet lorfqu'on les emploieroit aux conftructions; mais cette pratique ne peut avoir lieu que quand les forêts fe trouvent à portée des Ports où l'on conftruit, & lorfque ces forêts ont affez d'étendue pour qu'on puiffe y trouver des affor- timents complets : c'eft ce qui fe rencontre bien rarement.

Il y a un autre inconvénient à *gabarier* les bois dans les fo- rêts: fi les pieces ne doivent pas être employées promptement, elles fe fendent, elles fe tourmentent, leur fuperficie s'altere; & rarement peut-on les employer fuivant leur deftination, parce qu'on leur laiffe très-peu de bois à retrancher. On pourroit bien remédier à une partie de ces inconvénients, fi l'on confervoit les bois dans l'eau; mais peut-être auffi leur cauferoit-on d'autres dommages : c'eft ce que je me propofe d'examiner dans la fuite.

Comme il eft toujours très-difficile, & fouvent même ab- folument impoffible de porter les gabaris dans les forêts, on a dreffé des tarifs où font énoncées les dimenfions des pieces & leur courbure. Si l'on ne confidere ces tarifs que comme des à-peu-près qui ne doivent fervir que pour dénommer provi- fionnellement les pieces dans les inventaires, à la bonne heure; mais dans les exploitations, il faut bien fe garder de réduire exactement les pieces selon les dimensions des tarifs ; car il arriveroit que par la suite plusieurs de ces pieces perdroient une partie de leur mérite : je vais le prouver.

Il arrive rarement qu'un Constructeur fasse plusieurs Vaisseaux de même rang, parfaitement semblables dans toutes leurs parties ; à plus forte raison se trouve-t-il plus de différence, lorsque plusieurs Vaisseaux ne sont pas construits par les mêmes Constructeurs : de plus, il est sensible que la courbure des pieces change nécessairement pour les Vaisseaux de différents rangs. Il faudroit donc faire un tarif immense pour fixer, même à peu-près, la courbure que les pieces de gabari doivent avoir dans différentes circonstances : un pareil ouvrage seroit difficile à exécuter. Mais supposons-en la possibilité, il deviendroit inutile ; car qui sont ceux qui, chargés du prodigieux détail de l'exploitation des bois, pourroient se mettre les calculs d'un tel ouvrage dans la tête ? Disons plus, quand même on se le feroit rendu bien familier, on ne pourroit travailler avec l'exactitude que donne la méthode de porter les gabaris dans les forêts, qui est sans contredit la plus exacte ; & malheureusement cette méthode n'est praticable que dans des cas particuliers ; outre cela, je vais faire voir qu'elle est sujette à des inconvénients.

Un Charpentier qui, muni de ses gabaris, va faire une exploitation, s'occupe entiérement de la recherche des pieces qui lui sont demandées ; il diminue celles qui sont trop grosses, & les réduit aux foibles dimensions qu'exigent ses gabaris ; il redresse à la hache & aux dépens du bois celles qui sont trop courbes ; il racourcit celles qui sont trop longues ; en un mot, le Charpentier uniquement occupé de remplir l'état que le Constructeur lui a donné, ne s'embarrasse en aucune façon d'économiser les bois ni de ménager les pieces rares.

Pour faire sentir jusqu'où peut s'étendre une pareille déprédation, supposons qu'un arbre puisse fournir quatre pieces précieuses, & qu'on n'ait besoin que d'une de ces pieces pour le Vaisseau dont on porte les gabaris, le Charpentier commencera par exploiter celle-là, puis il travaillera le reste du corps de l'arbre suivant les autres gabaris dont il aura befoin ; en conféquence il fera tomber les trois autres pieces dans des qualités inférieures : voilà donc trois pieces perdues, & qu'on auroit dû ménager, foit pour la conftruction d'autres Vaiffeaux, foit pour des radoubs.

Un Armateur qui n'auroit qu'un Vaiffeau à conftruire, pourroit chercher le bois dont il auroit befoin dans un bouquet qu'il auroit acheté, parce que fon unique but eft de conftruire ce Vaiffeau ; encore cet Armateur fe gardera-t-il de détruire les pieces rares qui ne pourroient fervir à cette conftruction ; il préférera de les vendre un prix avantageux, plutôt que de les dégrader pour les employer à fon Vaiffeau.

Mais dans les Arcenaux du Roi où il y a des *pontons*, des *rats*, des *gabares*, des *chattes*, des *canots*, des chaloupes, des frégates, des flûtes, de gros Vaiffeaux à conftruire ou à radouber, il convient d'être afforti en bois de toutes efpeces ; & le meilleur parti qu'on puiffe prendre, eft de tirer de chaque arbre autant de pieces qu'il en peut fournir ; parce que dans de pareils Arcenaux, on trouve toujours à les employer felon la deftination où ils peuvent être propres ; & l'on ne doit fe déterminer à faire de grands déchets, que dans les circonftances où la néceffité en fait un befoin abfolu : en pareil cas forcé, on eft obligé de travailler un arbre, comme l'on dit, *à la demande du gabari*, & quelquefois un même arbre peut fournir une *courbe Capucine*, ou un *ringeot*, ou un *genou de fond*, ou une *varangue acculée*, ou une *alonge* ; on choifit entre toutes ces deftinations, les pieces dont on fe trouve avoir actuellement befoin, & celles qui peuvent occafionner le moins de perte.

Quand on fe borne à façonner les bois dans les forêts, felon la figure des arbres, & la groffeur qu'ils peuvent fournir, ainfi que nous venons de le dire, on ne peut éviter qu'il n'y ait plus ou moins de déchet felon que l'épaiffeur des pieces differe plus ou moins de la largeur ; mais auffi, plus on aura laiffé de bois à retrancher, plus on trouvera de reffources pour l'équerrage, & pour varier les deftinations.

Nous avons dit que les Anglois ne donnent dans les forêts

aucune façon à leurs bois : par cette méthode ils augmentent
beaucoup le prix des transports ; mais aussi il y a dans cette
pratique une si grande économie de matiere, qu'elle peut dé-
dommager de la dépense du transport. Il y a certaines pieces
qui se rencontrent si rarement, & qui sont néanmoins si essen-
tielles aux constructions, qu'on ne peut apporter trop d'attention à les ménager. Cependant quand les transports se font
par terre, on ne peut prendre toutes ces précautions que
pour les pieces qui sont fort rares & précieuses ; mais on peut
les étendre à un plus grand nombre, lorsque la plus grande
partie du transport se peut faire par eau ; dans ce cas, &
quand le transport des bois devient facile, je crois qu'on doit
suivre la méthode des Anglois, parce que toutes les parties
d'un arbre peuvent être employées à leur vraie destination. Par
exemple, un arbre de 24 pouces de diametre, dans lequel on
trouveroit, suivant la pratique de nos Ports, un plançon de 16
à 17 pouces d'équarrissage, pourroit encore produire, en suivant la méthode Angloise, quatre bordages de deux, trois ou
quatre pouces d'épaisseur, aux endroits marqués *I K* (*Planche
XXXIV. fig. 6*). Mais pour tirer de cette économie le meilleur parti possible, il faudroit avoir dans les Ports des moulins
à scies pour lever les dosses avec le moins de frais possible :
nous ferons voir dans la suite que ces moulins produiroient
encore d'autres avantages.

Une utilité assez importante de la méthode Angloise & dont
je n'ai point encore parlé, c'est de tirer de chaque arbre les
pieces les plus précieuses que l'arbre puisse fournir par ses dimensions & sa figure, & de se les procurer selon le besoin qu'on en
peut avoir, bien plus avantageusement qu'on ne pourroit faire,
si l'on alloit chercher des arbres sur pied dans les forêts, comme on fait quelquefois lorsque les besoins sont pressants.

J'ajoute, comme nous l'avons déja dit en rapportant le
détail des recherches que nous avons faites sur ce qui peut
produire les fentes, que les arbres qui ne doivent point être
refendus à la scie, se conservent mieux dans les Ports, lorsqu'ils restent enveloppés de leur aubier, que quand ils ont

été équarris ; parce que l'aubier ralentit la diffipation de la feve,
& qu'il empêche que le bois ne fe fende beaucoup.

Les Hollandois, en fe contentant d'équarrir groffiérement
leurs arbres, fe procurent une partie des avantages de la méthode Angloife, quant à l'économie de la matiere, & aux reffources qu'ils fe ménagent relativement à la deftination des
pieces ; & ils évitent en partie l'inconvénient de la difficulté
du tranfport.

Chacune de ces méthodes a donc fes avantages & fes incon-
véniens. On ne peut gueres fe difpenfer de réduire, le plus
exactement qu'il eft poffible, à leurs juftes dimenfions, les grandes pieces qu'on eft obligé de tirer des forêts éloignées ; tout ce
qu'on doit exiger des Fourniffeurs, c'eft qu'ils ne coupent pas
en deux les belles pieces, dans la vue d'en rendre le tranfport
plus aifé ; mais on fera bien de ne faire équarrir que groffiérement, fur-tout les bois courbes, lorfqu'on les tirera des forêts voifines des Ports où fe font les conftructions, ou de ceux
où l'on peut les embarquer fur des rivieres navigables ; parce
que dans ce cas la matiere eft plus importante à conferver que
la voiture à ménager. On pourroit même alors livrer les arbres
fimplement écorcés, fi l'on prévoyoit que les bois duffent y
refter long-temps avant d'être employés. Quand on doit garder
long-temps les pieces avant de les employer, on eft obligé de
retrancher un peu de bois de la fuperficie ; il convient alors de
les tenir un peu plus groffes que les dimenfions précifes qu'elles doivent avoir pour être mifes en place.

Enfin, en toute occafion, il faut avoir foin de prendre, précifément pour chaque piece, l'arbre qui lui convient & qui ne
peut être propre qu'à cette deftination : en s'écartant de cette
regle, il arrive fouvent qu'on coupe pour des befoins preffants,
des Chênes qui feroient mieux employés à des pieces beaucoup
plus importantes. C'eft par cette raifon qu'il faut défendre aux
Ouvriers de former le gabari des pieces aux dépens du bois.

Nous avons déja dit qu'à l'égard des bois de gabari, il les
falloit tenir toujours *méplats*, & de maniere que leur largeur
excede de 4, 5 ou 6 pouces leur épaiffeur, afin de fournir les

Ports de pieces qui puiſſent être employées à différentes deſ-
tinations. Il eſt vrai que les pieces exploitées ſuivant ces principes, ne paroîtront pas fort contournées lors de la livraiſon;
mais on pourra leur donner autant de courbure que le Conſ-
tructeur en aura beſoin : cette méthode s'éloigne moins de celle
où on livre les bois en grume.

On voit qu'il faut varier l'exploitation des bois ſuivant les
circonſtances : dans les cas où les bois ſont rares & les voitures
commodes, on ne doit que dégroſſir les arbres & même les livrer
en grume, ſimplement dépouillés de leur écorce. Quand les bois
ſont communs & les voitures difficiles, on eſt obligé de gabarier
les pieces dans les forêts, & de leur donner à peu-près les dimenſions qu'elles doivent avoir quand on les mettra en place.

Si l'on fait une exploitation pour une conſtruction qu'il importe d'exécuter promptement, & que la forêt ſoit voiſine du
Port, il conviendra de gabarier les bois dans la forêt même;
mais s'il ne s'agit que de faire des approviſionnements de bois,
il ſera mieux de les tirer groſſiérement équarris.

Je paſſe à une conſidération qui, pour être d'un autre genre,
n'en eſt pas moins digne d'attention.

ARTICLE II. *Qu'il eſt très-avantageux de prendre
dans les arbres les moins gros, les membres de conſtruction relatifs à leurs échantillons.*

ON deſire toujours dans les Ports d'avoir de très-gros Vaiſſeaux; & dans cette idée on ne ceſſe de demander aux Fourniſſeurs de fort groſſes pieces, ſauf à les réduire ſi l'on n'a
que des Vaiſſeaux de moindre rang à conſtruire.

Je dis que les dimenſions qui excedent celle des membres
des Vaiſſeaux qu'on conſtruit, telles qu'on a coutume de les
fixer aux Fourniſſeurs & aux Officiers commis aux recettes,
font un préjudice conſidérable au ſervice de la Marine.

Je prie qu'on faſſe attention qu'il ne s'agit pas ici de pieces
dont on pourroit retrancher du bois dans les forêts; je ne prétends rien changer à ce que je viens de dire à ce ſujet; mais je

me plains de ce qu'en suivant les regles auxquelles on assujettit les Fournisseurs, on se met dans le cas, pour avoir la satis-
faction de tailler, comme l'on dit, en plein drap, de prendre
des membres d'une grosseur médiocre dans de très-gros arbres ; je me plains encore de ce qu'on exige des Constructeurs,
que tous les membres qu'ils font mettre en place, soient équarris à vive-arrête, & sans qu'on puisse voir aux angles ni flaches
ni défournis : je vais tâcher de faire connoître combien cette
pratique est contraire au bien du service.

Il est constamment vrai que plus les pieces pour les membres
sont grosses, plus elles renferment de défauts & de principes de
corruption. Il est encore vrai que les gros & vieux arbres qui
fournissent les pieces d'un si gros échantillon, ont été presque
tous rebutés par ceux qui long-temps avant les avoient déja
jugés d'une qualité médiocre, ou d'un transport trop difficile:
le temps où ces arbres ont depuis resté sur pied, les a rendus
encore plus défectueux ; ils ont continué à s'user de plus en
plus ; & peut-être que dans cet état ils ont encore éprouvé les
rigueurs de l'Hiver de 1709 qui aura achevé de les gâter, &
de les rendre non-seulement inutiles, mais même dangereux
pour le service. Si l'on se rappelle ce que j'ai dit dans cet ouvrage sur l'âge des arbres, & les expériences que nous avons
faites pour parvenir à connoître quelle pouvoit être la saison
la plus favorable pour les abattre ; on conviendra que tous
ceux de cette espece sont sur le retour, que leur cœur est
affecté d'une corruption commencée ou prochaine : cependant
quand on travaille dans les Ports les pieces de gros échantillon,
pour les réduire aux dimensions qu'elles doivent avoir, on
ôte le bois de la circonférence qui dans ce cas est le meilleur,
& l'on conserve la partie déja altérée ; de-là vient le peu de
durée de tous les ouvrages qu'on construit avec de fort gros
bois : souvent c'est à tort qu'on s'en prend à la nature du terrein
où ces arbres ont crû, ou bien à la saison dans laquelle ils ont
été abattus.

Comme je crois avoir suffisamment prouvé que tous les arbres de gros échantillon sont en retour, & que tous les arbres
en

en retour, ont dans leur intérieur un principe de corruption, on
doit en conclure qu'il faut donner la préférence aux arbres qui
n'ont que la groffeur précife & convenable à l'échantillon des
Vaiffeaux qu'on veut conftruire : le Roi ne feroit pas tenu de
payer aux Fourniffeurs le bois qu'il faut retrancher, ni les jour-
nées d'Ouvriers qu'il faut employer pour réduire les groffes
pieces aux dimenfions requifes : au lieu de mettre en œuvre des
bois ufés, & qui ont un commencement de pourriture, on emploieroit du bois vif & moins chargé de défauts. En conféquence
de ces principes, il ne faudroit pas rejetter des membres qui
auroient des défournis ; car pourvu que dans ces membres les
faces qui fe touchent, puiffent fe joindre exactement, il eft fort
indifférent que celles qui répondent aux mailles foient flacheufes ou non.

Pour éviter toute équivoque, il eft bon de fe rappeller que
j'ai dit dans le Livre précédent, que le bois du centre des arbres
en crûe eft le plus parfait. Ainfi, dans les circonftances où l'on
emploie du jeune bois, c'eft celui du cœur qu'on doit ménager
avec le plus de foin. Mais j'ai prouvé auffi que, dans les bois fort
gros, & par conféquent très-vieux, le bois du centre a prefque
toujours contracté un commencement d'altération qui fe manifefte bien-tôt par la pourriture. Si l'on pouvoit dans ce cas retrancher le bois du cœur, pour n'employer que celui de la circonférence, on fupprimeroit la partie déja viciée, & ce qui
refteroit feroit le moins mauvais ; mais cela ne fe peut pratiquer
pour les membres des gros Vaiffeaux, ni pour les poutres des
bâtiments civils ; & c'eft en partie pour cette raifon que les
Frégates & les Vaiffeaux Marchands, qu'on conftruit avec du
bois de petit échantillon, durent plus long-temps que les gros
Vaiffeaux. Cependant on peut faire une application de ce que
je viens de dire, pour avoir de meilleurs bordages ; car fi l'on
leve au milieu d'un plançon (*Pl. XXXIV. fig.* 8), une tranche
A B, qu'on pourroit employer à des ouvrages de peu de conféquence, on fupprimeroit le centre de ce plançon qui eft ordinairement la partie viciée ; & le bois des bordages *CC, DD*
en feroit d'un meilleur emploi : j'ai vu fuivre cette pratique
avec fuccès.   N n n n

Je me fuis trouvé dans l'occafion de vérifier ce que je viens de dire, lorfque j'étois préfent à la vifite que l'on faifoit de plufieurs gros Vaiffeaux, pour reconnoître s'ils étoient en état de faire campagne. J'annonçois alors, avant qu'on eût délivré les bordages, que la pourriture des membres fe trouveroit ou à leur fuperficie ou dans leur intérieur. Voici ce qui me guidoit dans mon jugement.

Si je voyois par le contour des membres, que le cœur de la piece fe devoit trouver à l'extérieur du membre, j'annonçois que la pourriture fe manifefteroit au dehors du membre, auffi-tôt qu'on auroit levé le bordage; fi au contraire le cœur de l'arbre fe devoit trouver à l'intérieur du membre, j'affurois que quand on auroit levé le bordage, l'extérieur du membre paroîtroit fain; mais qu'en le perçant avec une tariere, on reconnoîtroit bien-tôt que l'intérieur étoit pourri. Cette obfervation juftifie ce que j'ai dit dans le Chapitre de l'âge des arbres, pour rendre raifon de ce que la plupart des groffes poutres pourriffent dans l'intérieur.

Ces réflexions, quoique préfentées uniquement ici pour les bois de Marine, peuvent donc avoir leur application à tous les bois de gros échantillon qui s'emploient dans les bâtiments civils. Mais comme je ferai obligé de revenir fur ce même objet, je termine cette digreffion pour reprendre le fil de mon objet; en conféquence, je vais donner les dimenfions des principales pieces qui entrent dans la conftruction des Vaiffeaux.

ARTICLE III. *Dimenfions des principales pieces qui entrent dans la conftruction des Vaiffeaux de Guerre.*

J'AI dit qu'on diftinguoit en général tous les bois fervant à la conftruction des Vaiffeaux, en *bois droits*, & *bois courbes*. En me conformant à cette divifion, je ferai un paragraphe particulier de chacun de ces bois.

Je repréfenterai en figures quelques membres tracés fur les arbres même, pour faire mieux comprendre la façon de les exploiter; mais comme par cette méthode je craindrois de trop multiplier les figures, je me bornerai pour plufieurs de ces pieces, à en marquer à peu-près le contour.

§. 1. *Des Bois droits.*

LES pieces de quille (*Pl. XXXIII. fig. 9*), doivent être des plus fortes dimensions ; elles ne peuvent être jamais trop longues ; & autant qu'il est possible, elles doivent être bien droites sur tous les sens. Leur longueur est ordinairement entre 30 & 40 pieds , & leur équarrissage de 20 pouces sur 18 , ou de 17 sur 16 , ou de 16 sur 15 , ou de 15 sur 14 , &c, suivant la force des bâtiments pour lesquels on les destine.

Les pieces pour les *baux* & les *barreaux* (*Fig. 10*) *B*, font à l'égard des Vaisseaux, ce que les *Pontons* font aux bâtiments civils : on laisse à ces pieces toute la longueur qu'elles peuvent porter ; elles doivent être droites & bien alignées sur deux faces opposées ; & dans l'autre sens , elles doivent être un peu courbes : la longueur ordinaire des baux est depuis 28 pieds jusqu'à 40 , & plus s'il se peut : on les fait souvent de deux pieces; & en ce cas il suffit que chaque piece porte depuis 24 jusqu'à 28 pieds de longueur ; leur équarrissage doit être de 18 pouces sur 17 , ou de 17 sur 16 , ou de 16 sur 15 , ou de 15 sur 14. Comme les baux des Vaisseaux de différents rangs, font de différente grosseur ; & comme tous ceux d'un même Vaisseau ne doivent pas être d'une pareille force , le Constructeur choisit dans les pieces de cette espece qui se trouvent dans l'Arcenal, ceux qui conviennent le mieux au bâtiment qu'il construit.

Quant à la courbure des baux , elle varie depuis 7 pouces jusqu'à 10 ; c'est-à-dire, qu'en tendant une ligne dans toute la longueur de la piece , comme le représente la ligne ponctuée *a b* (*Fig. 13*) , la longueur de la fleche *d c*, doit être de 7 à 10 pouces , c'est-à-dire, de deux à trois lignes par pied selon la longueur du bau.

Les pieces d'*étambot* (*Fig. 11*) , doivent être d'égale épaisseur dans toute leur longueur ; mais on doit les tenir plus larges par le bas que par le bout supérieur : leur longueur varie depuis 25 jusqu'à 35 pieds ; leur largeur depuis 18 pouces jusqu'à 20 ; & leur épaisseur depuis 14 pouces jusqu'à dix-huit :

tout cela doit être entendu relativement au rang des Vaiffeaux.

Les *bittes* dont on peut prendre une idée (*Fig. 4*), font alignées droites fur leurs quatre faces ; mais elles font environ d'un tiers plus menues par un bout que par l'autre ; elles doivent avoir depuis 19 jufqu'à 25 pieds de longueur ; & d'équarriffage, 15 pouces fur 16, ou 13 fur 14 vers le gros bout.

Il faut, outre les bois dont nous venons de parler, avoir un affortiment de plançons, & d'autres bois droits auxquels on affigne différentes deftinations, fuivant les befoins : on ne peut fe paffer d'avoir beaucoup de plançons à refendre à la fcie, pour en faire des *iloirs*, des *précintes*, des *bordages*, des *vaignes* ; on y trouve encore des *barrots*, des *barottins*, des *contre-quilles*, des *contre-étambots*, des *barres* de Gouvernail, des *ferres*, des *gouttieres*, &c.

Exemple d'un affortiment de Bois longs.

Longueur en pieds.	Equarriffage en pouces.
35 . . à . . 40	16 . . . fur . . 15
32 . . à . . 40	15 . . . fur . . 14
30 . . à . . 36	14 . . . fur . . 13
28 . . à . . 34	13 . . . fur . . 12
25 . . à . . 30	11 . . . fur . . 12
24 . . à . . 27	11 . . . fur . . 11
22 . . à . . 27	10 . . . fur . . 11
22 . . à . . 26	9 . . . fur . . 10
18 . . à . . 21	10 . . . fur . . 11
16 . . à . . 20	9 . . . fur . . 10
20 . . à . . 24	8 . . . fur . . 8
16 . . à . . 22	7 . . . fur . . 7
10 . . à . . 16	6 . . . fur . . 6
8 . . à . . 12	7 . . . fur . . 7

Enfin des *chevrons* de différente longueur, & de trois fur quatre.

§. 2. *Bois courbes*, *Bois tords ou Bois de Gabari*.

CES bois doivent être tous bien frappés fur le droit ; leur largeur, dans le fens de la courbure, doit être d'un tiers plus forte que leur épaiffeur : ceci doit être regardé comme une regle générale.

Les *ringeots* ou *brions* (*Pl. XXXIII. Fig.* 12), font partie de la *quille*, & de l'étrave ; ainfi ces pieces doivent former les deux branches d'une équerre fort ouverte ; la branche *b d* qui fait la prolongée de la quille, doit être plus longue que celle *b c* qui fe joint à l'*étrave*, & de forte qu'elle foit à l'autre à-peu-près comme 3 eft à 5 ½ : pour connoître l'ouverture de l'angle de ces branches, on prolonge la ligne ponctuée *b a* ; & il faut, pour les gros Vaiffeaux, qu'il y ait autant de fois 7 lignes de *a* en *c*, qu'il y a de pieds de *b* en *c* ; à l'égard des moyens, fix lignes fuffifent. Quoique ces regles varient fuivant les inten-tions des Conftructeurs, cependant les à-peu-près que nous venons de donner, pourront être utiles à ceux qui font des ex-ploitations de bois : au refte, il y a des *ringeots* qui ont, de *a* en *d*, 16 pieds de longueur ; d'autres 26, & dont l'équarriffage eft de 21 pouces fur 18, ou 19 fur 16, ou 15 fur 18, ou 14 fur 17.

Les pieces d'*étrave* repréfentées en grume (*Fig.* 7), doivent avoir le plus de largeur qu'il eft poffible de leur donner ; elle doit excéder d'un tiers leur épaiffeur ; leur courbure doit être de 12, 14, 15 lignes par pieds de leur longueur ; en forte qu'une pareille piece qui auroit 24 pieds de longueur, doit avoir une fleche de 24 à 26 pouces ; ainfi la ponctuée *a c b*, faifant la corde de la piece d'étrave (*Fig.* 13), la fleche *c d* doit avoir 24 à 26 pouces. L'équarriffage de ces pieces eft de 20 fur 16, ou de 19 fur 15, ou de 18 fur 14.

Les pieces pour *contre-étraves* doivent être travaillées comme les *étraves* : leur longueur doit être au moins de 15 pieds, leur largeur d'un cinquieme plus fort que leur épaiffeur : elles doi-vent avoir plus de courbure que les pieces d'étrave, de forte que la fleche d'une piece qui auroit 15 pieds de longueur, de-vroit être au moins de 20 pouces.

On peut faire avec les pieces d'*étrave* & de *contre - étrave*, des *genoux de fond* & de *porques*, pourvu que ces pieces aient depuis 13 jufqu'à 18 pieds de longueur, & d'équariffage 18 fur 16, ou 17 fur 15.

Les *varangues de fond A* (*Fig. 14*), ont depuis 13 jufqu'à 24 pieds de longueur, & d'équarriffage 15 pouces fur 14, ou 14 fur 12, ou 13 fur 12 : leur courbure doit être d'un dou-zieme de leur longueur.

On prend dans les mêmes pieces des *varangues*, des *porcs*, des *alonges d'écubier*, des *pieces de tour*, quelques *guirlandes*, des *marfouins*, &c. Il eft bon que certaines pieces, telles que celles (*Fig. 15*), foient courbes, principalement par un de leurs bouts, & que quelques autres pieces aient leur princi-pale courbure dans le milieu de leur longueur.

Les *guirlandes B* du fond des Vaiffeaux (*Fig. 14*), celles (*Pl. XXXIV. fig. 16*); les *courbes de pont* (*Fig. 17*); les *cour-bes d'arcaffe* (*Fig. 18*); les *courbâtons* (*Fig. 19*), les *varangues acculées*, & les *fourcats* (*Fig. 20, 21 & 22*), toutes ces pieces doivent être bien travaillées fur le droit : leur largeur doit être au moins d'un quart plus confidérable que leur épaiffeur.

A l'égard des *courbes*, il faut que le bras qui forme la courbe, ait au moins les deux tiers de la longueur du corps; & il ne faut point les rogner : de plus, la groffeur du bras doit être proportionnée à celle du corps; enfin les bras de ces fortes de pieces doivent faire, avec leur corps, un angle de 80, 90, 100, 110 ou 120 degrés au plus; paffé ce terme, on ne peut plus les confidérer comme des courbes; elles ne peuvent être employées que pour des *genoux de fond*, des troifiemes *alonges*, ou pour quelques *varangues acculées*, lorfqu'elles font bien fournies dans leur colet : il faut pour cela que ces pieces aient au moins 13 à 14 pieds de longueur; & leur courbure doit être depuis 12 jufqu'à 18 & 20 lignes d'arc par pieds de leur longueur; enforte qu'un *genou* ou une troifieme alonge qui auroit 12 pieds de longueur, doit avoir au moins 12 pouces de fleche ; ceux qui porteroient 15, 18, ou même 20 pieds, feroient beaucoup plus utiles pour les conftructions.

Les premieres & fecondes alonges, ainfi que celles de re-vers (*Figures* 23, 24 & 25), fe trouvent aifément dans les forêts, & les Fournifleurs en livrent en plus grande quantité qu'on ne leur en demande ; de forte qu'il en refte toujours beaucoup d'inutiles & qui pourriffent dans les Ports. Les plus courtes de ces pieces doivent avoir 12 à 14 pieds de longueur : plus leur courbure eft confidérable, plus elles font avantageu-fes pour les conftructions & les radoubs.

Les *liffes d'ourdi* ou *barres-d'arcaffe*, doivent avoir deux cour-bures, ce qui les rend difficiles à rencontrer ; leur longueur ordinaire eft depuis 24 pieds jufqu'à 34 ; & leur équarriffage, de 16 à 21 pouces : il faut que la courbure foit dans un fens, de 3 lignes par pied de la longueur de la piece, & dans l'autre fens de quatre lignes.

Pour travailler ces pieces après qu'elles ont été coupées de longueur, on les met en chantier, de façon qu'une ligne droite tirée d'un bout à l'autre, puiffe rentrer au milieu de la piece d'un quart de fa longueur réduite en pouces, pour pouvoir tracer une ligne courbe dont la fleche ait cette valeur.

Suppofons, par exemple, qu'on ait à travailler une *liffe d'ourdi* de 24 pieds de longueur, & de 24 pouces de diametre vers fon petit bout ; il faut faire charger la ligne fur chaque bout de 3 pouces & demi pour le premier parage ; la ligne droite étant bien tendue, on la marque d'aplomb fur toute la longueur de la piece, & on examine s'il fe trouve au milieu 6 pouces de plus de bois, que fur les bouts ; ces 6 pouces fer-vent à donner à cette piece la rondeur requife fur le premier fens ; car 6 pouces eft le produit du quart de 24 pieds, qu'il faut réduire en pouces, ou bien en prendre le douzieme qui fait 6 pouces.

Si dans cet alignement, les 6 pouces ne fe trouvoient pas à l'extérieur de la ligne vers le milieu, il faudroit tourner la piece jufqu'à ce qu'ils puffent s'y rencontrer ; ou recharger la ligne droite fur la piece, fi fon épaiffeur le permettoit, jufqu'à ce qu'on ait trouvé une fleche de 6 pouces.

On divifera enfuite la longueur de la piece fur la ligne droite, en autant de parties égales qu'on voudra, par exemple, en 6 ; & on portera fur la divifion du milieu, 6 pouces, ce qui doit faire la plus grande courbure ; fur celle des côtés, 5 pouces ; fur celles qui fuivent, 4 pouces ; & de même, on marque fur chaque divifion la courbure que la piece doit avoir, & on la fait enfuite parer d'aplomb fuivant cette courbure.

Quand la piece a été ainfi parée fur fes deux premieres faces, on la renverfe fur le côté paré, qu'on doit mettre bien parallele à l'horizon ; quand elle a été bien calée, on préfente la ligne, de façon qu'elle fe charge fur le milieu, d'un tiers de fa longueur, divifé par douze, ou réduit en pouces ; c'eft-à-dire, pour l'exemple préfent, de 8 pouces, parce qu'on a fuppofé que cette liffe avoit 24 pieds de longueur. On opere enfuite fur cette feconde face, comme on a fait pour la premiere ; mais fa courbure doit être plus grande que celle de la premiere, puifqu'elle eft d'un douzieme du tiers de la longueur de la piece, au lieu que l'autre n'étoit que d'un douzieme du quart de cette même longueur.

On pourroit fuivre la méthode que je viens d'indiquer pour le parage des autres bois courbes, avec cette différence qu'on commenceroit par aligner bien droit deux faces oppofées, & que l'on opéreroit fur la face courbe, comme je viens de l'expliquer ; mais comme il faut peu travailler les pieces courbes fur le tors, on fe difpenfe de prendre tant de précautions.

Nous avons dit qu'il falloit être bien afforti dans les Ports de toutes fortes de bois droits ; il n'eft pas moins important d'avoir un bon affortiment de bois tors bien alignés, & frappés fur le plat, & qui n'aient point été *affamés* dans l'intérieur de leurs courbes, pour la faire paroître plus confidérable.

J'ai déja averti qu'on ne doit entendre toutes les mefures que j'ai données que comme des à-peu-près, que je crois fuffifants pour guider ceux qui font chargés de l'exploitation des bois dans les forêts. Si néanmoins on defiroit opérer avec plus
de

de précifion fur cet objet, on doit confulter le premier Chapitre, & les Tables de mes *Eléments d'Architecture Navale.*

CHAPITRE IV.

Des Bois de fciage.

APRÉS avoir parlé des bois qu'on équarrit à la cognée, &
qu'on nomme affez communément les *Bois quarrés*, je dois
parler de ceux qu'on refend avec la fcie de long, & qu'on nomme *Bois de fciage*, lors même qu'ils reffemblent par la forme
aux bois quarrés ou équarris. Ainfi une folive ou un chevron
eft compris dans les bois quarrés, quand il a été équarri à la
cognée; & lorfque ces mêmes pieces ont été refendues avec
la fcie de long, elles font réputées bois de fciage.

Par l'opération de la fcie de long, on ménage beaucoup de
bois, & l'ouvrage s'expédie affez promptement, fur-tout quand
on fait agir plufieurs fcies par des moulins à eau ou à vent.

On a coutume de commencer par équarrir à la cognée les
bois qu'on deftine à être refendus à la fcie; cependant il y a
des cas où il paroît plus convenable de refendre à la fcie les
bois, fans les avoir auparavant équarris; c'eft ce que je ferai
connoître, après que j'aurai expliqué en peu de mots le travail
du Scieur de long.

ARTICLE I. *De la maniere de refendre les Bois avec la fcie de long.*

LES Scieurs de long ne peuvent être moins de deux Ouvriers pour exécuter leur travail; communément ils font trois,
& ce n'eft pas trop pour monter de groffes pieces fur leur chevalet. Quand une pareille piece a été mife en place, un Ouvrier *A* (*Pl. XXXV. fig. 1 & 2*), monté fur cette piece, releve la fcie & la dirige fur le trait; un ou deux autres *B*, placés au-

deſſous de la piece, tirent la ſcie en en-bas; & comme les
dents de la ſcie ne mordent qu'en deſcendant, il faut plus de
force pour la faire deſcendre que pour la remonter; c'eſt pour
cette raiſon qu'il y a ordinairement deux Ouvriers en bas. Je
dis que les dents de la ſcie ne mordent dans le bois qu'en deſcendant, non-ſeulement parce que ces dents qui ſont cro-
chues dans ce ſens ne mordent point en montant, mais encore
parce que les Scieurs de long écartent la ſcie du bois, quand
ils la remontent, & qu'ils l'appuient ſur le bois en deſcendant.

La premiere opération des Scieurs de long, conſiſte à établir la piece qu'ils doivent travailler ſur un chevalet (*Fig.* 2),
ou ſur des treteaux (*Fig. 1*); car cette piece doit être aſſez
élevée, pour que les deux Scieurs qui reſtent en bas, puiſſent
être placés deſſous.

Lorſqu'ils travaillent dans des Chantiers où ils trouvent ordinairement du ſecours pour élever les pieces fort peſantes;
ils ont coutume de ſe ſervir de deux forts treteaux *C D* (*Fig.* 1);
& quand ils ont ſcié un bout de la piece, comme, par exemple,
en *E*, ils écartent le treteau *C* du treteau *D*, & ils travaillent
entre ces deux treteaux qui ſont fort commodes pour cette
opération toutes les fois qu'on peut avoir du ſecours pour
monter les pieces deſſus. Mais comme il arrive ſouvent que
les Scieurs ſe trouvent ſeuls dans les ventes, il leur ſeroit im-
poſſible d'élever de lourdes pieces ſur de pareils treteaux; en
ce cas ils établiſſent eux-mêmes un chevalet qui a un treteau
fort ſimple & néanmoins très-ſolide.

Ils prennent pour cet effet un rondin de bois (*Fig. 3*); ils
y font avec leurs cognées les entailles *a b*, *f g*, un peu obliques
à l'axe du rondin, afin que les pieds du treteau s'écartent par
le bas : les entailles ſont plus étroites par le haut du côté de
a & *b*, que du côté de *f* & de *g*, c'eſt à-dire, par le bas, afin que
les pieds ne puiſſent entrer plus avant qu'on ne les y a chaſſés.

Ces entailles ſont auſſi plus larges par le fond que par leur
entrée, afin que les pieds qui forment par leurs bouts d'en-haut,
une eſpece de queue d'aronde, ne puiſſent ſortir de l'entaille.

On fait trois entailles pareilles, une en *a*, l'autre en *b* &

la troisieme en *d* ; celle-ci n'est que ponctuée dans la figure, parce que comme elle est cachée derriere la partie du rondin qui fait le dessus du treteau, on ne la peut pas voir ici.

Les pieds de ce treteau sont formés par trois pieces de bois semblables à celle marquée *c e* ; elles sont rondes dans toute leur longueur, excepté au bout supérieur *c* qui est équarri, de façon que la face qui doit remplir le fond de l'entaille, soit plus large que celle de devant. On comprend que quand ces pieds ont été chassés à grands coups de masse, de façon que le bout *c* qui est en forme de coin, entre à force dans l'entaille *a* ; ils y sont solidement assujettis par un assemblage à queue d'aronde : ces trois pieds mis en place, forment le treteau solide *C* (*Fig.* 2).

Il est question ensuite d'élever sur ce tréteau ou chevalet, la piece de bois qui doit être refendue à la scie, telle, par exemple, que celle cotée *D* ; & comme ces sortes de pieces sont ordinairement assez grosses & pesantes, les trois Scieurs de long doivent user d'adresse & de force pour y réussir. En ce cas ils établissent un plan incliné composé de deux longues membrures de bois, dont ils posent un bout sur le chevalet & l'autre à terre ; ensuite ils font couler, sur ce plan incliné, la piece à refendre ; ils la tournent, & après l'avoir mise de travers & en équilibre sur le chevalet, ils la lient sur les membrures *G H*, avec des cordes *E*, *F*. Lorsqu'ils ont scié la piece au-delà de la moitié de sa longueur, ils la retournent, & l'entretenant toujours en équilibre sur le chevalet, ils lient la moitié sciée sur les mêmes membrures, & achevent de scier l'autre partie de cette piece.

Quand ils ont à scier une très-grosse piece & trop pesante pour pouvoir être élevée sur le chevalet, ou lorsqu'ils ne veulent pas en prendre la peine, ils fouillent un trou en terre, dans lequel descendent les deux Ouvriers qui doivent rabattre la scie.

Avant de monter la piece qui doit être refendue, soit sur les treteaux, soit sur le chevalet, les Ouvriers tracent les traits qu'ils doivent suivre en la débitant (*voyez fig. 4*) : ces traits se marquent avec une ligne ou cordeau frotté dans du charbon

de paille délayé dans de l'eau ; enfuite on cale la piece avec
beaucoup d'attention , & bien à plomb fur le chevalet ; & pour
cela on tient vis-à-vis de l'œil un fil à plomb , qu'on bornoye
fur les deux faces verticales de la piece : après quoi le Maître
Scieur *A* monte fur la piece , & commence le fciage avec fes
deux Aides *B*.

Comme c'eft l'Ouvrier d'en haut qui dirige la fcie fuivant
le trait, il doit être plus attentif que les deux autres ; fon travail eft auffi très-pénible, parce que c'eft lui qui releve la fcie.

A chaque coup de fcie , les Scieurs d'enbas la tiennent d'a-
bord perpendiculairement , & à mefure qu'elle defcend, ils
tirent le bas de la fcie vers eux ; celui d'en haut attire en même
temps à lui le haut de la fcie ; de forte que le tranchant de cette
fcie décrit une courbe néceffaire pour dégager de deffus le
trait la pouffiere que la fcie a détachée du bois. Toutes les
fois que l'Ouvrier remonte la fcie, il la recule un peu, afin
que les dents ne frottent point contre le bois , ce qui le fatigueroit beaucoup , parce que fes bras ne font point en force,
quand ils remontent la fcie. Pour rendre encore la fcie plus
coulante , on en frotte de temps en temps le feuillet avec de
la graiffe, & l'on enfonce un coin dans l'ouverture du trait déja
commencée , ce qui , joint à la voie que l'on donne aux dents
de la fcie , lui donne beaucoup de jeu pour aller & venir.
Quand les Scieurs enfoncent trop leurs coins , ils forcent les
fibres du bois , ce qui fouvent occafionne des éclats qui endommagent les pieces : les Menuifiers rencontrent ces éclats
lorfqu'ils travaillent les bois de fciage à la varlope.

Les feuillets pour les fcies de long font de différentes épaiffeurs : les uns font fort épais , & ils réfiftent plus que les autres ; mais auffi ils font des traits fort larges dans le bois : d'autres font plus minces & mieux dreffés, ceux-ci font des traits
plus fins , & ils paffent plus aifément dans le bois ; mais il faut
bien les ménager , fur-tout quand on travaille du bois rebours
& ruftique : on s'en fert ordinairement pour refendre les bois
dans les chantiers, & les plus épaiffes feuilles de fcie fervent à
travailler le bois dans les forêts : on en emploie encore de plus
fortes pour les fcies qui fe meuvent par le moyen de l'eau.

Quoiqu'on refende prefque toujours à la fcie des bois droits
(*Pl. XXXV. fig. 4*), on refend auffi quelquefois des bois courbes , foit dans le fens de leur courbure (*fig. 5*), pour en faire
des bordages, foit perpendiculairement à la courbure (*fig. 6*),
pour en faire des pieces de tour.

M. le Normand qui a été Intendant de la Marine , a établi
à Rochefort une police admirable fur les travaux de la conftruction des Vaiffeaux : il eft parvenu à faire lever à la fcie
prefque tout ce qu'on réduifoit autrefois en copeaux avec
la cognée , & il en a réfulté une affez grande économie ;
puifque le bois ainfi débité à la fcie, dédommage amplement
de la main-d'œuvre ; les Charpentiers y trouvent auffi leur
compte, parce qu'ils viennent à bout, en variant l'établiffement des pieces fur les chevalets, de former fi bien avec la
fcie l'équerrage de leurs pieces, que j'ai vu des membres qui
avoient été ainfi refendues en aile de moulin. Comme ces fortes de pratiques ne peuvent avoir leur application que dans des
cas particuliers , je ne m'étendrai pas davantage fur cet objet;
mais je vais entrer dans quelques détails fur la façon de débiter
les bois droits avec la fcie de long.

ARTICLE II. *Différentes méthodes qu'on emploie pour
débiter les bois de fciage.*

COMME les gros bois étoient autrefois très-communs, on
commençoit par équarrir une piece, comme on le peut voir
(*Pl. XXXV. fig. 7*) ; enfuite on la refendoit en quatre *a, b, c, d,*
dont on faifoit quatre folives de fciage fort propres, & peu
fujettes à fe fendre par les raifons que nous avons amplement
détaillées dans le Livre précédent. Mais aujourd'hui que les
gros bois font rares , on emploie beaucoup de folives de brin
mal équarries , qu'on recouvre de plâtre ou avec du plaque en
bourre, pour former des plafonds qui couvrent toutes les dé-
fectuofités du bois.

On cartelle encore à la fcie les bois dans les forêts éloignées
où il fe trouve de gros arbres ; mais on deftine ceux-ci à faire

des planches; en conséquence on refend ces cartelles en planches, tantôt comme le représente la cartelle *A A* (*Pl. XXXVI. fig. I*); d'autres fois suivant les lignes *B B*. En suivant l'une ou l'autre méthode, le cœur de l'arbre ne se trouve point au milieu des planches, & elles sont moins sujettes à se fendre que quand on refend par le diametre *C D*, ainsi qu'on le pratique souvent, sur-tout à l'égard du bois de Sapin, & quand on cherche à donner plus de largeur aux planches. Mais en gagnant de ce côté-là, je vais faire voir que l'on perd beaucoup à d'autres égards.

Pour comprendre qu'il n'est point indifférent de scier les arbres suivant leur diametre, ni même dans toutes sortes de directions, il faut faire attention, qu'après qu'ils ont été cartelés, l'on apperçoit sur certaines planches de Chêne, des taches brillantes, qui ressemblent assez à la couche intérieure d'un noyau de pêche. Comme ces taches sont brillantes, quelques personnes les ont nommées *Miroirs*; à Paris, on les appelle plus à propos *Mailles*; & l'on estime les bois qui en portent beaucoup, sur-tout ceux dont on fait les panneaux de menuiserie, parce qu'ils se retirent moins que les autres, & qu'ils sont peu sujets à se tourmenter & à se fendre.

Reste à savoir d'où dépendent ces taches brillantes qu'on nomme *les mailles*. Si l'on s'adresse aux Menuisiers, la plupart diront que c'est la nature de certains bois; & en effet il se trouve des planches qui ont beaucoup de mailles, & d'autres qui n'en ont presque point. Je ne nie pas qu'il y a des bois qui ont essentiellement plus de mailles que d'autres, mais il est certain que, suivant la façon de les refendre, on peut faire paroître beaucoup ou peu de mailles. Je me suis assuré de ce fait par des expériences exactes; & pour rendre clairement ma pensée, je renvoie à la *Figure I de la Planche XXXVI*, qui représente l'aire de la coupe d'un rondin de Chêne. On y apperçoit des cercles concentriques qui se montrent sur la cartelle *E F*; on y voit outre cela des rayons qui s'étendent du centre à la circonférence : ces rayons que Grew a nommés *insertions*, sont des prolongements du tissu cellulaire ou vésiculaire. Ce sont les

cercles concentriques, qui marquent sur les planches les traces qu'on voit en B (*Figure* 2); & ce sont les lignes rayonnées
qui font les mailles ou marques brillantes qu'on voit en A,
(*même figure*). Il s'ensuit que quand on refend un arbre par son
diametre, c'est-à-dire, parallélement à la ligne C D (*Fig.* 1),
comme on scie ordinairement les planches de Sapin, on apperçoit sur leur plat des traces semblables à B (*Fig.* 2), & que ces
traces seront d'autant plus larges, que les planches approche-
ront plus de la circonférence F (*Fig.* 1), principalement, parce
que les traits de la scie sont presque paralleles aux couches annuelles; & que comme elles sont coupées très-obliquement,
elles se montrent plus larges.

Il en sera autrement si l'on refend la cartelle A (*Fig.* 1), suivant la direction A A, ou suivant des rayons qui s'étendroient
du centre à la circonférence; car on y appercevra quantité
de mailles, comme en A (*Fig.* 2), parce qu'alors on divise le
bois suivant la direction des insertions, ainsi que les appelle
Grew; & comme par cette méthode on coupe la plupart de
ces insertions très-obliquement, les mailles se montrent fort
larges & en grande quantité: on en voit beaucoup sur le merrain qui est toujours refendu dans le sens du centre à la circonférence, c'est-à-dire, selon la direction de ces insertions; c'est
ce qu'on appelle refendre les bois à la maille; & c'est de cette
maniere qu'on débite en Hollande les bois pour la Menuiserie.

Si, comme le pratiquent les Scieurs de long dans nos forêts,
on scie les bois suivant la direction B B & G G (*Fig.* 1), on
appercevra quantité de mailles sur les planches qui seront levées du côté B B, & fort peu sur celles qui le seront du côté
G G; parce que dans celles-ci les traits ont été dirigés presque
perpendiculairement aux insertions, au lieu que pour les planches B B, les traits ont coupé les insertions fort obliquement.
Et si l'on refend une cartelle, comme nous l'avons fait à dessein,
suivant la direction H H (*Fig.* 1), on n'appercevra point de
mailles.

Tout ce que je dis ici, je l'ai très-exactement vérifié: j'ai
fait refendre une grosse piece de Chêne dans toutes les di-

rections qui font marquées fur la *Figure* 1. J'ai apperçu quantité de mailles fur les planches levées, fuivant la direction marquée à la cartelle *A A*; il y en avoit auffi fur les planches *B B*, très-peu & même point fur les planches *G G*, & aucune fur les planches de la cartelle *H H*.

Ces obfervations qui prouvent que l'abondance des mailles dépend de la direction qu'on donne au trait de la fcie, font dans certains cas fort importantes; car les planches qui ont beaucoup de mailles ne fe gerfent & ne fe tourmentent prefque pas; au lieu que celles qui n'en ont point, fe tourmentent & fe couvrent d'une infinité de petites fentes d'un tiers de ligne d'ouverture; ce qui eft très-défagréable pour les ouvrages de menuiferie, & particuliérement dans les bois des panneaux. J'ai vérifié toutes ces chofes dans le Chantier de M. Moreau, Marchand de bois, Fauxbourg S. Antoine, qui fait débiter une grande quantité de bois pour la menuiferie.

On porte en Hollande beaucoup de bois de Lorraine & des rives du Rhin, fendus en cartelles, comme pour en faire du bois de fente. Les Hollandois, à l'aide de leurs moulins à fcies conftruits avec beaucoup de précifion, refendent ces bois fur la maille, comme en *A A* (*Figure* 1); ils favent tirer parti du prifme triangulaire du bois qui fe trouve au centre, & mettre tout à profit. Ces bois ainfi refendus font les meilleurs de tous pour faire les panneaux des belles menuiferies; au lieu que les bois des Vauges qui ne font prefque jamais refendus fur la maille, ne font pas à beaucoup près d'auffi bon & bel ouvrage. Je ne penfe pas cependant qu'il foit également avantageux de débiter toutes fortes de bois fur la maille; car, en conféquence de ce que j'ai démontré, en parlant, dans le Livre précédent, du travail des Fendeurs, que tous les bois ont une grande difpofition à fe fendre fuivant la direction des infertions, & qu'ils s'éclatent naturellement fuivant celle de la maille; il me paroit clair qu'une mortaife que l'on feroit dans un battant refendu, fuivant la direction de la maille du bois, doit être plus expofée à s'éclater, que celle qui feroit faite dans un battant refendu dans un autre fens.

Il

Il n'est gueres possible de prêter cette attention à l'égard des bois qu'on refend à la scie pour les pieces de charpente, telles que les chevrons, les solives, &c, non plus que pour celles qui sont destinées aux constructions de la Marine, *précintes*, bordages, *vaigres*, &c.

J'ai seulement dit, & je le répete, que dans beaucoup de cas il seroit très-avantageux de lever dans le milieu des plançons destinés pour des bordages, une tranche telle que *A B* (*Pl. XXXIV. fig. 8*), afin que le cœur du bois qui, dans les grosses pieces, a très-souvent contracté un commencement d'altération, ne se trouvât pas dans les bordages ou précintes *C C*, *D D*; & qu'il seroit souvent plus à propos de refendre les pieces presque rondes & sans être équarries, comme le représente la *Figure 6, Planche XXXIV*, pour y lever de larges planches de *L* en *M*; & pour se procurer dans les parties *I* & *K*, des planches & des membrures dont on pourroit tirer un très-bon parti, au lieu qu'en suivant l'usage ordinaire, on passe beaucoup de temps à réduire ces parties en copeaux.

Enfin on se souviendra que j'ai fait voir combien il étoit avantageux, si l'on veut prévenir que les bois ne se fendent, de refendre dans les forêts mêmes les pieces à la scie, long-temps avant qu'elles se soient desséchées.

ARTICLE III. *Echantillon du Bois de sciage, tant pour la Charpenterie, que pour la Menuiserie.*

QUAND on débite les bois dans les forêts, & qu'on les destine à quelque ouvrage projetté, on peut, pour éviter la perte du bois, se conformer aux états que fournissent les Charpentiers ou les Menuisiers; mais comme on se trouve rarement dans ce cas, les Marchands font débiter leurs bois suivant les dimensions conformes aux usages les plus ordinaires, afin d'assortir leurs Chantiers de bois qui puissent satisfaire aux demandes des uns & des autres. Je crois devoir placer ici des états qui puissent mettre les Marchands en état de garnir leurs Chantiers de bois bien assortis.

P p p p

§. I. *Bois de sciage pour la Charpenterie.*

1°, Les *contre-lattes* qu'on met sur les combles d'ardoise entre les chevrons, doivent avoir un demi-pouce d'épaisseur, sur 4 à 5 pouces de largeur.

2°, Les *chanlattes* qui servent à former les égouts, doivent être fendues en biseau (*Pl. XXXV. fig. 8*), c'est-à-dire, suivant la diagonale d'une piece quarrée : elles doivent avoir 5 pouces de largeur, 9 lignes d'épaisseur sur un bord, & venir en tranchant sur l'autre.

3°, Les *chevrons* ordinaires qui servent à la couverture des bâtiments, se débitent de 3 & 4 pouces en quarré ; ils doivent être francs d'aubier, & avoir peu de nœuds : il s'en fait aussi de 4 pouces d'équarrissage qu'on peut employer à plusieurs ouvrages.

4°, Les *poteaux* : ils ont ordinairement 4 & 6 pouces d'équarrissage ; ils servent à faire du colombage aux pans de bois des cloisons , &c.

5°, Les *solives* de sciage ont ordinairement 5 & 7 pouces en quarré : à l'égard des solives de brin, nous en avons parlé plus haut.

6°, Les *limons d'escalier* & les *battants de porte cochere* se débitent de plusieurs largeurs & épaisseurs : savoir de 3 & 6 pouces ; de 4 & 8 ; de 4 & 9 ; de 4 & 10 ; de 5 & 10 ; de 5 & 12, &c, sur 12 jusqu'à 18 pieds de longueur.

7°, On prend les *gouttieres* dans des pieces bien droites de 8 & 9 pouces d'équarrissage que l'on fait scier en deux diagonalement, c'est-à-dire, d'angle en angle ; le sciage fait le dessus de la gouttiere ; on le creuse & on laisse un bon pouce d'épaisseur en tout sens : il faut conserver ces pieces à couvert, si l'on veut qu'elles ne se fendent point.

8°, Les longueurs ordinaires des bois de sciage pour la charpente sont 6, 12, 18 ou 21 pieds.

Quoique les bois que je viens de nommer, soient débités principalement pour les ouvrages de charpente, les Menuisiers ne laiffent pas d'en acheter pour les employer, foit dans leur entier, foit pour les refendre de nouveau; comme il arrive auffi que les Charpentiers emploient quelquefois des bois qui ont été débités pour les Menuifiers.

§. 2. *Bois de fciage pour la Menuiferie.*

1°, On débite deux efpeces de *membrures* pour la menuiferie : les unes ont 3 pouces d'épaiffeur fur 6 de largeur ; les autres ont un pouce & un quart d'épaiffeur fur 12 de largeur: la longueur des unes & des autres eft de 6 , 9, 12 , ou 15 pieds.

2°, Les *planches* font de différente épaiffeur : celles qu'on nomme *entrevoux*, parce qu'elles fervent communément à remplir l'entre-deux des folives, ont 9 lignes d'épaiffeur & 9 pouces de largeur.

3°, Les planches pour les ouvrages courants, ont 13 lignes d'épaiffeur, franc du trait, fur un pied de largeur; & quand elles font feches, elles fervent à faire les planchers.

4°, On débite d'autres planches de 18 lignes d'épaiffeur fur 11 pouces de largeur : on emploie communément celles-ci à faire les bâtis, & des cuves pour la vendange.

5°, On refend encore des planches de 2 pouces d'épaiffeur, & auffi larges que la groffeur d'un arbre peut le permettre : on s'en fert pour les bâtis des lambris à double parement, les dormants des croifées, les trappes , &c.

6°, On refend de la *voliche* de Chêne d'un demi-pouce d'épaiffeur qui s'emploie aux panneaux de menuiferie , & au revêtement des moulins à vent.

La voliche d'Orme s'emploie par les Charrons pour les fonds des charrettes , pour les tombereaux, les brouettes : la voliche de bois blanc fert aux Menuifiers à faire des enfonçures d'armoire : les Layetiers en font des caiffes d'emballage & plufieurs autres menus ouvrages.

7°, On refend encore à la fcie des *plateaux* d'Orme & de Hêtre de 4 ou 5 pouces d'épaiffeur, dont on fait les établis des Menuifiers , les tables de cuifine , les étaux de Bouchers &

de Chandeliers, les coquilles & les *liſſoires* des équipages, *&c.*

8°, On débite dans le Noyer, l'Erable, le Hêtre, & même le Chêne, des madriers de 2 pouces & demi à 3 pouces d'épaiſſeur, ſur 5 à 6 pouces de largeur, pour faire des meubles & des montures de fuſil (*Pl. XXXV. fig. 9*). Au reſte, le Noyer, le Hêtre, l'Erable ſe débitent auſſi en planches & en voliches, de différentes épaiſſeurs.

On débite pour Paris le bois de Hêtre en poteaux de quatre pouces quarrés, depuis 6 juſqu'à 10 pieds de longueur; en membrures qui ont deux pouces une ligne d'épaiſſeur, franc ſcié, depuis 6 juſqu'à 8 pouces de largeur, ſur 6, 9, 12 pieds de longueur; enfin en planches de 13 lignes d'épaiſſeur, franc du trait, 11 à 12 pouces de largeur, ſur 6, 9, 12 pieds de longueur.

Il n'eſt pas inutile de mettre ici l'état des bois de Menuiſerie, tels qu'on les trouve dans les Chantiers de Paris.

§. 3. Bois de Chêne & de Sapin, de ſciage, qu'on trouve le plus ordinairement dans les Chantiers des Marchands de Paris.

On diſtingue à Paris les bois de ſciage, en *Bois François* & *Bois étrangers*.

Les *Bois François* ſe tirent communément des forêts de Champagne, du Bourbonois & de la Bourgogne : ces bois aſſez ruſtiques, s'emploient ordinairement pour les ouvrages ſolides & expoſés aux injures de l'air.

Les bois de la forêt de Fontainebleau ſont plus tendres, plus aiſés à travailler & plus beaux; on en feroit de très-belle menuiſerie, ſi on les refendoit ſur la maille; mais ils ne durent qu'autant qu'ils ne ſont point expoſés aux injures de l'air.

Les *Bois réputés étrangers*, ſe tirent des forêts de Vauge en Lorraine. Si ces bois étoient débités ſur la maille, ils ſeroient excellents pour faire les plus belles menuiſeries, car ils ſont tendres, d'un grain uniforme; ils ont encore moins de nœuds & de malandres que ceux de la forêt de Fontainebleau : ils font prefque toujours francs d'aubier, & ils ne fe déjettent ni ne fe tourmentent point.

Il vient encore à Paris des planches minces, qu'on nomme *Bois de Hollande* : on en fait les panneaux des beaux lambris. Ces bois , comme nous l'avons déja dit, font tirés des forêts voifines du Rhin & de la Lorraine, par les Hollandois qui les refendent avec leurs moulins à fcie : la fupériorité de ces bois fur ceux du pays de Vauge , confifte en ce qu'ils font refendus très-réguliérement, & prefque tous fur la maille. Pour donner une idée de la précifion avec laquelle les moulins à fcie de Hollande refendent les bois, il fuffira de dire que j'ai vu dans le Chantier de M. Moreau, Marchand de bois , des tringles refendues en Hollande pour faire du treillage, dont cent de ces tringles réunies, ne faifoient qu'un folide de 2 pouces un quart de largeur fur 2 pouces & demi d'épaiffeur.

On apporte encore de Lorraine du merrain de fente, qu'on nomme *Courfon*, & qui eft affez grand pour faire les petits panneaux de Menuiferie.

On trouve communément dans les Chantiers, en bois de France : 1°, des battants de portes cocheres, qui ont 3, 4 ou 5 pouces d'épaiffeur fur 6, & jufqu'à 10 pouces de largeur, & depuis 12 jufqu'à 15 pieds de longueur : ce font-là les plus grandes pieces que les Menuifiers emploient ordinairement.

2°, Des membrures , dont les unes ont 6 pouces de largeur fur 3 d'épaiffeur; d'autres 11 pouces de largeur fur 2 pouces & un quart d'épaiffeur.

3°, Des planches qui portent ordinairement 21 lignes d'épaiffeur, mais qui paffent pour un pouce & demi ; leur largeur eft de 8 pouces.

4°, Des planches dites d'un pouce d'épaiffeur, & qui portent cependant jufqu'à 15 lignes: elles ont 9 à 10 pouces de largeur.

La longueur de toutes ces planches , eft de 6, 9, 12 ou 15 pieds.

Le prix des bois de France eft , favoir, ceux de Champagne & du Bourbonnois, 110 à 115 livres le cent de toifes courantes, réduites à un pouce d'épaiſſeur ; par conſéquent 50 toiſes courantes de planches de deux pouces d'épaiſſeur, font un cent de toiſes ; mais il faut cent toiſes courantes de planches d'un pouce & demi, pour faire le cent ordinaire de toiſes, à cauſe de leur peu de largeur.

Le bois de Fontainebleau ſe vend, depuis 120 juſqu'à 130 livres, le cent de toiſes.

Le bois que l'on amene de Vauge & de Lorraine eſt exactement échantillonné : il ſe vend au cent de toiſes réduites à 10 pouces de largeur ſur un pouce d'épaiſſeur : il faut 66 toiſes deux tiers courantes de planches, pour faire le cent de toiſes, lorſque les planches ont 15 lignes d'épaiſſeur ſur 7 pouces de largeur ; de ſorte que chaque toiſe, dont le cent fait ce qu'on nomme le cent de bois de Vauge, eſt compoſée de 720 pouces-cubes.

Le bois de Hollande n'eſt pas exactement échantillonné quant à la largeur ; mais la longueur eſt exactement de 9 ou 12 pieds, &c ; en conſéquence, comme les planches qui paſſent pour avoir 6 pouces de largeur, en ont quelquefois ſept, & d'autres fois cinq ſeulement, on forme les lots à moitié de planches larges, & moitié de planches étroites, de ſorte que ce bois réduit comme celui de Vauge, à 10 pouces de largeur ſur un pouce d'épaiſſeur, ſe vend 170 livres le cent de toiſes.

Les bois de Sapin qu'on vend à Paris, ſe tirent ordinairement d'Auvergne & de Lorraine : les premiers ſont moins beaux, débités d'inégale épaiſſeur, percés de trous, & remplis de nœuds.

Les bois de ſapin de Lorraine ont moins de nœuds ; & ils ſont en général mieux travaillés. Ceux-ci ſont débités en planches de 12 pieds de longueur ſur 9 à 10 pouces de largeur, & un pouce d'épaiſſeur.

On en trouve auſſi de 12 pouces de largeur ſur 10 à 11 lignes d'épaiſſeur ; & quoique ces planches n'aient que 10 à 11 pieds de longueur, elles paſſent pour deux toiſes à cauſe de leur largeur : ces deux ſortes ſe vendent 130 livres le cent de planches.

Il y en a encore qui ont 12 pouces de largeur, 15 lignes d'épaiſſeur, & 12 pieds de longueur : on les vend 200 livres le cent de planches.

Les planches qu'on nomme *Feuillets*, ont 8 pouces de largeur, 7 lignes d'épaiſſeur, 11 pieds de longueur : elles ſe vendent 80 livres le cent.

Les planches d'Auvergne ont 12 pieds de longueur, 12 pouces de largeur, 15 lignes d'épaiſſeur ; enfin la voliche a 6 pieds de longueur, 9 pouces de largeur, & 6 lignes d'épaiſſeur : elle ſe vend 40 livres le cent.

§. 4. *Des Bois de ſciage qu'on emploie pour la Marine.*

1°, Les *bordages* qui ſont des planches épaiſſes qu'on cloue ſur les membres & ſur les ponts pour empêcher l'eau d'entrer dans les vaiſſeaux, ne peuvent jamais être ni trop larges ni trop longs. Leur épaiſſeur varie ſuivant le rang des Vaiſſeaux, & encore ſuivant la place où on les met ; car dans un même Vaiſſeau il y a des bordages de pluſieurs épaiſſeurs différentes, depuis 2 pouces juſqu'à 5 : au haut des œuvres-mortes, & ſur les ponts, on emploie des bordages de Pin.

2°, Les *vaigres* qui ſont les bordages intérieurs qui revêtent le dedans des Vaiſſeaux : leur épaiſſeur varie comme celle des bordages ; ce ſont de vrais bordages placés en dedans des Vaiſſeaux ; mais comme on ne les calfate point, les fentes ou quelques autres défauts ne leur cauſent aucun préjudice.

3°, Les *précintes* ſont de forts bordages plus larges & une fois plus épais que les précédents : cette épaiſſeur varie depuis 3 pouces juſqu'à 9.

4°, Les *ſerre-bauquieres*, les *ſerre-goutieres*, &c, ſont des pieces à peu-près ſemblables aux précintes ; mais on les emploie dans l'intérieur des Bâtiments.

5°, Les *iloirs* ſont des pieces pareilles aux précintes ; on les place ſur les ponts, dans le ſens de la longueur du Vaiſſeau.

6°, Les *épontilles* ſont des bois quarrés qui étaient & fortifient les baux & les barrots : celles de la cale ſont de brin,

& fimplement équarris ; celles des entre-ponts & du deſſous des gaillards , font ordinairement de Pin refendu en chevrons, de 2 pouces & demi, 3 ou 4 pouces d'équarriſſage.

7°, Les *planches* pour border les foutes & faire les emménagements , varient d'épaiſſeur depuis 1 pouce juſqu'à 2 pouces & demi : elles font toujours de Sapin.

Je paſſe légérement ſur tous ces articles , parce qu'on trouve les dimenſions exactes de tous les bois de ſciage , au commencement de mon *Architecture Navale*.

Je ne parle point ici des bois de ſciage pour le Charronnage, & pour l'Artillerie. On peut conſulter ce que j'en ai dit au Chapitre précédent à l'occaſion des bois en grume.

Il y a beaucoup d'économie à ſe ſervir de moulins à ſcie pour débiter les bois ; mais comme nos moulins ſont groſſiérement conſtruits , ils conſomment beaucoup de bois par la largeur du trait, & il n'eſt pas poſſible de tirer dix planches d'un pouce d'une piece qui porte un pied de largeur : il ſeroit très-poſſible d'en établir d'auſſi parfaits que ceux de Hollande.

J'ai dit qu'on faiſoit des viſites & des martelages dans les forêts , pour marquer ſur pied les arbres propres à être employés pour de grandes conſtructions ; mais en faiſant le détail des attentions qu'il falloit apporter pour bien faire ces ſortes de viſites , j'ai averti qu'il n'étoit pas poſſible de porter un jugement auſſi certain ſur les bonnes ou les mauvaiſes qualités du bois quand les arbres ſont ſur pied , qu'après qu'ils ont été abattus , débités , & en partie deſſéchés.

Comme on envoie quelquefois dans les forêts qu'on exploite, des Charpentiers, ou autres gens connoiſſeurs pour faire choix, marquer & retenir les bois dont on prévoit avoir beſoin pour de grandes entrepriſes ; je vais donner en leur faveur le détail de ce qu'il eſt néceſſaire qu'ils obſervent pour bien faire ces ſortes de viſites.

CHAPITRE

CHAPITRE V.

Expofition des défauts les plus confidérables qui doivent faire rebuter les Arbres abattus.

LES fignes que j'ai indiqués ci-devant (*Livre III*). pour con-noître, à la feule infpeEtion des arbres fur pied, les défauts qui doivent les rendre fufpeEts, ne font pas auffi certains que ceux par lefquels on les peut découvrir, en examinant le bois même, après que les arbres ont été abattus & en partie débités : les défauts qu'on découvre alors, font ; 1º, d'être *roulis* ou *roulés* ; 2º, d'être *cadranés* & ouverts dans le cœur ; 3º, d'être *gélifs* ; 4º, d'être *gras* & *roux* ; 5º, d'avoir un *double aubier*, & le bois de différente couleur, ou *vergeté*. Je vais parler de ces défauts dans autant d'articles particuliers ; mais je dois avertir qu'ils de-viennent plus fenfibles à mefure que les arbres font plus fecs, & que plufieurs de ces défauts font très-difficiles à reconnoître quand les arbres font récemment abattus, & encore remplis de feve, ou quand on les retire de l'eau.

ARTICLE I. *De la Roulure.*

ON dit qu'un arbre eft *roulis* ou *roulé*, quand il fe trouve une fente ou une folution de continuité qui fuit la direEtion des couches annuelles (*Pl. XXXV. fig.* 10) ; c'eft-à-dire, quand il y a, dans l'intérieur d'un arbre, des cercles concentriques qui ne font pas unis & adhérants les uns aux autres. Quelquefois ces fentes ne font prefque pas apparentes dans les arbres pleins de feve ; mais elles s'ouvrent à mefure que les arbres fe deffe-chent ; & alors on remarque qu'elles n'ont affez fouvent que quelques pouces d'étendue, comme en *a* (*Figure* 10) ; mais fouvent elles en ont davantage ; elles s'étendent quelquefois dans toute la circonférence de l'arbre, comme en *b* ; enforte qu'on eft furpris de voir une couronne de bois vif qui entoure.

Q q q q

un noyau de bois mort qu'on peut faire sortir à coups de maffe, & alors il ne refte plus qu'un tuyau de bois vif : quand la roulure ne s'étend pas dans toute la circonférence, le noyau de bois ainfi renfermé par la roulure, fe trouve être d'un bois vif ; mais quand ce bois eft mort, on le trouve quelquefois pourri, & d'autres fois très-fain & très-dur.

On juge bien, fans qu'il foit néceffaire de le dire, que la roulure endommage d'autant plus une piece de bois qu'elle a plus d'étendue, & qu'elle eft plus ouverte ; mais dans tous les cas elle forme un grand défaut ; non-feulement parce qu'elle augmente à mefure que le bois fe deffeche ; mais encore parce que quand on vient à refendre à la fcie un arbre roulé, les morceaux fe féparent, & il ne refte plus que des éclats. Ce défaut tire moins à conféquence quand on emploie les arbres dans leur entier ; mais dans ce cas-là même, la roulure eft un vice effentiel ; car l'eau & la feve qui s'amaffent dans ces fentes, y forment un germe de pourriture ; d'ailleurs fi la roulure a beaucoup d'étendue, la piece en devient confidérablement plus foible.

Quand on veut employer ces arbres à faire de la fente, on peut quelquefois en tirer un parti avantageux ; cela dépend du point où la roulure fe trouve placée, & de l'adreffe du Fendeur qui faura tirer des lattes, des échalas, & quelquefois du merrain, du bois qui fe trouve, foit dans l'intérieur, foit à l'extérieur de la roulure.

Plufieurs caufes peuvent occafionner la roulure : d'abord il faut fe rappeller que nous avons déja dit que les couches ligneufes fe forment entre l'écorce & le bois, & que dans leur naiffance elles font très-tendres : or, il eft fenfible que lorfque le vent agite & plie en différents fens les jeunes arbres, leur écorce, qui n'eft prefque pas adhérente au bois, peut s'en féparer dans quelques points, fur-tout quand les arbres font en feve & chargés de leurs feuilles : en Hiver le poids du givre peut produire le même effet malgré l'adhérence de l'écorce au bois ; comme il eft prouvé que l'écorce ne fe réunit jamais au bois quand elle en a été une fois détachée, il refte toujours une folution de continuité qui fépare les couches annuelles en

tout ou en partie, fuivant que la défunion de l'écorce d'avec
le bois aura été plus ou moins confidérable. L'écorce peut
dans certains cas produire des couches ligneufes; c'eft pourquoi
la féparation de l'écorce d'avec le bois, quand même elle fe feroit dans toute la circonférence, ne feroit pas fuivie de la mort
de l'arbre : on obferve qu'alors il fe forme de nouvelles couches ligneufes qui l'aident à fubfifter; mais ces couches ligneufes reftent toujours féparées des anciennes, & c'eft cette folution de continuité qu'on nomme *roulure*. Ce défaut peut encore être produit; 1°, par les voitures dont les moyeux endommagent l'écorce, 2°, par les animaux qui fe frottent contre le
tronc des jeunes arbres, ou qui en entament l'écorce avec leurs
dents; ces accidents produifent des roulures partielles; 3°, par
les copeaux d'écorce que les Officiers des Eaux & Forêts enlevent, pour frapper l'empreinte de leur marteau fur le corps
des arbres de réferve: il eft vrai que ces plaies fe recouvrent
par la fuite; mais le bois qui fe forme en ces endroits, ne peut
plus s'unir parfaitement avec l'ancien, & il refte dans l'intérieur
de l'arbre une roulure ou une gélivure, qui n'a pas à la vérité
beaucoup d'étendue; 4°, par cette même raifon, les chancres
guéris & recouverts de nouveau bois & d'écorce, forment un
femblable défaut, mais plus préjudiciable à l'arbre, parce qu'ordinairement le bois qui fe recouvre eft un bois déja carié; 5°,
une des plus dangereufes roulures, eft celle occafionnée par
une féparation de l'écorce d'avec le bois, qui eft produite par
une furabondance des fucs qui doivent former les nouvelles
couches ligneufes. Quand cet accident ne fait pas périr l'arbre,
il fait au moins contracter à l'ancien bois un commencement
de pourriture qui ne fe répare jamais. J'ai vu des têtards de
Saule qui avoient 3, 4 ou 5 roulures (*Pl. XXXV. figure 11*);
c'eft-à-dire, prefque autant que le nombre de fois qu'ils avoient
été étêtés. En un mot, tout ce qui peut occafionner la féparation de l'écorce d'avec le bois, ou la défunion des couches ligneufes, produit la roulure; c'eft pour cela que les arbres ifolés, les baliveaux élevés dans un taillis, & qui fe trouvent par
la fuite & après les taillis abattus, expofés aux vents & aux
injures de l'air, font plus fujets à être roulés, que ceux qui

ont été élevés dans un massif de bois ; & encore que ceux qui ont toujours resté exposés en plein air.

J'ai occasionné artificiellement des roulures, en détachant l'écorce du tronc d'un arbre, & en la remettant sur le champ en sa place ; ce morceau d'écorce ainsi replacé, s'est greffé avec celle qui étoit restée adhérente au bois ; il s'est formé d'épaisses couches ligneuses ; mais à l'endroit où l'écorce avoit été séparée du bois, il est resté une solution de continuité, autrement dit une roulure.

ARTICLE II. *De la Gélivure.*

ON appelle *Gélivure* toute fente qui s'étend du centre du tronc d'un arbre à la circonférence, comme en *a b* (*Pl. XXXV. fig. 1 2*) ; quelle que soit la cause qui la produise. Cette dénomination vient de ce que les fortes gelées font quelquefois fendre les gros arbres ; ces fentes à la vérité se recouvrent ensuite par de nouvelles couches ligneuses ; mais comme les fibres ligneuses qui ont été séparées par accident les unes des autres, ne se réunissent jamais, il reste dans l'arbre une fente, qu'on nomme *gélivure,* parce que, comme je viens de le dire, elle est ordinairement occasionnée par la gelée. On a ensuite étendu ce terme ; & on a nommé *gélivures*, toutes sortes de fentes qui se trouvent dans le bois ; mais on n'y comprend pas celles qui font une séparation des couches annuelles. Ainsi une plaie recouverte, une grosse branche coupée, dont la section a été recouverte par un nouveau bois ; les fentes qu'occasionnent les coups de tonnerre, font nommés des *gélivures*, comme si elles résultoient de l'effet des fortes gelées : les *revêtures* qui font des plaies recouvertes, font des gélivures quelquefois très-considérables.

Je soupçonne qu'il y a encore des gélivures formées par une trop grande abondance de la seve. Des personnes dignes de foi m'ont assuré avoir vu sortir d'un Tilleul un jet de seve par une fente qui s'étoit faite subitement à l'écorce du tronc, & avec un bruit aussi éclatant qu'un coup de pistolet, & que cet écoulement avoit duré pendant plusieurs minutes. J'ai occasionné quelques gélivures dans le corps des jeunes arbres, en les ployant, & en les forçant beaucoup, & de la même maniere que pourroit faire un grand vent, ou un poids très-confidérable de givre.

Il eft fenfible que ces fentes intérieures qui s'ouvrent quand les arbres fe defféchent, forment des défauts d'autant plus confidérables qu'elles ont plus d'étendue ; & qu'elles font bien plus nuifibles aux pieces qu'on deftine au fciage & à certains ouvrages de fente, qu'à celles qu'on doit employer dans toute leur groffeur, ou qu'on deftine à être fendues & débitées en petites pieces.

On pourra prendre aifément l'idée des différentes caufes de la gélivure, lorfqu'on fera perfuadé, comme nous l'avons démontré dans la *Phyfique des Arbres* (Partie II. pag. 50), que les fibres ligneufes ne fe réuniffent jamais lorfqu'une fois elles ont été féparées : c'eft ainfi qu'en pliant bien fort de jeunes arbres, dont je voulois rompre une partie du corps ligneux, j'occafionnois dans leur intérieur des roulures & des gélivures que j'ai retrouvé quelques années après, quoique les plaies extérieures euffent été parfaitement cicatrifées.

Il arrive affez fouvent que la roulure & la gélivure fe trouvent réunies dans un même corps d'arbre.

ARTICLE III. *De la Cadranure.*

LA cadranure eft une gélivure dans le cœur d'un arbre ; comme les fentes qu'elle occafionne, fe croifent & femblent former les lignes horaires d'un cadran (*Pl. XXXV. fig. 13*); cela lui a fait donner le nom de *Cadranure* : il eft bon de diftinguer cet accident de la gélivure, parce qu'il provient d'une toute autre caufe. La cadranure ne fe rencontre que dans les gros & vieux arbres : elle provient de l'altération du bois du cœur dans les arbres qui font en retour. Il faut que cette altération foit pouffée à un point extrême, pour que la cadranure fe manifefte dans les arbres encore remplis de feve : elle ne fe déclare ordinairement que quand ils font en partie defféchés ; & affez fouvent un arbre fe trouve cadrané par le bout qui répondoit aux racines, pendant qu'il ne l'eft pas au bout oppofé d'où partoient les branches. Ce défaut eft plus redouta-

ble que la gélivure, parce qu'il désigne une altération, &
même un commencement de pourriture dans le bois du cœur,
comme nous l'avons prouvé en parlant de l'âge des arbres.
Au reste, il ne faut prêter aucune attention à certaines fentes
qui s'apperçoivent au cœur d'un arbre, quand elles ne font
pas plus considérables que celles qu'on voit répandues dans le
reste de l'aire de la coupe : la cadranure occasionne des fentes
beaucoup plus ouvertes que celles-là.

On peut souvent employer en bois de fente les arbres cadranés, parce qu'en retranchant le cœur, on emporte le mauvais bois qui se trouve toujours au centre.

Article IV. *Du double Aubier.*

Les arbres venus dans des terreins maigres & secs, font
aussi sujets à avoir un double aubier ; c'est-à-dire, une couronne de bois tendre & imparfait *a* (*Fig. 14*), qui environne
le cœur *d*, ou centre d'un arbre. On trouve au-dessus de ce
bois tendre une couronne de bon bois *c*, & enfin l'aubier ordinaire *b*. Ce défaut est essentiel, & fait qu'un pareil arbre n'est
pas même bon à être employé en entier ; parce que le double
aubier, qui est souvent de plus mauvaise qualité que le vrai
aubier, tombe bien-tôt en pourriture ; & à plus forte raison,
les arbres attaqués de cette maladie, ne font point propres à
être débités en bois de sciage ou de fente.

J'ai trouvé des arbres qui avoient deux aubiers séparés l'un
de l'autre par une couronne de bois de bonne qualité, & qui
me paroissoit à peu-près semblable à celui du centre que l'aubier intérieur recouvroit. J'ai voulu reconnoître de quelle qualité pouvoit être ce faux aubier & le bois des arbres sujets
à ce défaut ; pour cet effet, je fis tailler quatre morceaux de
ce bois en parallélipipedes & d'égale pesanteur ; le premier
morceau étoit du bois du centre ; le second, du bois qui envi-
ronnoit l'aubier extraordinaire ; le troisieme, d'aubier ordinaire ;
& le quatrieme de cet aubier accidentel, ou bois blanc qui envi-
ronnoit le bois du centre : les ayant ensuite pesés dans l'eau,
j'ai remarqué que le morceau de bois blanc *a* (*Fig. 14*), étoit

de beaucoup plus léger que les autres *b, c, d,* & même quelquefois plus que l'aubier ordinaire *b* ; comme ce morceau avoit été
taillé d'un plus gros volume que les autres, pour pouvoir
égaler leur poids, & comme il avoit de grands pores, il s'é-
toit chargé de beaucoup plus d'eau que les autres morceaux.
Voici la proportion dans laquelle ces morceaux se sont chargés d'eau :

EXPÉRIENCE.

AVRIL le matin.	Le Bois du centre (d) pesoit,	Le Bois (c) au-des-sus de l'aubier ac-cidentel (a) pesoit,	L'Aubier ordinaire (b) pesoit,	L'Aubier accidentel (a) pesoit,
	Avant que d'avoir été mis dans l'eau.			
20	749^{grains}	749	749	749
	Après avoir été tous plongés au même instant dans l'eau.			
21	763$\frac{1}{2}$	763$\frac{1}{2}$	819	950
22	779	779	831	974$\frac{1}{2}$
23	788$\frac{1}{2}$	788$\frac{1}{2}$	837	993
24	797	796	833	1001$\frac{1}{2}$
25	801$\frac{1}{2}$	802$\frac{1}{2}$	832	1009
26	808	807$\frac{1}{2}$	834$\frac{1}{2}$	1011$\frac{1}{2}$
27	813$\frac{1}{2}$	811$\frac{1}{2}$	840	1025
28	818	820$\frac{1}{2}$	847	1036
29	820$\frac{1}{2}$	822	837$\frac{1}{2}$	1032
30	827	826	838	1038
5 MAI	841	837$\frac{1}{2}$	847$\frac{1}{2}$	1047$\frac{1}{2}$
9	847$\frac{1}{2}$	844	836$\frac{1}{2}$	1046
17	859$\frac{1}{2}$	855$\frac{1}{2}$	840	1057
25	875$\frac{1}{2}$	866	855$\frac{1}{2}$	1076
2 JUIN	880	870	840	1070
10	892	877	869	1097
18	893	877$\frac{1}{2}$	846	1085
6 JUILLET	907	884$\frac{1}{2}$	897	1117
26	919	886	922	1137
26 AOUST	924$\frac{1}{2}$	885	888$\frac{1}{2}$	1137
26 SEPTEMB.	930	887	880	1127
26 OCTOBRE.	935$\frac{1}{2}$	892	948$\frac{1}{2}$	1168

Cette expérience fait connoître combien la substance du double aubier est rare, & combien ses pores sont grands par la quantité d'eau qui, après avoir pris la place de l'air, a donné à ce morceau de bois une augmentation considérable de poids. Si j'avois continué cette expérience jusqu'à la parfaite imbibition, le bois du cœur seroit devenu le plus pesant, comme il arrive en bien des circonstances, proportionnellement néanmoins au volume de l'un & de l'autre ; car ce morceau de double aubier dont la substance étoit beaucoup plus légere, avoit été taillé plus gros que celui du centre, afin qu'il pût égaler son poids.

Le double aubier est produit par une maladie qui attaque les arbres, & qui se guérit au bout d'un certain temps ; mais pendant que cette maladie subsiste, elle cause une altération considérable dans toutes les couches ligneuses qui se forment pendant que la maladie subsiste ; de sorte que cette couronne de bois vicieux dans son origine, ne peut jamais se rétablir, quoique cette partie ne soit pas morte. Cette maladie peut être occasionnée par différentes causes : je suppose, par exemple, que les racines aient à traverser une très-mauvaise veine de terre, ou qu'elles aient été arrêtées dans leur progrès par quelque corps fort dur ; l'arbre restera languissant pendant plusieurs années, & tout le bois qui se sera formé dans ce temps-là, aura souffert de cette disette : en un mot, toutes les causes un peu durables qui pourront influer sur la vigueur d'un arbre, & se réparer ensuite, occasionneront le double aubier.

ARTICLE V. *De la Gélivure entrelardée.*

LA couronne de faux aubier s'étend rarement dans toute la circonférence d'un arbre ; elle n'en occupe quelquefois que le quart ou la cinquieme partie : assez souvent on trouve cette portion de mauvais bois morte ; quelquefois même elle est recouverte d'une écorce pareillement morte. C'est-là ce que les Bûcherons appellent *Gélivure entrelardée :* il seroit plus exacte de la nommer une *Roulure entrelardée.* Comme ce défaut se rencontre

contre particuliérement dans les bois plantés fur des côteaux expofés au Levant ou au Midi ; il eft à préfumer qu'il eft occafionné, foit par la grande ardeur du foleil, qui a defféché l'écorce & l'aubier feulement du côté tourné à cette expofition, foit par le verglas dans le temps des grands froids de l'Hiver ; ce verglas aura endommagé l'écorce & l'aubier, mais feulement du côté expofé au foleil. Cette écorce & cet aubier morts auront été recouverts comme une plaie ordinaire ; mais quoiqu'enveloppés dans la fuite par de bon bois, ils ne formeront pas moins un défaut confidérable dans l'intérieur de l'arbre.

On pourroit regarder cette efpece de gélivure comme un double aubier partiel, & cela eft effectivement vrai, quand la portion viciée n'eft pas morte ; mais comme elle eft prefque toujours défectueufe, j'ai cru devoir en faire une diftinction particuliere & un article féparé.

ARTICLE VI. *De la différente couleur du Bois fur l'aire de la coupe.*

ON n'eft point furpris de voir l'aubier beaucoup plus blanc que le bois, parce qu'on fait que l'aubier eft un bois imparfait, dont l'emploi eft mauvais, & qu'il faut le retrancher dans les pieces que l'on deftine aux ouvrages de quelque conféquence. Ainfi on ne tient compte de la groffeur d'un arbre qu'après avoir fait fouftraction de l'aubier ; tout ce qu'on peut exiger, c'eft que l'aubier ne foit pas trop épais. Je parle ici de certaines efpeces d'arbre dont l'aubier eft apparent ; car il n'eft prefque pas fenfible dans plufieurs autres efpeces de bois, au nombre defquels il faut comprendre les bois blancs, quoique dans les arbres de cette efpece, le bois de la circonférence foit plus tendre & moins denfe que celui du cœur. Mais cette différence de denfité paffe par des degrés infenfibles ; au lieu que dans le Chêne, l'Orme & autres bois durs, il y a un paffage fubit de l'état d'aubier à celui du bois formé, dont il eft difficile de trouver la raifon.

Rrrr

En Provence, on estime le bois de Chêne lorsqu'il est de couleur jaune-clair, c'est-à-dire, couleur de paille : en Ponent, on fait cas de celui qui, quand on le travaille avec l'hermi-nette, montre un petit œil couleur de rose, que l'on nomme dans le pays, *couleur de guigne* : je donnerois la préférence à celui couleur de paille : par-tout on augure mal des bois qui ont la couleur jaune foncé & terne, tirant sur le roux.

Dans les arbres bien conditionnés, l'aubier à part, le bois est d'une couleur assez uniforme, qui devient seulement un peu plus foncée à mesure qu'elle approche du cœur. Dans les arbres d'une qualité parfaite, cette différence est peu sensible, & la nuance n'est point interrompue ; mais si l'on y remarque des changements subits de couleur, par exemple, des veines blanchâtres qu'on nomme *blanc de Chapon*, ou des veines rousses, qui semblent plus humides que le reste, on a lieu de soupçonner que ces bois qu'on nomme *vergettés*, ont un com-mencement de pourriture ou d'autres défauts qui ne tarderont pas à se manifester après qu'ils auront perdu leur seve. Ces défauts seront, ou des gouttieres, ou des gélivures, des rou-lures, des doubles aubiers, des veines rousses, qui marquent le retour ; en un mot, des parties où le bois a été mal formé, parce qu'il aura pu arriver que les racines qui y portoient la nourriture, seront mortes par quelque accident, ou bien que ces accidents auront été occasionnés par une succession de plusieurs années peu favorables à la végétation.

Ces différences de couleur se manifestent encore davantage quand on vient à débiter les bois en sciage, ou qu'on les quar-telle pour en faire des ouvrages de fente : alors on reconnoît trop tard ces défauts, & l'on n'est plus en état d'établir la des-tination des pieces sur leur bonne ou mauvaise qualité.

Le Chêne qu'on nomme *Chêne noir*, parce que son bois est très-brun, a l'aubier fort épais ; son bois est très-dur ; ses feuilles sont velues. On en trouve rarement qui puissent fournir de grosses pieces, parce qu'il croît très-lentement.

Le plus dur des Chênes de toutes les especes est l'Ilex, qui ne perd point ses feuilles en Hiver ; mais il ne fournit point non plus de groffes pieces. On emploie fon bois dans la Marine pour faire les effieux des poulies, & des *anfpects* pour l'Artillerie.

ARTICLE VII. *De l'inégalité d'épaiffeur des couches ligneufes.*

IL n'eft pas poffible que les couches ligneufes foient exactement d'une même épaiffeur, parce qu'il y a des années beaucoup plus favorables que d'autres à la végétation. Si dans une année les arbres croiffent avec force, les couches ligneufes de leur bois feront épaiffes, pendant que celles qui feront formées dans une année froide & feche, feront très-minces; nous prouverons dans peu que l'épaiffeur des couches dépend de la vigueur des arbres; au refte, cet inconvénient eft peu de chofe; il eft inévitable, & il exifte dans tous les arbres, parce qu'il eft dépendant des faifons. Mais ce défaut mérite attention quand l'inégalité d'épaiffeur des couches eft trop grande; car dans les terreins maigres & arides, pour peu que l'année foit feche, les arbres n'y font que de foibles productions, & les couches ligneufes qui fe forment dans ces circonftances, font fi minces, qu'à peine peut-on les diftinguer les unes des autres. Quand l'inégalité d'épaiffeur de ces couches eft trop confidérable, elles font ordinairement mal jointes les unes aux autres; & ce défaut doit rendre fufpectes des pieces qui, par leurs dimenfions, feroient d'ailleurs jugées propres à des ouvrages de fervice. Ce défaut dans le bois, eft communément accompagné d'autres encore plus confidérables, comme d'être *roulis*, *gélifs*, d'avoir un double aubier, ou d'être affecté de *gélivure entrelardée*.

ARTICLE VIII. *Des Bois dont les fibres font trop torfes.*

IL y a des arbres qui ont les fibres de leur bois très-droites, & c'eft prefque toujours une perfection; dans d'autres, les fibres font tellement torfes, qu'elles décrivent des hélices autour

de l'arbre, ce qui eſt un défaut, principalement dans le Chêne
que l'on deſtine à des ouvrages de fente : il eſt beaucoup moins
important dans l'Orme qu'on emploie à des ouvrages de Charronnage. Les Ouvriers qui fendent le Hêtre pour en faire des
ouvrages de *raclerie*, ne ſont pas fâchés d'y voir les fibres un
peu contournées. Au reſte, à moins que cette torſion ne ſoit
bien conſidérable, on ne la craint pas beaucoup ; car, par le
moyen du feu, on vient à bout de redreſſer une piece de fente
qui ſe trouve un peu voilée en aile de moulin ; & cette direction des fibres ne fait aucun tort aux arbres qu'on emploie en
entier.

Article IX. *Des Nœuds & des Loupes.*

Comme nous avons ſuffiſamment parlé de ces défauts dans
le Chapitre où il a été queſtion des arbres étant ſur pied, nous
nous bornerons ici à dire que, quand ſur une piece équarrie,
on apperçoit un nœud pourri, il faut le ſonder avec une tarriere, ou un ciſeau étroit, pour s'aſſurer ſi ce nœud pénetre
bien avant, ou ſi la pourriture n'eſt que ſuperficielle.

Article X. *Du Bois gras, tendre & roux.*

Les défauts que nous avons détaillés dans les précédents
articles, ne ſont quelquefois pas ſi redoutables que ceux dont
il eſt maintenant queſtion : un vice local occaſionne une perte
de bois, parce qu'on eſt obligé de retrancher la partie qui en
eſt attaquée ; mais celui dont il eſt queſtion dans cet article, ſe
trouve ordinairement répandu dans toute l'habitude de l'arbre :
voici en quoi il conſiſte.
Le bois de bonne qualité doit avoir ſes fibres fortes & ſou-
ples, rapprochées les unes contre les autres, lors même qu'il
eſt devenu ſec : les copeaux qu'on leve avec la cognée, ne
doivent point ſe rompre quand on les plie, ou ſi on les plie
au point de les rompre, ils doivent ſe ſéparer par grandes filandres ; au lieu que les bois que les Ouvriers nomment *bois
gras*, & qu'on devroit plutôt appeller *bois maigres*, ſe rompent

net & fans éclats ; les copeaux qu'on leve avec la varlope ,
fe rompent , au lieu de former des rubans ; & quand on les
froiffe entre les doigts , ils fe réduifent en petites parcelles.
Le bon Chêne a les pores petits ; il fe polit fous la varlope ,
& il devient brillant ; au lieu que le Chêne gras a les pores
grands & ouverts , & il refte toujours terne. Le bon Chêne,
lorfqu'on le travaille avant qu'il foit fec , eft d'une couleur
rouge-pâle à peu-près comme la rofe fimple ; cette couleur fe
paffe quand il devient fec , & il eft alors couleur de paille ;
au lieu que le Chêne gras eft roux & terne ; on en voit même
où cette couleur rouffe tire fur le fauve. Quand on examine du
bois de bonne qualité , avec une forte loupe & au grand jour,
on apperçoit dans les pores une efpece de vernis , qui , joint
à ce que les fibres font fort ferrées , lui donne du brillant ; au
lieu qu'en examinant de la même façon les bois gras , on les voit
d'une aridité qui n'offre rien de fatisfaifant. J'ai furchargé des
barreaux de bon bois , bien fec , ils ont fupporté un poids confidérable fans plier ; ils ont enfin rompu avec bruit & par grands
éclats , pendant que des barreaux de bois gras ont rompu net
fous une petite charge , fans prefque faire d'éclats ; & , comme
difent les Ouvriers , ils ont rompu comme un navet : voyez
pour la difpofition de cette expérience la Planche II du Livre II.

La grandeur des pores & l'aridité des bois qui font gras ,
fait qu'ils font facilement pénétrés par les liqueurs : fi l'on fait
tomber une goutte d'eau fur un morceau de bon bois , elle ne
le pénetre point, elle refte ramaffée en gouttes ; & au contraire
elle entre dans le bois gras & s'étend de toute part. Quand l'air
eft fort humide , on voit les gouttes d'eau couler fur les bons
bois ; au lieu qu'elles pénetrent aifément les bois gras. Une
futaille de bois gras confomme beaucoup de vin ; & les douves qui en font faites, font toujours humides à l'extérieur ; au
lieu que les futailles faites avec un bois de bonne qualité tiennent exactement les liqueurs, même celles qui font fpiritueufes,
telles que l'eau-de-vie ; les douves font toujours feches à l'extérieur.

Il ne faut pas conclure de ce que jè viens de dire, que les bois gras ne font bons à être employés à quoi que ce foit. Les belles menuiseries font faites avec le bois que l'on nomme improprement *Bois de Hollande*, & qui eft fort gras. Le bois qui n'eft pas trop gras fe fend affez bien quand il eft verd; & c'eft par cette raifon qu'on en fait de la latte, de la cerche & même du merrain : quand ce défaut eft extrême, il rompt fous les outils des Fendeurs; mais comme le bois gras n'a point de force, tous les ouvrages qu'on en fait ne font pas de longue durée; il ne vaut rien, fur-tout pour être employé en poutres, qui doivent être chargées de poids confidérables, ou quand elles doivent avoir de longues portées. Et comme les fibres des bois de cette nature ont peu d'union entre elles, ils ne doivent point être employés pour en faire des arbres & des roues de moulin, ni d'autres ouvrages où il doit y avoir des affemblages qui fatiguent beaucoup. Il ne faut pas non plus les employer aux ouvrages de menuiferie ou de charpenterie qui font expofés à l'air, particuliérement pour des portes d'éclufes, pour des membres de Vaiffeaux, &c; parce que, comme ces bois font facilement pénétrés par l'eau, ils tombent promptement en pourriture. Comme ces fortes de bois ne peuvent ployer fans fe rompre, ils ne font pas propres à fournir des bordages de vaiffeaux, que l'on eft obligé de forcer pour les ajufter aux différents contours de la carène. Enfin, pour ne point trop m'étendre fur ce point, comme ces bois fe trouvent en partie ufés, avant que d'avoir été abattus, on ne doit en faire ni gournables ni aucuns membres de Vaiffeaux, parce que ces pieces qui fe trouvent placées dans un lieu néceffairement chaud & humide, tomberoient promptement en pourriture : le meilleur parti qu'on en puiffe tirer, eft de les employer pour les menuiferies de l'intérieur des maifons.

Le bois de tout arbre qui aura crû dans un terrein fabloneux & humide, eft auffi gras que celui des plus vieux arbres : de tous les bois que j'ai vu employer pour la Marine, ceux qu'on avoit tirés de Lorraine, réuniffoient à la fois tous les caracteres des bois gras & en retour : leur couleur étoit d'un jaune

foncé & terne; ils étoient ouverts dans le cœur, & j'en ai vu
où cette ouverture régnoit dans toute l'étendue des pieces, &
dont l'altération étoit fenfible en plufieurs endroits : aufli la
plus grande partie de ces bois étoit tombée en pourriture,
avant la fin d'une conftruction.

ARTICLE XI. *D'un autre défaut très-confidérable &*
qu'il eft bien difficile de reconnoître.

J'AI vu des bois dont la fibre étoit fouple & pliante, dont le
grain paroiffoit ferré, & dont les pores fembloient même être
fuffifamment remplis de fubftance gélatineufe, & qui néanmoins pourriffoient promptement : à peine étoient-ils renfer-
més entre les bordages & les vaigres d'un vaiffeau; que fi on les
examinoit avec une loupe, on appercevoit dans les pores de
ce bois de petites taches jaunes avant-coureurs d'une prompte
pourriture; cependant au milieu d'un membre pourri, on voyoit
des fibres tellement faines, que quand on les détachoit, elles
pouvoient être pliées fans rompre, & même être tordues
comme de la ficelle. On ne pouvoit pas dire que ces bois
fuffent gras; mais je penfe qu'un fi prompt dépériffement pouvoit venir d'une difpofition particuliere à la corruption & dont
il ne m'a jamais été poffible de reconnoître la véritable caufe :
ces bois avoient été envoyés du Canada.

ARTICLE XII. *Que la grande épaiffeur des couches*
ligneufes, eft fouvent un figne que le bois eft de
bonne qualité.

QUAND les pores d'une piece de bois font fort ferrés, il eft
toujours avantageux que les couches ligneufes qui indiquent
l'accroiffement d'une année, fe trouvent épaiffes.

1°, L'épaiffeur de ces couches, quand elle ne provient pas
de l'humidité du terrein, eft un figne infaillible que l'arbre,
lorfqu'il étoit fur pied, étoit vigoureux, & qu'il végétoit avec
grande force. Il eft démontré que ce qui caufe une plus grande

épaisseur des couches ligneuses, plutôt d'un côté du corps de l'arbre que de l'autre, provient de l'insertion de quelque vigoureuse racine qui y porte beaucoup de nourriture. Dans les arbres de lisiere, les couches ligneuses sont ordinairement plus minces du côté qui regarde le plein de la forêt, que du côté de l'air libre, parce qu'ils poussent de fortes racines dans le terrein du voisinage qui se trouve libre, & que ces racines y trouvent beaucoup de nourriture, qu'elles portent à la partie du tronc où elles répondent. C'est pour cette même raison que les couches annuelles des arbres jeunes & vigoureux, sont plus épaisses que celles des vieux arbres qui commencent à dépérir; & que ces couches deviennent plus épaisses dans un bon terrein, que dans une terre maigre.

2°, On sait que les couches annuelles dont nous parlons, sont séparées par des couches intermédiaires d'un tissu moins serré; celles-ci sont tellement poreuses, que si l'on coupe transversalement une tranche fort mince de Chêne ou d'Orme, on peut voir le jour au travers. Or, toutes choses supposées égales, il faut convenir que ces couches intermédiaires contribuent à affoiblir le bois; par conséquent, plus il se trouvera de ces couches dans un même espace, & moins le bois aura de force; parce que la force de cohérence des couches les unes aux autres, contribue beaucoup à celle du bois; ainsi plus les couches ligneuses sont épaisses, moins il y a de couches intermédiaires dans une épaisseur de bois fixée.

ARTICLE XIII. *De plusieurs autres défauts.*

IL faut sonder attentivement les endroits où il y a eu des chancres, des loupes, des nœuds en partie pourris, comme sont les gouttieres, les meches & yeux de bœuf, ou les croissances d'écorce qu'on trouve recouvertes du bois vif, & qui se rencontrent assez souvent avec une gélivure entrelardée; parce que quelque maladie aura affecté une partie du corps d'un arbre, & que le reste du bois qui est vigoureux, l'aura recouverte. Il arrive assez souvent que vers le haut du tronc, les branches
prennent

prennent de la grosseur, & qu'en se réunissant, elles enferment entr'elles une portion d'écorce : ces croissances qui sont des marques de la vigueur de l'arbre, ne lui font point de tort. Il faut examiner avec attention si quelque partie d'un arbre n'é-toit point morte avant l'abattage ; car quelquefois on peut profiter d'une branche morte pour faire une courbe précieuse ; mais il faut examiner très-attentivement une pareille branche, parce que souvent elle se trouve être de mauvais bois.

ARTICLE XIV. *De la différente pesanteur des Bois.*

ON doit toujours préférer les bois qui, dans une même es-pece, sont les plus lourds, sur-tout quand ils sont secs.

Bien des causes influent sur la pesanteur des bois ; le terrein & l'exposition où ils ont pris leur croissance ; leur âge, leur degré de sécheresse. Il n'est donc pas aussi facile qu'il le paroît d'abord, de fixer exactement le poids des bois de même es-pece. Je croyois qu'il suffisoit de peser des madriers de Chêne exactement équarris, & d'en conclure le poids d'un pied-cube ; mais j'en ai trouvé dans un même climat de beaucoup plus pe-sants les uns que les autres ; & j'étois toujours en doute sur le degré de leur desséchement : je réserve cet article pour une autre occasion ; je me bornerai ici à rapporter, mais comme des à-peu-près, les poids effectifs des bois de Chêne, tirés de différentes Provinces, & abattus depuis 12 ou 18 mois.

Il y a des bois de Chêne qui nouvellement abattus & en-core pleins de seve, flottent sur l'eau ; d'autres qui se tiennent entre deux eaux, & quelques autres qui plongent au fond.

La partie ligneuse est toujours plus pesante que l'écorce ; la seve est de fort peu plus légere. Mais la grande quantité d'air qui est contenue dans les pores du bois le fait flotter ; jusqu'à ce que ces pores se trouvant remplis d'eau, l'obligent à tomber au fond du fluide. Il faut donc que le tissu du bois soit bien serré pour qu'il puisse être *fondrier* ; c'est ainsi qu'on appelle le bois qui tombe au fond de l'eau : il se trouve néanmoins certains bois qui plongent jusqu'au fond de l'eau, lors même

S s s s

qu'ils ont perdu presque toute leur seve ; d'autres qui nagent pendant quelque temps entre deux eaux & qui bien-tôt tombent au fond, & d'autres qui restent très-long-temps dans l'eau avant de devenir *fondriers*. On pourroit donc se servir de ce moyen pour juger de la densité plus ou moins grande des bois ; cependant, lorsqu'une piece saine à l'extérieur renferme un nœud pourri, ou une gouttiere, ou une roulure, &c, cette piece qui à raison de la densité de son bois, auroit dû devenir promptement *fondriere*, flottera long-temps, à cause du vuide qu'elle renferme dans son intérieur, & qui sera quelquefois long-temps à se remplir d'eau. Voici la différente pesanteur des bois, telle que j'ai pu la recueillir : il s'agira toujours d'un pied-cube.

Le bon Chêne blanc de Provence pese, étant verd, depuis 80 jusqu'à 90 livres ; & le sec, depuis 65 ou 72 jusqu'à 76.

Le Chêne blanc de Champagne pese, étant verd, depuis 68 jusqu'à 70 ; & devenu sec & presque usé, 53 livres : la plupart de ces mêmes bois abattus depuis un an, pesent 60 livres.

Je n'ai pu avoir de Bretagne le poids du pied-cube d'un Chêne nouvellement abattu ; mais dans les bois réputés secs, qu'on employoit aux constructions dans cette Province, il s'en est trouvé qui pesoient 60 livres, d'autres 58 ; un cube pris d'une piece restée depuis 7 ans dans un magasin fort sec, ne pesoit que 52 livres.

On m'a écrit de Québec que les bois nouvellement abattus pesoient aux environs de 80 livres ; mais qu'un an après, ils ne pesoient au plus que 60.

J'ai appris de Bayonne, que le pied-cube du bois de Chêne y pesoit depuis 74 jusqu'à 82 livres ; mais je n'ai pu savoir à quel degré de sécheresse pouvoit être ce bois.

Comme l'on sait que le pied-cube d'eau douce pese 70 livres, & celui d'eau de mer 72 ; on en peut conclure que les bois qui sont fondriers surpassent ce poids, & qu'ils sont d'une excellente qualité.

ARTICLE XV. *Conséquences de ce qui précede ;
avec différentes remarques sur la visite & la réception
des Bois dans les forêts.*

1°, QUOIQUE j'aie dit qu'il falloit rebuter les pieces tarées,
j'ajoute qu'il faut excepter celles qui ne le sont que par un
vice local, comme, par exemple, un nœud pourri qui procede d'une branche rompue : souvent un pareil défaut n'affecte
pas le reste d'une piece qui peut se trouver de bois de bonne
qualité ; en ce cas il faut retrancher l'endroit vitié ; voir si ce
qui reste, sera de dimension suffisante pour être employé utilement à quelqu'ouvrage, & ne la recevoir que sur ce pied. Mais
si le vice affectoit entiérement la substance de l'arbre, alors il
faudroit le rebuter sans retour, quand bien même le Fournisseur
offriroit de la donner à bas prix, parce que ces sortes de pieces
ne peuvent, en aucun cas, être d'un bon service, & qu'elles
pourroient, lorsqu'elles auroient été mises en œuvre, porter
la corruption aux pieces auxquelles elles toucheroient. Ces
sortes de pieces ne sont absolument pas perdues pour le Marchand ; il sait bien en tirer parti & en trouver la destination.

2°, Lorsque les pieces sont fort grosses, je ne crois pas
qu'il soit toujours avantageux d'exiger qu'elles soient équarries à vive-arrête. On ne peut à la vérité se relâcher sur ce
point, quand les bois doivent être apparents & placés dans
des endroits qui exigent de la propreté : mais nous avons démontré que l'intérieur des grosses pieces de bois est presque
toujours altéré ; & quand on frappe trop avant une piece, il
arrive qu'on retranche le bon bois, & qu'on ne conserve que
le mauvais. Cette réflexion a son application dans des cas particuliers ; & l'on en doit excepter les bois de sciage. Mais
comme il ne seroit pas juste de payer ces pieces flacheuses
comme celles qui sont à vive - arrête, les Marchands ne doivent pas faire difficulté de diminuer quelque chose sur l'équarrissage.

3°, Quoique j'aie dit très - affirmativement que les bois en retour font de mauvaife qualité; fi cependant on fe rendoit trop difficile fur ce point, il ne fe trouveroit aucune groffe piece recevable; car, d'après les expériences que j'ai rapportées, principalement dans l'endroit où il eft queftion de l'âge des arbres, j'ofe affurer qu'il eft impoffible de trouver de groffes & longues poutres, des pieces de quilles, des étembots, des baux de premier pont, &c, dans d'autres arbres que ceux qui font fur le retour : les dimenfions de ces pieces font telles, qu'on ne les peut trouver que dans les plus gros Chênes, & qui font par conféquent très-vieux; car il ne fuffit pas que le pied puiffe fournir l'équarriffage requis, il faut encore que ces pieces foutiennent cette groffeur dans une longueur de 35 à 40 pieds : il eft donc probable que de pareils arbres font âgés de 2 ou 300 ans; & l'on peut conclure que toutes les groffes pieces qu'on en peut tirer, fe trouvent affectées de marques de retour. Il eft bien trifte qu'on foit réduit à une pareille extrémité; mais que gagneroit-on à fe faire illufion? J'en appelle à l'expérience des Ingénieurs qui ont été chargés de l'entretien des grandes éclufes; aux Architectes qui ont fait mettre en place de longues & fortes poutres; & aux Conftructeurs de Vaiffeaux qui font défolés de voir ces bâtiments durer fi peu : en un mot, tous ceux qui ont été chargés d'employer beaucoup de bois, doivent avoir remarqué que c'eft toujours le cœur des pieces qui eft le plus altéré. Après ce que j'ai répété tant de fois dans cet Ouvrage, il eft, je crois, très-bien prouvé que la caufe d'un fi prompt dépériffement vient de ce que les arbres fe trouvoient en retour; & j'ajoute que lorfqu'on eft dans la néceffité d'employer des bois vitiés intérieurement, on n'a que la feule reffource de rebuter ceux où il fe trouve des défauts trop confidérables.

4°, Comme il eft avantageux que les bois de gabari foient bien frappés fur le plat, & qu'ils aient beaucoup de largeur fur le tord, il eft bon qu'ils foient livrés flacheux; pour, qu'à la faveur de ces défournis, on puiffe promener les gabaris, & varier la deftination de ces pieces : en ce cas, comme les Fourniffeurs perdent quelques pieds-cubes, lorfqu'ils les *châtient* beaucoup fur le plat, il feroit jufte de les indemnifer de cette perte, & de recevoir les pieces fur le même pied que fi elles étoient à vive-arrête.

5°, Pour mieux connoître les défauts qui peuvent rendre les pieces fufpectes, il faut les faire retourner fur toutes leurs faces : fi l'on y apperçoit quelques défauts, on doit faire parer ces endroits avec l'herminette; & lorfqu'ils pénetrent dans la piece, on les fondera, foit avec le cifeau, foit avec une tarriere, jufqu'à ce qu'on ait atteint le fond de la carie; car quand une plaie n'eft pas bien nettoyée, le vice fait du progrès, & fouvent, quand on vient à travailler ces pieces, on les trouve hors d'état d'être employées. Nonobftant ces attentions, il arrive fouvent qu'en travaillant les pieces, on découvre dans leur intérieur des défauts qu'on n'avoit pu découvrir avant.

6°, Comme il eft important d'examiner les bouts des pieces pour connoître fi elles n'ont pas de roulures, de gélivures, de cadranures, de double aubier; fi la couleur du bois eft uniforme, fi les couches ligneufes font épaiffes, &c, il faut faire lever à la fcie une tranche, pour nettoyer le bout des pieces ; mais on ne doit donner chaque trait de fcie qu'à une petite épaiffeur, pour ne point déprécier la piece ; car il y a des cas où une fouftraction de longueur un peu confidérable, feroit beaucoup de tort aux Fourniffeurs.

7°, Quand une piece a été jugée bonne, il faut la rouler fur de gros copeaux ou fur des chantiers, pour qu'elle ne touche point immédiatement à terre : il fera bon auffi de la couvrir de copeaux, pour la garantir du hâle, ralentir fon deffechement, & empêcher qu'elle ne fe fende.

8°, A mefure qu'une piece de bois a été vifitée & eftimée bonne, celui qui eft chargé de la vifite, la doit marquer de l'empreinte de fon marteau, & numéroter chaque piece avec une rouane : voici comme on a coutume de marquer chaque numéro :

1	2	3	4	5	6	7	8	9	10	11

12	13	14	15	16	17	18	19	20	21

Les dixaines font défignées par des croix ; pour marquer cent, on fait un O ; pour mille , on fait un 9.

9°, Celui qui fait la recette des bois , en dreffe un inven-taire à peu-près femblable à celui dont j'ai donné la formule dans le Livre troifieme. Il obfervera de marquer , autant qu'il lui fera poffible , la nature du terrein & l'expofition ; fi les ar-bres étoient ferrés les uns contre les autres , ou ifolés , &c.

10°, Il fera important de prendre une connoiffance parfaite des chemins par lefquels les grandes pieces pourront être voiturées jufqu'aux rivieres navigables les plus prochaines , ou jufqu'à la mer , & de marquer à combien de lieues les bois en font éloignés ; ce qu'il coûtera par pied-cube ou par folive pour les charrois , & fi l'on en peut trouver facilement.

En cas qu'il y ait des difficultés pour les chemins , on propofera les moyens de les réparer , & la dépenfe que cela exigeroit. Enfuite on détaillera les pieces qui ont été mar-quées , leurs dimenfions , leurs réductions en pieds-cubes ou en folives ; le prix dont on fera convenu avec le Marchand & les Voituriers , fuivant le prix courant du pays. Comme on fuppofe qu'on aura fait un toifé exact des bois , ou une réduc-tion des pieces , foit en pieds-cubes , foit en folives , fuivant l'ufage des lieux, nous donnerons des méthodes pour faire ces toifés.

11°, La vifite & le martelage qu'on fait dans les forêts, ne font fouvent que des opérations provifionnelles , parce qu'on remet à faire une recette définitive , lorfque les bois auront été rendus à leur deftination. Mais il eft important d'apporter autant d'attention & de féverité à ces recettes provifionnelles qu'aux recettes définitives. Ordinairement les Fourniffeurs demandent de l'indulgence à celui qui fait les premieres re-cettes ; & ils fe perfuadent avoir fait un bon coup , quand ils ont fait paffer à cette vifite une piece fufpecte; mais ils fe trompent : les défauts peu fenfibles d'abord, deviendront très-apparents quand la feve fe fera évaporée ; & une piece de cette efpece fera infailliblement rejettée lors de la recette définitive ; d'où il arrivera que le Fournisfeur fe trouvera chargé de quantité de bois de rebut qui lui auront occasionné beaucoup de frais inutiles , & dont il fe trouvera très-embarrasfé ; au lieu que fi ces bois avoient été rebutés dans la forêt , il en auroit pu tirer parti , en les faifant débiter en bois de fente , en bois de fciage ou autrement. Il est donc également avantageux aux Acquéreurs & aux Fournisfeurs , que les recettes provifionnelles foient faites avec exactitude & avec rigueur : fi cela est fenfible à l'égard des Fournisfeurs , il en réfulte aussi un avantage pour l'Acquéreur , qui fe fait fouvent une peine de refufer des bois qui lui font livrés , & qu'il fait avoir occasionné beaucoup de perte aux Marchands : d'ailleurs , quand des bois de bonne qualité font en trop grande quantité d'un même échantillon , on fe trouve chargé de bois inutiles ; & quand il s'agit de l'approvifionnement des bois pour la Marine , comme le Roi les fait ordinairement voiturer par fes gabares , ces frais font à fa charge & abfolument inutiles.

12°, Si les Fournisfeurs entendoient mieux leurs intérêts , ils engageroient ceux qui font les recettes dans les forêts , à ne marquer que les bois les plus parfaits ; & ils fe chargeroient par leurs marchés de livrer les bois aux Ports où fe font les constructions , & dans lefquels on doit faire la recette définitive , à la charge , par le Roi , de fournir des gabares pour le tranfport par mer, à moins qu'on n'aimât mieux, au nom de Sa Majesté , ordonner que les recettes définitives fusfent faites à l'embouchure des grandes rivieres telles qu'Indret, le Havre, Bayonne , &c. Mais dans le cas où les Marchands & les Fournisfeurs feroient tenus de livrer leurs bois dans les Ports où l'on construit, il feroit juste de stipuler qu'il y auroit des gabares affectées au tranfport des bois , afin que la livraifon en fût faite le plus diligemment qu'il feroit possible ; car rien n'est fi important aux Fournisseurs que de livrer promptement leurs bois. J'ai toujours vu avec peine qu'on laissoit au Havre ou sur l'ifle d'Indret, une prodigieuse quantité de bois, qu'on n'enlevoit pour les Ports du Roi qu'au bout de deux ou trois ans : les bois exposés pendant un si long espace de temps à toutes les injures de l'air, amoncelés en grosses piles dans un lieu presque marécageux, continuellement rempli d'exhalaisons & de brouillards, s'altéroient si prodigieusement, que les Fournisseurs ne les reconnoissoient plus ; ils étoient en partie ruinés par les rebuts qu'on faisoit aux recettes définitives, quoique les Commissaires touchés de l'injustice qu'on leur faisoit, eussent l'indulgence de recevoir des pieces qu'ils auroient rebutées dans d'autres circonstances.

Les Fournisseurs doivent donc porter toute leur attention, & ne rien épargner pour se mettre en état de livrer leurs bois le plus promptement qu'il leur seroit possible, & de ne les pas abandonner, comme ils font ordinairement par une économie mal entendue, pendant un temps considérable sur le bord des rivieres.

Comme je dois avoir également en vue le bien du service & les intérêts des bons Fournisseurs, je conseille pour l'un & l'autre objet, de livrer & de recevoir les bois le plus promptement qu'il est possible, aux Ports où l'on fait des constructions : le service du Roi y trouvera son intérêt, parce qu'on ne présentera pas des bois usés ; & les Fournisseurs auront infiniment moins de pieces de rebut.

CHAPITRE

CHAPITRE VI.

Du Toifé des Bois quarrés.

ON toife les bois de différente façon fuivant les ufages des lieux; mais nous ne ferons ici mention que de deux méthodes: la premiere, celle de faire la réduction des pieces au pied & parties de pied-cube : celle-ci eft en ufage pour toutes les fournitures des bois de Marine, & pour les bois de charpente dont on fait les toifés dans les Ports de mer.

L'autre méthode, en ufage dans plufieurs Provinces pour les fortifications, les bâtiments civils, & particuliérement à Paris, eft de réduire tous les bois de charpente à la folive ou à la piece.

ARTICLE I. *Du Toifé en pieds-cubes.*

ON mefure en pieds & en partie de pieds les trois dimenfions d'une piece; favoir, la longueur, la largeur & l'épaiffeur; on les multiplie l'une par l'autre, & le produit donne le nombre de pieds & parties de pieds-cubes contenus dans la piece.

Il faut donc multiplier l'épaiffeur par la largeur, & le produit par la longueur; il faut enfuite divifer le fecond produit par 144, ou bien prendre le douzieme de ce total, & encore le douzieme du douzieme; les parties reftantes du premier douzieme feront des lignes cubes; & les parties reftantes du fecond douzieme, feront des pouces-cubes.

PREMIER EXEMPLE. Soit une piece de 20 pieds de longueur fur 10 pouces de largeur & 10 pouces d'épaiffeur : 20 multiplié par 10 de largeur donne 200, qui multipliés par 10 d'épaiffeur donne 2000; en la divifant par 12, il vient $166\frac{8}{12}$; divifant enfuite 166 par 12, il vient $13\frac{10}{12}$; d'où il fuit que la piece en queftion cube 13 pieds 10 pouces 8 lignes cubes, par-

Tttt

ce que 10 douziemes de pied, est autant de pouces, & 8 douziemes de pouces est autant de lignes.

SECOND EXEMPLE. Soit une piece de 50 pieds de longueur,
de 15 pouces de largeur, & de pareille épaisseur: on multiplie
1 pied 3 pouces largeur, par un pied 3 pouces épaisseur ; il
vient pour la surface de la base 1 pied 6 pouces 9 lignes, qu'il
faut multiplier par 50 pieds, longueur de la piece : il vient 78
pieds 1 pouce 6 lignes cubes, qui est le toisé de la piece.

ARTICLE II. Du Toisé en Pieces ou Solives.

EN fait de toisé, on appelle *solive*, une piece de bois quarré de 6 pouces d'équarrissage sur 12 pieds de longueur. Ainsi
ce qu'on nomme une *solive*, contient 3 pieds-cubes.

Mais comme dans tous les toisés ordinaires, la toise est la
mesure principale, on réduit la solive à un parallélipipede d'une
toise de longueur sur 72 pouces quarrés, ou la moitié d'un
pied quarré qui est 144 pouces.

En considérant ainsi la solive, on la divise, de même que la
toise, en six parties égales, qu'on nomme *pieds de solive* : ainsi
un pied de solive est un parallélipipede d'un pied de hauteur sur
72 pouces quarrés de base.

Le pied de solive se divise comme le pied de Roi, d'abord
en 12 pouces, & ensuite en douzieme de pouce, c'est-à-dire, en
12 lignes ; ensorte que le pouce & la ligne de solive sont des
parallélipipedes de 72 pouces de base sur un pouce ou sur une
ligne de hauteur : ceci bien entendu, il y a plusieurs manieres
de réduire les bois quarrés en solives.

§. I. Premiere Méthode.

ON mesurera la longueur d'une piece en toises, & sa largeur & son épaisseur en pouces ; après avoir multiplié le nombre de pouces de la largeur, par le nombre de pouces de l'é-
paisseur, on aura le nombre de pouces quarrés contenus dans
la base de la piece: on multipliera ce produit par le nombre

de toifes qui fait la longueur de la piece ; enfin on divifera ce produit qui indique combien la piece contient de toifes de barreaux d'un pouce d'équarriffage, ou, pour parler le langage des Toifeurs, des *toifes pouces-pouces* ; on divifera, dis-je, cette fomme par 72, qui eft la bafe ou équarriffage d'une folive ; & comme 72 barreaux d'un pouce quarré & d'une toife de lon- gueur font une folive, le quotient fera le nombre de folives contenues dans la piece : ce qui eft évident, puifque la folive eft un parallélipipede de 72 pouces quarrés de bafe fur 6 pieds de hauteur.

EXEMPLE. Si l'on veut réduire en folives une piece de bois de 50 pieds de longueur, ou de 8 toifes 2 pieds, fur 15 pouces d'équarriffage, on multiplie les deux côtés de la bafe l'un par l'autre : 15 pouces étant multipliés par 15 pouces, produifent 225 pouces quarrés pour la furface de la bafe, qu'on multi- pliera par 8 toifes 2 pieds qui eft la longueur de la piece. On aura 1875 toifes *pouces-pouces* ou de barreaux d'un pouce quarré de bafe ; en divifant 1875 par 72, qui eft la furface de la bafe de la folive, on aura 26 folives *zéro* pieds 3 pouces, qui eft le toifé de la piece propofée.

§. 2. *Seconde Méthode plus abrégée que la premiere.*

ON regarde le nombre de pouces d'une dimenfion, celle de la groffeur ou de la largeur, par exemple, comme des pieds ; le nombre de pouces d'une autre dimenfion, celle de l'épaiffeur, fi l'on veut, comme des demi-pieds ; & après avoir réduit ces pieds & ces demi-pieds en toifes, on multi- plie ces deux nouveaux nombres l'un par l'autre, & le produit par le nombre de toifes contenu dans la longueur ; ce qui donne des folives & parties de folives.

La raifon de cette opération eft évidente ; car en confidé- rant une des dimenfions de la groffeur comme des pieds, on la rend douze fois trop grande ; & l'autre comme des demi-pieds, elle devient fix fois trop grande ; ce qui donne à la furface de la bafe de la piece, une étendue 72 fois trop grande : multipliant enfuite cette étendue par la vraie longueur de la piece, cela produit un cube 72 fois trop grand ; mais en regardant les termes de ce produit comme des folives & parties de fo-lives, au lieu de toifes-cubes qu'il eft véritablement, puifqu'il eft compofé de dimenfions exprimées en toifes multipliées l'une par l'autre, on le divife par 72 ; parce que la bafe d'une folive eft 72 fois plus petite que celle de la toife-cube ; & par conféquent ce produit confidéré comme folive, eft fa jufte valeur.

EXEMPLE. Quinze pouces de largeur fuppofés être autant de pieds, feront deux toifes trois pieds.

Quinze pouces d'épaiffeur fuppofés être des demi-pieds, feront une toife un pied fix pouces : en multipliant l'un par l'autre, on aura trois toifes *zéro* pieds, neuf pouces, qu'il faut multiplier par la longueur de la piece, huit toifes deux pieds ; confidérant les toifes-cubes & parties de toifes-cubes, comme des folives & des parties de folives, on aura, comme par la premiere méthode, pour le toifé de la piece, 26 folives *zéro* pieds trois pouces : voici encore d'autres exemples.

EXEMPLE. Si une piece de bois a trois toifes de longueur & douze pouces d'équarriffage, on multiplie 12 par 12 ; il vient 144 qu'on divife par 72, & l'on a deux folives par toife ; & comme la piece a trois toifes, elle contient fix folives.

Ou bien, ce qui revient au même, après avoir multiplié 12 par 12 (144), il faut multiplier cette fomme par la longueur de la piece, trois toifes, il vient 432, qu'il faut divifer par 72, on trouvera fix au quotient, qui eft le nombre de pieces con-tenues dans la piece de bois. Il eft évident qu'on doit opérer de même pour les pieces méplates qui ont plus de largeur que d'épaiffeur.

EXEMPLE. Si une piece a 18 pouces de largeur fur 6 pouces d'épaiffeur, il faut multiplier 18 par 6 ; il vient 108 pouces quarrés : en les divifant par 72, on voit que chaque toife de ce bois contient une piece & demie.

Il faut remarquer que ce qui refte d'une divifion font des pouces quarrés : pour les exprimer par $\frac{1}{4} \frac{1}{3} \frac{1}{2} \frac{2}{3} \frac{3}{4}$ de pieces, il faut favoir que 18 pouces font $\frac{1}{4}$, que 24 pouces font $\frac{1}{3}$, que 36 pouces font $\frac{1}{2}$, que 48 pouces font $\frac{2}{3}$, & que 54 pouces font $\frac{3}{4}$ de piece : le furplus de ces fractions font des pouces, dont il faut 72 pouces pour faire une piece.

ARTICLE III. *Pratiques pour abréger les opérations du toifé, fur-tout à l'égard du Bois de fciage.*

1°, QUAND les folives de fciage pour les bâtiments ont 5 fur 7 pouces d'équarriffage, on a coutume de compter la toife courante pour une demi-piece. Quoique le produit de 5 multiplié par 7, ne foit que 35, & que 35 & 35 ne faffent que 70 au lieu de 72; cependant il eft d'un ufage conftant qu'une folive de fciage de 12 pieds de long fur 5 & 7, paffe pour une piece, à caufe que ce bois a été façonné à deffein felon ces dimenfions : il étoit à propos de faire connoître cette exception de la regle générale.

2°, Une piece longue d'une toife, qui a 9 pouces de largeur fur 4 pouces d'épaiffeur, eft réputée une demi-piece.

3°, Une toife de poteau de 4 & 6 pouces d'équarriffage fait une piece.

4°, Quatre toifes de membrure de 3 & 6, font une piece.

5°, Quatre toifes & demi de chevron de 4 & 4 pouces, font une piece.

6°, Six toifes de chevrons de 3 & 4 pouces d'équarriffage, font une piece.

7°, Huit toifes de chevron de 3 & 3 pouces quarrés, font une piece.

8°, Douze toifes de barreaux de 2 & 3 pouces quarrés, font une piece.

9°, Dix-huit toifes de barreaux de 2 & 2 pouces quarrés, font une piece.

10°, Trente-fix toifes de barreaux méplats de 1 & 2 pouces quarrés, font une piece.

11°, Soixante-douze barreaux d'un & un pouce quarré, font une piece.

Les Toiseurs qui savent ces regles de pratique, abregent beaucoup leur travail; car s'ils ont à toiser, par exemple, une grille formée de barreaux de bois de 2 & 2 pouces quarrés, & de 6 pieds de longueur, ils voient sur le champ qu'il faut 18 barreaux pour faire une piece : ils ont de semblables pratiques pour réduire promptement en pieces les solives, les poteaux, les membrures, les chevrons, &c, de différentes grosseur & longueur, ce qui abrege beaucoup le travail. Mais comme d'après ce que nous venons de dire, il est aisé de se former soi-même des méthodes lorsqu'on a quantité de pieces de bois d'un même échantillon à réduire en pieces, nous ferons remarquer, en finissant cette matiere, que pour s'épargner beaucoup de travail, lorsqu'on toise les bois dans les forêts, il faut faire des lots particuliers de tous les bois de pareilles dimensions; par ce moyen on aura beaucoup de facilité pour les réduire en pieds-cubes ou en solives.

EXPLICATION *des Planches & des Figures relatives au Livre V.*

PLANCHE XXXIII.

LA FIGURE *I* qui fert à indiquer de combien il faut charger la ligne fur un arbre en grume qu'on doit équarrir, fe voit fur la Planche fuivante (*XXXIV*).

La *Figure* 2 repréfente un arbre qui a été paré fur deux faces, & qu'il faut parer fur les deux autres pour l'équarrir; *a b*, arbre fcié de longueur; *c c*, trait de ligne qui indiquent la quantité de bois qu'il faut retrancher; *d d*, premieres entailles qui pénetrent jufqu'à la ligne *c c*, & qui déterminent l'épaiffeur de la tranche de bois *f f*, qui eft à ôter.

Figure 3, piece qui porte deux équarriffages différents, *b a*, *c a*.

Figure 4, piece équarrie à deffein, plus groffe du côté de *b* que du côté de *a*.

Figure 5, une jumelle de preffoir à étau: *A*, culaffe; *B*, corps de la jumelle; *C*, tête.

La *Figure 6* qui repréfente une piece équarrie méplat, eft fur la Planche fuivante (*XXXIV*).

Figure 7, piece courbe propre à faire une étrave: les lignes ponctuées qu'on voit fur le bout *a*, marquent l'épaiffeur de bois qu'il faut enlever pour parer cette piece fur le plat.

La *Figure 8* qui repréfente un *plançon* duquel on tire deux bordages, après avoir levé une tranche dans le milieu, eft fur la Planche fuivante (*XXXIV*).

La *Figure 9* repréfente un arbre de belle taille, dont le tronc peut fournir une piece de quille.

Figure 10, bel arbre dont le tronc eft un peu courbe, mais qui peut fournir un *bau B*, & encore une piece de gabari *C*.

Figure 11, arbre bien droit, qui peut fournir une piece d'*étambot*.

Figure 12, Ringeot droit depuis *d* jufqu'à *b*, & depuis *b* jufqu'à *c*, mais qui fait une inflexion en *b*.

La Figure 13, fait voir la maniere de mefurer la courbure d'une piece: *a b*, ligne tendue pour avoir la mefure de la fleche *c d*; la ligne ponctuée *g e*, marque ce qu'on doit retrancher du bois, fans en ôter en *f*.

Figure 14, arbre dont le tronc eft un peu courbe, & qui pour cette raifon peut fournir une *Varangue* de fond: *B*, fourchet du même arbre dont on peut faire une *Varangue* aculée, ou une guirlande de fond.

Figure 15, piece dont la courbure eft principalement vers la partie *a*, ce qui la rend très-propre à s'empatter avec une piece plus courbe, telle qu'un *Genou de fond*.

PLANCHE XXXIV.

LA FIGURE 7 repréfente l'aire de la coupe d'un arbre, fur lequel on trace les lignes pour l'équarrir.

Figure 6, aire de la coupe du même arbre qu'on veut équarrir méplat.

Figure 8, aire de la coupe du même arbre dans lequel on fait une levée *A B*, où le bois eft ufé, & enfuite les deux bordages *C C*, *D D*.

Figure 16, guirlande.

Figure 17, courbe de pont.

Figures 18 & 19, courbes d'arcaffe & courbâtons.

Figures 20, 21 & 22, varangues aculées.

Figures 23, 24 & 25, premieres, fecondes alonges, & alonges de revers.

PLANCHE XXXV.

FIGURE 1, piece de bois établie fur deux treteaux ou chevalets, & les Scieurs de long en travail: *A*, Scieur qui releve la fcie: *B*, Scieur qui l'abaiffe; ordinairement il y a deux Scieurs en bas, fur-tout pour les groffes pieces: *C D*, treteaux;

teaux; *E F*, la piece de bois à fcier établie fur les treteaux.

Figure 2, piece de bois quarré montée fur un chevalet, tel qu'on l'établit dans les forêts; *A*, le Scieur d'en haut; *B*, un des Scieurs d'enbas; *C*, le chevalet; *D*, la piece de bois à fcier; *E F*, liens de corde qui l'affujettiffent aux madriers *G H*.

Figure 3, détail du chevalet: *a b d*, les entailles qui doivent recevoir les pieds; *c e*, un des pieds du chevalet.

Figure 4, piece de bois quarré fur laquelle on a tracé avec la ligne, les traits que doit fuivre la fcie.

Figure 5, piece courbe fur laquelle les traits ont été pareil-lement tracés.

Figure 6, piece courbe qui doit être fciée en roue.

Figure 7, aire de la coupe d'un arbre qui doit être équarri pour en tirer une piece *a b c d*, laquelle fera refendue en croix, pour être enfuite cartelée.

Figure 8, piece qui doit être refendue par une ligne diago-nale, & deftinée à être débitée en *chanlattes*.

Figure 9, piece débitée pour des affûts de fufil.

Figure 10, coupe d'un arbre *rouli*, ou *roulé; a*, roulure partielle; *b*, roulure complette.

Figure 11, arbre qui renferme plufieurs roulures.

Figure 12, coupe d'un arbre qui a des gélivures telles que *a*, *b*.

Figure 13, coupe d'un arbre qui eft cadrané dans le cœur.

Figure 14, coupe d'un arbre qui contient un double au-bier: *d*, bois du cœur; *a*, aubier furnuméraire; *b*, aubier na-turel; *c*, couronne de bon bois.

PLANCHE XXXVI.

LA FIGURE I repréfente la coupe d'un gros arbre qui a été d'abord fcié par quartiers: le quartier *A A* eft refendu fur la maille: *BB*, *G G*, quartier refendu dans un autre fens; les planches jufqu'à *B B*, contiennent de la maille; celles du côté de *G G* n'en ont prefque point: le quartier *H H* eft refendu encore dans un autre fens, & les planches n'ont prefque point de maille : on voit dans le quartier E F, les couches annuelles, & les rayons ou infertions.

Figure 2, *A*, taches brillantes que l'on voit dans le bois ouvré, & que l'on nomme *mailles* : *B*, traces qui réfultent de la coupe des couches annuelles, lorfqu'un arbre a été fcié fuivant la direction C D (*Fig.* 1).

Fin de la feconde Partie.

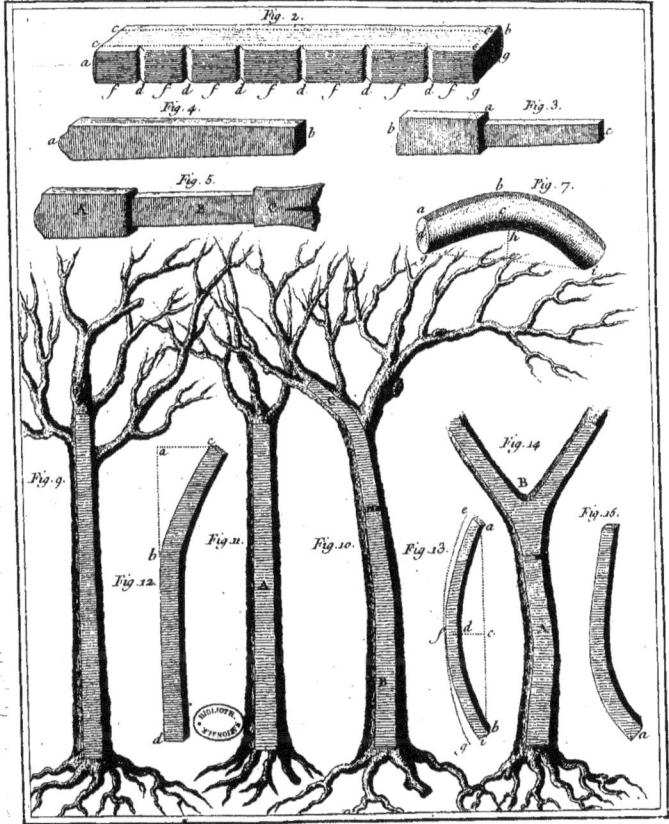

Exploitation des Bois. Pl. XXIII. Pag. 706.

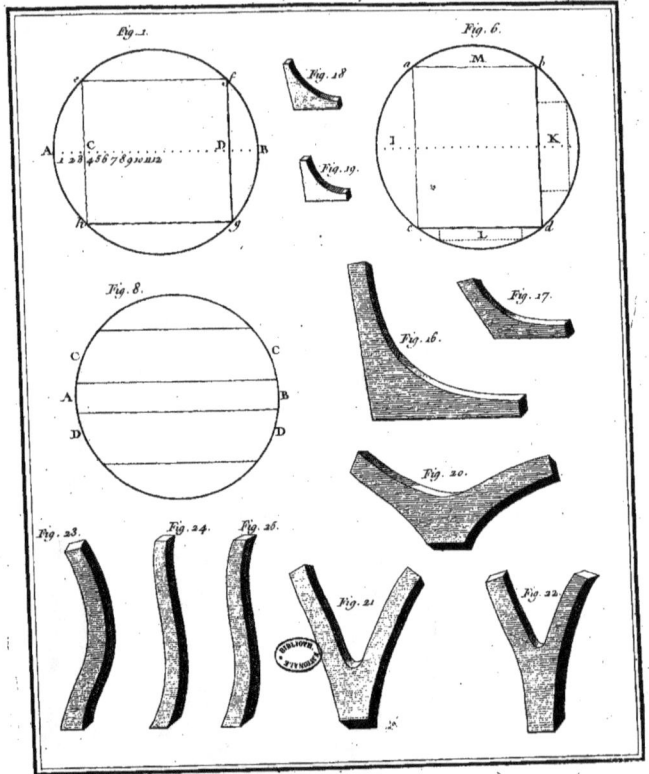

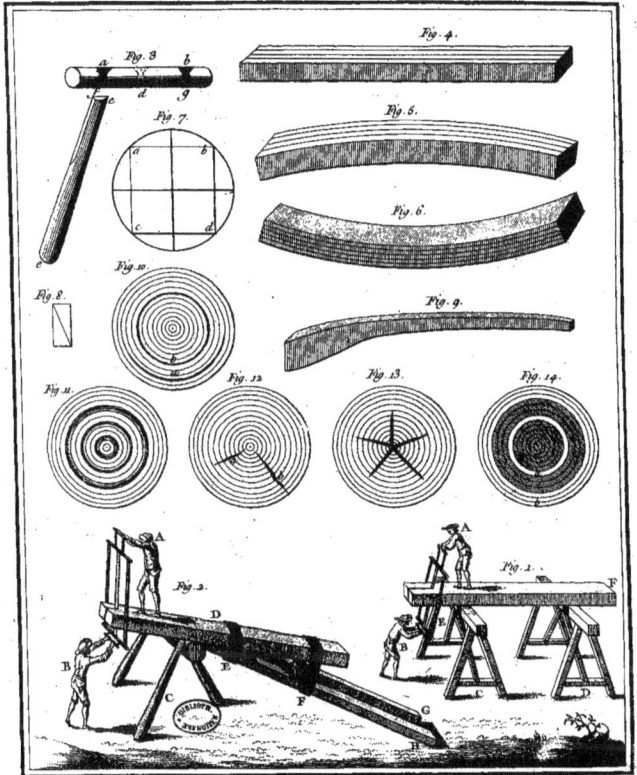

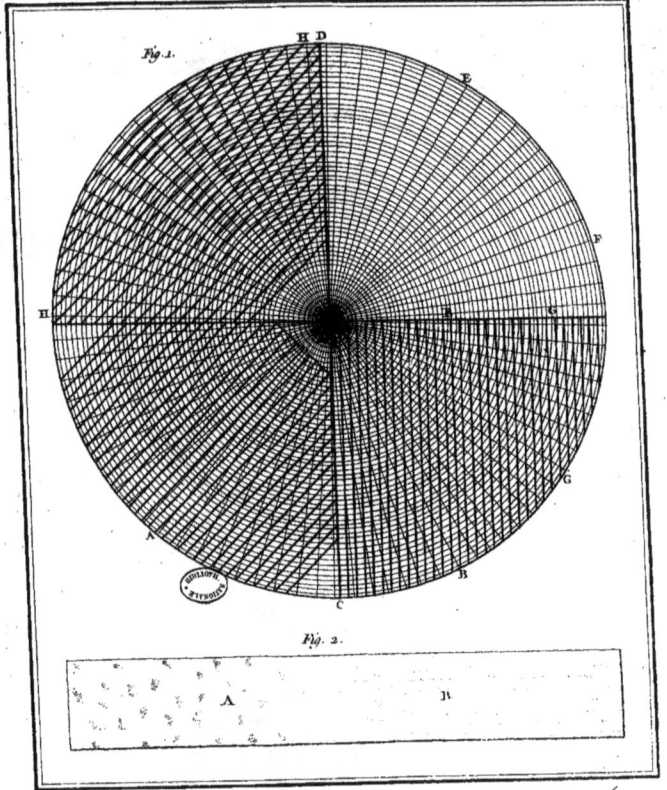

Fig. 1.

Fig. 2.

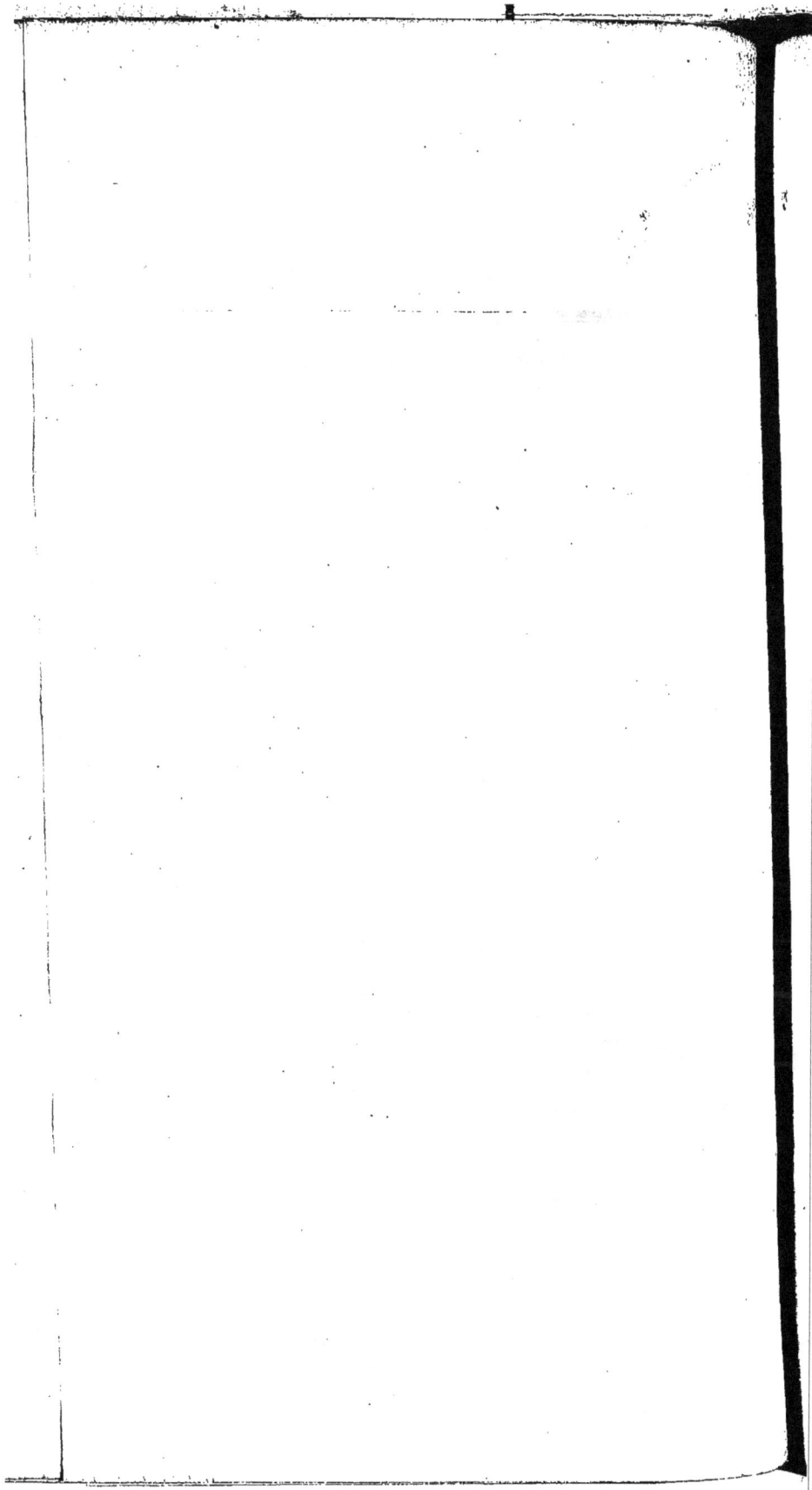

Extrait des Regiſtres de l'Académie Royale des Sciences.

Du neuf Mai mil ſept cent ſoixante-quatre.

MEſſieurs DE JUSSIEU, GUETTARD & BEZOUT qui avoient été nommés pour examiner le *Traité de l'Exploitation des Bois*, faiſant partie du Traité complet des Bois & Forêts, par M. DUHAMEL, en ayant fait leur rapport, l'Académie a jugé cet Ouvrage digne de l'impreſſion ; en foi de quoi j'ai donné le préſent Certificat. A Paris le 9 Mai 1764.

GRANDJEAN DE FOUCHY, *Secr. perpét. de l'Académie Royale des Sciences.*

PRIVILEGE DU ROI.

LOUIS par la grace de Dieu, Roi de France & de Navarre : A nos amés & féaux Conſeillers, les Gens tenant nos Cours de Parlement, Maîtres des Requêtes ordinaires de notre Hôtel, Grand Conſeil, Prevôt de Paris, Baillifs, Sénéchaux, leurs Lieutenans Civils, & autres nos Juſticiers qu'il appartiendra, SALUT. Nos bien-amés LES MEMBRES DE L'ACADEMIE ROYALE DES SCIENCES de notre bonne Ville de Paris, Nous ont fait expoſer qu'ils auroient beſoin de nos Lettres de Privilege pour l'impreſſion de leurs Ouvrages : A CES CAUSES, voulant favorablement traiter les Expoſans, Nous leur avons permis & permettons par ces Préſentes de faire imprimer, par tel Imprimeur qu'ils voudront choiſir, toutes les Recherches ou Obſervations journalieres, ou Relations annuelles de tout ce qui aura été fait dans les Aſſemblées de ladite Académie Royale des Sciences, les Ouvrages, Mémoires ou Traités de chacun des Particuliers qui la compoſent, & généralement tout ce que ladite Académie voudra faire paroître, après avoir fait examiner leſdits Ouvrages, & qu'ils ſeront jugés dignes de l'impreſſion, en tels volumes, forme, marge, caractères, conjointement, ou ſéparément & autant de fois que bon leur ſemblera, & de les faire vendre & débiter par tout notre Royaume, pendant le tems de vingt années conſécutives, à compter du jour de la date des Préſentes; ſans toutefois qu'à l'occaſion des Ouvrages ci-deſſus ſpécifiés, il puiſſe en être imprimé d'autres qui ne ſoient pas de ladite Académie : faiſons défenſes à toutes ſortes de perſonnes, de quelque qualité & condition qu'elles ſoient, d'en introduire d'impreſſion étrangere dans aucun lieu de notre obéiſſance ; comme auſſi à tous Libraires & Imprimeurs d'imprimer ou faire imprimer, vendre, faire vendre & débiter leſdits Ouvrages, en tout ou en partie, & d'en faire aucunes traductions ou extraits, ſous quelque prétexte que ce puiſſe être, ſans la permiſſion expreſſe & par écrit deſdits Expoſans, ou de ceux qui auront droit d'eux, à peine de confiſcation des Exemplaires contrefaits, de trois mille livres d'amende contre chacun des contrevenans; dont un tiers à Nous, un tiers à l'Hôtel-Dieu de Paris, & l'autre tiers auxdits Expofans, ou à celui qui aura droit d'eux, & de tous dépens, dommages & intérêts; à la charge que ces Préfentes feront enregiftrées tout au long fur le Regiftre de la Communauté des Libraires & Imprimeurs de Paris, dans trois mois de la date d'icelles; que l'impreffion defdits Ouvrages fera faite dans nôtre Royaume, & non ailleurs, en bon papier & beaux caractères, conformément aux Réglemens de la Librairie; qu'avant de les expofer en vente, les Manufcrits ou Imprimés qui auront fervi de copie à l'impreffion defdits Ouvrages, feront remis ès mains de notre très-cher & féal Chevalier le Sieur DAGUESSEAU, Chancelier de France, Commandeur de nos Ordres, & qu'il en fera enfuite remis deux Exemplaires dans notre Bibliothèque publique, un en celle de notre Château du Louvre, & un en celle de notredit très-cher & féal Chevalier le Sieur DAGUESSEAU, Chancelier de France, le tout à peine de nullité defdites Préfentes : du contenu defquelles vous mandons & enjoignons de faire jouir lefdits Expofans & leurs ayans caufe pleinement & paifiblement, fans fouffrir qu'il leur foit fait aucun trouble ou empêchement. Voulons que la copie des Préfentes qui fera imprimée tout au long, au commencement ou à la fin defdits Ouvrages, foit tenue pour dûëment fignifiée; & qu'aux copies collationnées par l'un de nos amés & féaux Confeillers & Secretaires, foi foit ajoutée comme à l'original. Commandons au premier notre Huiffier ou Sergent fur ce requis, de faire, pour l'exécution d'icelles, tous actes requis & neceffaires, fans demander autre permiffion, & nonobftant Clameur de Haro, Charte Normande & Lettres à ce contraires; CAR tel eft notre plaifir. DONNÉ à Paris le dix-neuvieme jour du mois de Mars, l'an de grace mil fept cent cinquante, & de notre Regne le trente-cinquieme. Par le Roi en fon Confeil.

Signé, M O L.

Regiftré fur le Regiftre XII. de la Chambre Royale & Syndicale des Libraires & Imprimeurs de Paris, numéro 430, folio 309, conformément au Réglement de 1723, qui fait défenfes, article 4, à toutes perfonnes, de quelque qualité qu'elles foient, autres que les Libraires & Imprimeurs, de vendre, débiter & faire afficher aucuns Livres pour les vendre, foit qu'ils s'en difent les Auteurs ou autrement; à la charge de fournir à la fufdite Chambre huit exemplaires de chacun, prefcrits par l'article 108 du même Réglement. A Paris le 5 Juin 1750.

Signé, L E   G R A S, *Syndic.*

www.ingramcontent.com/pod-product-compliance
Lightning Source LLC
Chambersburg PA
CBHW060420200326
41518CB00009B/1424